Steve Paschke

Analyse ein- und zweiphasiger Filmströmungen

Steve Paschke

Analyse ein- und zweiphasiger Filmströmungen

Entwicklung einer Messmethodik, Wechselwirkungen an der Phasengrenzfläche & Einfluss von Mikrostrukturen

Südwestdeutscher Verlag für Hochschulschriften

Impressum/Imprint (nur für Deutschland/only for Germany)
Bibliografische Information der Deutschen Nationalbibliothek: Die Deutsche Nationalbibliothek verzeichnet diese Publikation in der Deutschen Nationalbibliografie; detaillierte bibliografische Daten sind im Internet über http://dnb.d-nb.de abrufbar.

Alle in diesem Buch genannten Marken und Produktnamen unterliegen warenzeichen-, marken- oder patentrechtlichem Schutz bzw. sind Warenzeichen oder eingetragene Warenzeichen der jeweiligen Inhaber. Die Wiedergabe von Marken, Produktnamen, Gebrauchsnamen, Handelsnamen, Warenbezeichnungen u.s.w. in diesem Werk berechtigt auch ohne besondere Kennzeichnung nicht zu der Annahme, dass solche Namen im Sinne der Warenzeichen- und Markenschutzgesetzgebung als frei zu betrachten wären und daher von jedermann benutzt werden dürften.

Coverbild: www.ingimage.com

Verlag: Südwestdeutscher Verlag für Hochschulschriften GmbH & Co. KG
Heinrich-Böcking-Str. 6-8, 66121 Saarbrücken, Deutschland
Telefon +49 681 37 20 271-1, Telefax +49 681 37 20 271-0
Email: info@svh-verlag.de

Zugl.: Berlin, TU, Diss., 2011

Herstellung in Deutschland (siehe letzte Seite)
ISBN: 978-3-8381-3187-0

Imprint (only for USA, GB)
Bibliographic information published by the Deutsche Nationalbibliothek: The Deutsche Nationalbibliothek lists this publication in the Deutsche Nationalbibliografie; detailed bibliographic data are available in the Internet at http://dnb.d-nb.de.

Any brand names and product names mentioned in this book are subject to trademark, brand or patent protection and are trademarks or registered trademarks of their respective holders. The use of brand names, product names, common names, trade names, product descriptions etc. even without a particular marking in this works is in no way to be construed to mean that such names may be regarded as unrestricted in respect of trademark and brand protection legislation and could thus be used by anyone.

Cover image: www.ingimage.com

Publisher: Südwestdeutscher Verlag für Hochschulschriften GmbH & Co. KG
Heinrich-Böcking-Str. 6-8, 66121 Saarbrücken, Germany
Phone +49 681 37 20 271-1, Fax +49 681 37 20 271-0
Email: info@svh-verlag.de

Printed in the U.S.A.
Printed in the U.K. by (see last page)
ISBN: 978-3-8381-3187-0

Copyright © 2012 by the author and Südwestdeutscher Verlag für Hochschulschriften GmbH & Co. KG and licensors
All rights reserved. Saarbrücken 2012

Inhaltsverzeichnis

Abbildungsverzeichnis v

Tabellenverzeichnis xi

Symbolverzeichnis xiii

1. Einleitung 1
    1.1. Stand der Forschung 3
    1.2. Ziel der Arbeit 6
    1.3. Gliederung der Arbeit 6

2. Grundlagen 9
    2.1. Charakteristika von Filmströmungen 10
    2.2. Benetzung und Randwinkel 15
    2.3. Messmethoden für Filmströmungen 18
        2.3.1. Lichtinduzierte Fluoreszenz 19
        2.3.2. Laser Doppler Velocimetry 21
        2.3.3. Particle Tracking und Particle Image Velocimetry 22
        2.3.4. Tomografie 24
    2.4. Optik und Bildaufnahme 26
        2.4.1. Grundprinzip der digitalen Bildaufnahme 26
        2.4.2. Grundprinzip der Lichtverstärkung 29
        2.4.3. Schärfentiefe optischer Komponenten 31
        2.4.4. Lichtbrechung an Phasengrenzflächen 33
    2.5. Grundlagen der digitalen Bildbearbeitung 34
        2.5.1. Punktoperationen 35
        2.5.2. Filter 37

    2.5.3. Kantendetektierung 39
    2.5.4. Morphologische Filter 41

3. **Versuchsaufbau und Durchführung**   **43**
  3.1. Einphasige Flüssigkeitsströmung 44
    3.1.1. Messtechnische Spezifikationen 48
    3.1.2. Örtliche Kalibrierung 50
    3.1.3. Experimentelle Bestimmung der Schärfentiefe 52
    3.1.4. Validierung der Messtechnik 53
    3.1.5. Gasgegenstrom 55
    3.1.6. Strukturierte Oberflächen 56
  3.2. Zweiphasige Flüssigkeitsströmung 58
    3.2.1. Anforderungen an das Stoff- und Partikelsystem 60
  3.3. Brennebenenabtastung 61
  3.4. Bildbearbeitung 64
  3.5. Korrektur der Messposition 70
  3.6. Numerische Strömungsanalyse 75
  3.7. Messung des Randwinkels 76
  3.8. Fehlerbetrachtung 78
    3.8.1. Fehler der entwickelten Messmethodik 78
    3.8.2. Einfluss der Versuchsparameter und Stoffeigenschaften 83
    3.8.3. Einfluss des Partikelsystems 86

4. **Auswertung und Gegenüberstellung der Ergebnisse**   **89**
  4.1. Validierung der entwickelten Messtechnik 90
  4.2. Untersuchung einphasiger Filmströmungen 94
  4.3. Untersuchung des Einflusses einer Gasgegenströmung 101
  4.4. Fluiddynamik auf mikrostrukturierten Oberflächen 106
    4.4.1. Tetraederstruktur - 0 Grad Anströmung 108
    4.4.2. Tetraederstruktur - 180 Grad Anströmung 115
    4.4.3. Lamellenstruktur 121
    4.4.4. Folgerung auf das Benetzungsverhalten 127
  4.5. Untersuchung der Wechselwirkung an Flüssig-Flüssig-Phasengrenzflächen . 130

5. **Einfluss einer heterogenen Filmströmung auf den Stoffübergang**   **139**
  5.1. Versuchsaufbau und Messmethodik 140

5.2. Rinnsalströmung	144
5.3. Tropfenströmung	148
5.4. Emulsion	151

6. Weiterentwickelte Bildbearbeitungsmethode 155
6.1. Grundidee und Lösungskonzepte	156
6.2. Ansatz der Partikelreferenzmatrix	158
6.3. Potential und Limitierung	161
6.4. Analyse und Bewertung erster Ergebnisse	164

7. Zusammenfassung und Ausblick 169

A. Darlegung der verwendeten Messtechnik 173
A.1. Optisches Equipment	173
A.2. Stoff- und Partikeldaten	177
A.3. Skizzen und Fliessbilder	178

B. Ergänzungen zu den experimentellen Untersuchungen 183
B.1. Überströmte glatte Oberflächen	184
B.2. Überströmte Mikrostrukturen	185
B.3. Heterogene Filmströmung	205

C. Quellcode zur Bildbearbeitung 207

Literaturverzeichnis 219

Abbildungsverzeichnis

1. **Einleitung**   1
2. **Grundlagen**   9
   - 2.1. Strömungsregime des Rieselfilms entlang einer glatten Platten.   12
   - 2.2. Schematische Skizzen zum Randwinkel.   16
   - 2.3. Schematischer Aufbau eines Lichtverstärkers der 2. und 3. Generation . . .   30
   - 2.4. Prinzipskizze zur Berechnung der Schärfentiefe.   32
   - 2.5. Funktionsweise der Gammakorrektur.   37
   - 2.6. Gegenüberstellung unterschiedlicher Bildbearbeitungsfilter.   38
   - 2.7. Prinzip der Kantendetektierung.   39
   - 2.8. Gegenüberstellung unterschiedlicher Operatoren zur Kantendetektierung. .   41

3. **Versuchsaufbau und Durchführung**   43
   - 3.1. Schematische Darstellung des Kamerablickwinkels.   45
   - 3.2. Versuchsaufbau zur Visualisierung ein- und zweiphasiger Filmströmungen.   46
   - 3.3. Foto des Versuchsstandes zur Untersuchung ein- und zweiphasiger Filmströmungen.   47
   - 3.4. Messbereich- und Plattendimension.   49
   - 3.5. Örtliche Kalibrierungshilfen für den mm- und μm-Bereich.   51
   - 3.6. Prinzip zur experimentellen Überprüfung der Schärfentiefe optischer Komponenten.   52
   - 3.7. Schematische Darstellung der konventionellen und der neuen Messmethode.   52
   - 3.8. Messzelle zur Analyse des Einflusses einer Gas-Flüssig-Gegenströmung. . .   56
   - 3.9. Packungen mit ihren spezifischen Oberflächenstrukturen.   57
   - 3.10. Aufgabevarianten bei der zweiphasigen Filmströmung.   59

Abbildungsverzeichnis

3.11. PGF heterogener Stoffsysteme mit und ohne Anpassung der Brechungsindizes. 60
3.12. Prinzip der Brennebenenabtastung und Geschwindigkeitsanalyse. 63
3.13. Mögliche Partikelabbildungen vor, hinter und in der Schärfeebene. 65
3.14. Arbeitsweise des entwickelten Bildbearbeitungsfilters. 66
3.15. Verschiebung der Schärfeebene an einer welligen und glatten Phasengrenzfläche. 70
3.16. Vergleich der Geschwindigkeitsprofile mit und ohne Berücksichtigung der Korrektur der Messposition - Objektebene auf trockener Oberfläche. 73
3.17. Vergleich der Geschwindigkeitsprofile mit und ohne Berücksichtigung der Korrektur der Messposition - Objektebene auf benetzter Oberfläche. 74
3.18. Geometrie, Berechnungsgitter und Randbedingungen des CFD Modells. . . 75
3.19. Versuchsstand zur Bewertung der Benetzbarkeit. 77

4. Auswertung und Gegenüberstellung der Ergebnisse — **89**
4.1. Vergleich der mittleren Geschwindigkeitsprofile nach der neuen und konventionellen Messmethode für $Re = 2-16$. 91
4.2. Vergleich der mittleren Geschwindigkeitsprofile nach der neuen und konventionellen Messmethode für $Re = 32-256$. 92
4.3. Einfluss der Neuausrichtung der Platte und Flüssigkeitsaufgabe auf das mittlere Geschwindigkeitsprofil. 94
4.4. Einfluss des Neigungswinkels auf das mittlere Geschwindigkeitsprofil 95
4.5. Einfluss der Rohraufgabe auf das mittlere Geschwindigkeitsprofil. 98
4.6. Isolinien der x-Geschwindigkeitskomponente in der x-y Ebene bei der Flüssigkeitsaufgabe mittels Aufgaberohr. 100
4.7. Geschwindigkeitsprofile einer Wasser Strömung auf einer Edelstahlplatte für unterschiedliche Gasbelastungen - $Re = 224$. 102
4.8. Geschwindigkeitsprofile einer Wasser-Glycerin Strömung auf einer Edelstahlplatte für unterschiedliche Gasbelastungen - $Re = (64\ 32\ 16)$. 104
4.9. Messpositionen auf den strukturierten Oberflächen für die Gegenüberstellung der lokalen Geschwindigkeitsprofile. 107
4.10. Vektorfelder um und über der Tetraederstruktur; Ausrichtung 0°; $Re = 32$. 109
4.11. Vergleich der lokalen x-Geschwindigkeitsprofile auf der Tetraederstruktur; Ausrichtung 0°; $Re = 32$. 111
4.12. Isolinien der x-Geschwindigkeitskomponente entlang der Tetraederstruktur in x-z Ebene; Ausrichtung 0°; Messmittelpunkt Tal; $Re = 32$. 113

4.13. Isolinien der x-Geschwindigkeitskomponente entlang der Tetraederstruktur in x-z Ebene; Ausrichtung 0°; Messmittelpunkt Sattelpunkt; $Re = 32$. . . . 114

4.14. Vektorfelder um und über der Tetraederstruktur; Ausrichtung 180°; $Re = 32$. 116

4.15. Vergleich der lokalen x-Geschwindigkeitsprofile auf der Tetraederstruktur; Ausrichtung 180°; $Re = 32$. 118

4.16. Isolinien der x-Geschwindigkeitskomponente entlang der Tetraederstruktur in x-z Ebene; Ausrichtung 180°; Messmittelpunkt Tal; $Re = 32$. 119

4.17. Isolinien der x-Geschwindigkeitskomponente entlang der Tetraederstruktur in x-z Ebene; Ausrichtung 180°; Messmittelpunkt Sattelpunkt; $Re = 32$. . . 120

4.18. Vektorfelder um und über der Lamellenstruktur; $Re = 32$. 122

4.19. Vergleich der lokalen x-Geschwindigkeitsprofile auf der Lamellenstruktur; $Re = 32$. 123

4.20. Isolinien der x-Geschwindigkeitskomponente entlang der Lamellenstruktur in x-z Ebene; Messmittelpunkt Tal; $Re = 32$. 124

4.21. Vergleich der mittleren x-Geschwindigkeitsprofile auf glatten und mikrostrukturierten Oberflächen; $Re = 32$. 125

4.22. Dynamischer Randwinkel entlang der Lamellenstruktur. 128

4.23. Partikelsystem bei der zweiphasigen Filmströmung. 131

4.24. Geschwindigkeiten an einer L-L-PGF in unterschiedlichen Filmhöhen. . . . 133

4.25. Geschwindigkeiten an einer L-L-PGF in Abhängigkeit der Flüssigkeitsbelastungen. 135

4.26. Geschwindigkeiten an einer L-L-PGF bei unterschiedlicher Flüssigkeitsaufgabe. 137

5. Einfluss einer heterogenen Filmströmung auf den Stoffübergang 139

5.1. Prinzipskizze zur Realisierung der einzelnen Flüssigkeitsaufgaben. 141

5.2. Einfluss einer Rinnsalströmung auf den Stoffübergang bei der Absorption. 145

5.3. Schematische Darstellung der unterschiedlichen heterogenen Strömungsformen. 146

5.4. Einfluss einer Tropfenströmung auf den Stoffübergang bei der Absorption. 149

5.5. Einfluss einer Emulsion auf den Stoffübergang bei der Absorption. 152

6. Weiterentwickelte Bildbearbeitungsmethode 155

6.1. Prinzip der weiterentwickelten Bildbearbeitungsmethode. 159

6.2. Ablaufschema der Bildbearbeitung nach der Standard- und weiterentwickelten Bildbearbeitungsmethode. 160

Abbildungsverzeichnis

6.3. Digitale Partikelabbildung in Abhängigkeit der effektiven CCD-Auflösung. 162
6.4. Vergleich der mittleren Geschwindigkeitsprofile nach dem normalen Abtastverfahren und der weiterentwickelten Auswertungsmethode. 165
6.5. Vergleich des mittleren und eines momentanen Geschwindigkeitsprofiles nach der weiterentwickelten Auswertungsmethode. 166

7. Zusammenfassung und Ausblick   **169**

A. Darlegung der verwendeten Messtechnik   **173**
    A.1. Testzelle zum Absorptionsversuchsstand (Schnittzeichunung) 179
    A.2. Testzelle zum Absorptionsversuchsstand (Detailzeichnung) 180
    A.3. Verfahrensfliessbild zum Absorptionsversuchsstand 181

B. Ergänzungen zu den experimentellen Untersuchungen   **183**
    B.1. Vektorfeld in der x-y Ebene bei der Flüssigkeitsaufgabe mittels Aufgaberohr. 184
    B.2. Vergleich der mittleren x-Geschwindigkeitsprofile auf der Tetraederstruktur; Ausrichtung 0°; Re = 32. 185
    B.3. Vergleich der mittleren x-Geschwindigkeitsprofile auf der Tetraederstruktur; Ausrichtung 180°; Re = 32. 186
    B.4. Vektorfelder um und über der Tetraederstruktur; Ausrichtung 0°; Re = 64. 187
    B.5. Vergleich der lokalen x-Geschwindigkeitsprofile auf der Tetraederstruktur; Ausrichtung 0°; Re = 64. 188
    B.6. Vergleich der mittleren x-Geschwindigkeitsprofile auf der Tetraederstruktur; Ausrichtung 0°; Re = 64. 189
    B.7. Isolinien der x-Geschwindigkeitskomponente entlang der Tetraederstruktur in x-z Ebene; Ausrichtung 0°; Messmittelpunkt Tal; Re = 64. 190
    B.8. Isolinien der x-Geschwindigkeitskomponente entlang der Tetraederstruktur in x-z Ebene; Ausrichtung 0°; Messmittelpunkt Sattelpunkt; Re = 64. . . . 191
    B.9. Vektorfelder um und über der Tetraederstruktur; Ausrichtung 180°; Re = 64. 192
    B.10. Vergleich der lokalen x-Geschwindigkeitsprofile auf der Tetraederstruktur; Ausrichtung 180°; Re = 64. 193
    B.11. Vergleich der mittleren x-Geschwindigkeitsprofile auf der Tetraederstruktur; Ausrichtung 180°; Re = 64. 194
    B.12. Isolinien der x-Geschwindigkeitskomponente entlang der Tetraederstruktur in x-z Ebene; Ausrichtung 180°; Messmittelpunkt Tal; Re = 64. 195

B.13. Isolinien der x-Geschwindigkeitskomponente entlang der Tetraederstruktur in x-z Ebene; Ausrichtung 180°; Messmittelpunkt Sattelpunkt; $Re = 64$. . . . 196

B.14. Vergleich der mittleren x-Geschwindigkeitsprofile auf der Lamellenstruktur; $Re = 32$. 197

B.15. Isolinien der x-Geschwindigkeitskomponente entlang der Lamellenstruktur in x-z Ebene; Messmittelpunkt Spitze; $Re = 32$. 198

B.16. Vektorfelder um und über der Lamellenstruktur; $Re = 64$. 199

B.17. Vergleich der lokalen x-Geschwindigkeitsprofile auf der Lamellenstruktur; $Re = 64$. 200

B.18. Vergleich der mittleren x-Geschwindigkeitsprofile auf der Lamellenstruktur; $Re = 64$. 201

B.19. Isolinien der x-Geschwindigkeitskomponente entlang der Lamellenstruktur; Messmittelpunkt Tal; $Re = 64$. 202

B.20. Isolinien der x-Geschwindigkeitskomponente entlang der Lamellenstruktur; Messmittelpunkt Spitze; $Re = 64$. 203

B.21. Vergleich der mittleren x-Geschwindigkeitsprofile auf glatten und mikrostrukturierten Oberflächen; $Re = 64$. 204

B.22. Bestimmung der PGF bei der zweiphasigen Filmströmung mit Hilfe der Bildsumme aus der Bildbearbeitung. 205

B.23. Strömungsaufnahmen bei der Dreiphasenabsorption in einem Plattenabsorber. 206

C. Quellcode zur Bildbearbeitung   207
C.1. Grafische Benutzeroberfläche zur Bildbearbeitung. 207

Literaturverzeichnis   219

Tabellenverzeichnis

1. Einleitung	**1**
2. Grundlagen	**9**
2.1. Strömungsregime von Flüssigkeitsfilmen nach Ishigai u. a. (1972) und Al-Sibai (2004).	14
2.2. Vor- und Nachteile von CCD- und CMOS-Fotosensoren.	29
3. Versuchsaufbau und Durchführung	**43**
3.1. Versuchsplan zur Validierung der neuen μPIV-Messmethodik.	54
3.2. Mögliche Stoffsysteme für die Untersuchung heterogener Filmströmungen.	61
4. Auswertung und Gegenüberstellung der Ergebnisse	**89**
5. Einfluss einer heterogenen Filmströmung auf den Stoffübergang	**139**
5.1. Einfluss der dispersen Phase auf den Stoffübergang einer Emulsion in Abhängigkeit der Fluiddynamik.	153
6. Weiterentwickelte Bildbearbeitungsmethode	**155**
7. Zusammenfassung und Ausblick	**169**
A. Darlegung der verwendeten Messtechnik	**173**
A.1. Gegenüberstellung der verwendeten CCD-Kameras.	175
A.2. Charakteristika der verwendeten Mikroobjektivaufsätze.	176
A.3. Partikel für die ein- und zweiphasige Filmströmung.	177
B. Ergänzungen zu den experimentellen Untersuchungen	**183**
C. Quellcode zur Bildbearbeitung	**207**

Tabellenverzeichnis

Literaturverzeichnis **219**

Symbolverzeichnis

Lateinische Buchstaben

A	Fläche	m^2
a	spezifische Oberfläche	m^2/m^3
A_{xy}	Bildmatrix	–
B	Umfangsbelastung	$m^3/(mh)$
b	Objektweite	m
b	Plattenbreite	m
C	Faktor zur Längenkalibrierung	$m/Pixel$
c	Konzentration	mol/m^3
CV	Formfaktor	%
c_W	Widerstandsbeiwert	–
D	Filtermatrix	–
D	Linsendurchmesser	m
d	Durchmesser	m
Δd	Schärfentiefe	m
d_f	Entfernung zum Fernpunkt	m
d_h	hyperfokale Entfernung	m
d_n	Entfernung zum Nahpunkt	m
f	gegenstandsseitige Brennweite	m
f'	bildseitige Brennweite	m
F	F-Faktor	$\sqrt{Pa}$
F_A	Auftriebskraft	N
F_G	Gewichtskraft	N

Symbolverzeichnis

F_R	Reibungskraft	N
g	Erdbeschleunigung	m^2/s
g	Gegenstandsweite	m
H	Höhe	m
h	Beobachtungstiefe	m
HTU	Höhe einer Übertragungseinheit	m
I	Intensität	–
L	Länge	m
l	Länge	$Pixel$
m	Abbildungsmaßstab	–
n	Brechungsindex	–
NTU	Anzahl der Übertragungseinheiten	–
p	Druck	bar
r_h	relative Längenänderung	–
Δt	Zeitschrittweite	s
T	Temperatur	$°C$
t	Zeit	s
$\dot{V}$	Volumenstrom	m^3/h
$\bar{w}$	mittlere Geschwindigkeit	m/s
w	Geschwindigkeit	m/s
x	Molenbruch	mol/mol
x	Raumkoordinate in Strömungsrichtung	m
x^*	Einlauflänge	m
y	Raumkoordinate quer zur Strömungsrichtung	m
z	Raumkoordinate normal zur überströmten Platte	m

Griechische Buchstaben

α	Neigungswinkel	$°$
β	Kamerablickwinkel	$°$
β	Stoffübergangskoeffizient	m/s
δ	Filmdicke	m
η	dynamische Viskosität	$mPas$

θ	statischer Randwinkel	°
$\theta_{\mu,l}$	linker mikroskopischer Randwinkel	°
$\theta_{\mu,r}$	rechter mikroskopischer Randwinkel	°
θ_R	Rückzugsrandwinkel	°
θ_V	Vorrückrandwinkel	°
κ	Blendzahl	–
γ	Gammawert	–
λ_{em}	Emissionwellenlänge	nm
λ_{ex}	Anregungswellenlänge	nm
ν	kinematische Viskosität	m^2/s
ξ	Massenbruch	kg/kg
ξ^*	bezogener Massenbruch	–
ρ	Dichte	kg/m^3
σ_1	Einfallswinkel	°
σ_2	Brechungswinkel	°
σ	Oberflächenspannung	N/m
σ	Unschärfekreisdurchmesser	m

Indizes

0	Referenz
aus	Austritt
dyn	dynamisch
ein	Eintritt
$equi$	Äquivalent
f	Fluid
G	Glycerin
i	Zählervariable
in	Eingabe
Iso	Isooktan
$krit$	kritisch
L	bezogen auf die Flüssigphase
ln	logarithmisch

m	Mittel	
max	Maximum	
min	Minimum	
ol	flüssigkeitsseitig	
out	Ausgabe	
p	Partikel	
ph	Phasengrenze	
P	Propan	
q	querschnitt	
Sil	Silikonöl	
S	bezogen auf den Feststoff	
$stat$	statisch	
T	Toluol	
V	bezogen auf die Gasphase	
W	Wasser	
WG	Wasser-Glycerin Gemisch	

Dimensionslose Kennzahlen

Fr	Froude-Zahl	w^2/gL
Ka	Kapitza-Zahl	$1/K_L$
K_L	Filmkennzahl	$\rho\sigma^3/g\eta^4$
Re	Film-Reynolds-Zahl	$\dot{V}/\nu b$
We	Weber-Zahl	$\rho w^2 L/\sigma$

Abkürzungen

A/D	Analog Digital Converter
BE	Bildebene
CCD	Charged Coupled Device (*Ladungsgekoppeltes Bauelement*)
CFD	Computational Fluid Dynamics (*numerische Strömungsmechanik*)
CLAHE	Contrast-Limited Adaptive Histogram Equalization
CMOS	Complementary Metal Oxide Semiconductor (*komplementärer Metalloxid-Halbleiter*)

Symbolverzeichnis

DDPIV	Defocusing Digital Particle Image Velocimetry
DOF	Depth of Field (*Schärfentiefe*)
DPA	Digitale Partikelabbildung
FF	Full Frame (*CCD Umwandeltechnik*)
FFT	Fast Fourier Transformation (*schnelle Fourier-Transformation; Algorithmus zur Berechnung der diskreten Fouriertransformation*)
FIT	Frame Interline Transfer (*CCD Umwandeltechnik*)
FK	Fotokathode
FPS	Focal Plane Scanning (*Brenn- bzw. Bildebenenabtastung*)
FT	Frame Transfer (*CCD Umwandeltechnik*)
GUI	Graphical User Interface (*Grafische Benutzeroberfläche*)
HAD	Hole Accumulation Diode (*Technik um das Rauschverhalten bei CCD Sensoren zu verbessern*)
HPIV	Holographic Particle Image Velocimetry (*holografische PIV*)
IT	Interline Transfer (*CCD Umwandeltechnik*)
KNN	Künstliche Neuronale Netze
LDV	Laser Doppler Velocimetry (*Laser Doppler Anemometrie*)
LE	Linsenebene
LIF	Light Induced Fluorescence (*lichtinduzierte Fluoreszenz*)
LSV	Laser Speckle Velocimetry
MCP	Micro-Channel Plate (*Mikrokanalplatte*)
µPIV	Micro Particle Image Velocimetry (*ortsaufgelöste PIV*)
Nd:YAG	Neodym Yttrium Aluminium Granat (*Lichtaktive Medium des verwendeten Laser*)
OE	Objektebene
PGF	Phasengrenzfläche
PIV	Particle Image Velocimetry
PLIF	Planar Laser Induced Fluorescence
PPIV	Photographic Particle Image Velocimetry (*fotogrammetrische PIV*)
PS	Phosphorschirm
PTV	Particle Tracking Velocimetry
SPIV	Stereo Particle Image Velocimetry (*stereoskopische PIV*)

Symbolverzeichnis

TPIV	Tomographic Particle Image Velocimetry (*tomografische PIV*)
TR-PIV	Time-Resolved Particle Image Velocimetry (*zeitaufgelöste PIV*)
VOF	Volume of Fluid

KAPITEL 1

Einleitung

Ein vielfach in verfahrenstechnischen Apparaten angestrebter Strömungszustand ist der der vollständig ausgebildeten Filmströmung. Die Ursache hierfür findet sich in dem verbesserten Energie- und Stoffaustausch, da sehr hohe volumenbezogene Oberflächen realisierbar sind. Typische Anwendungen sind vor allem Packungskolonnen zur Rektifikation und Absorption aber auch Fallfilmverdampfer, bei denen die flüssige Phase im Gegen- oder Gleichstrom zu einer Gas- oder Dampfphase geführt wird und dabei Stoff und/oder Wärme übergehen.

Nach Hüttinger und Bauer (1982) ist die Effizienz von Packungskolonnen neben den thermodynamischen Beschränkungen sehr stark abhängig von der Fluiddynamik und dem Benetzungsverhalten der flüssigen Phase auf der Packungsoberfläche. Dieses wird einerseits direkt durch die Flüssigkeits- und Gasbelastung und andererseits durch die Wechselwirkungen an der Gas-Flüssig-Fest-Phasengrenzfläche beeinflusst (siehe de Gennes (1985)). Von Palzer u. a. (2001) wird zusätzlich gezeigt, dass nicht nur die Materialeigenschaft der überströmten Oberfläche, sondern auch deren Beschaffenheit, einen Einfluss hat. In Abhängigkeit dieser System- und Betriebsparameter ergeben sich wie z. B. von Coulon (1973) und Saber und El-Genk (2004) dargestellt theoretische Benetzungsgrenzen. Werden diese unterschritten, kann der Film wie in Podgorski u. a. (1999) und Hoffmann u. a. (2004) gezeigt aufreißen und eine Tropfen- und/oder Rinnsalströmung ausbilden. Nach Kim u. a. (2004) und Schmuki und Laso (1990) strömen die Rinnsale schnell und chaotisch die feste Oberfläche hinunter, was sich in einem wechselnden meanderförmigen Rinnsalverlauf widerspiegelt. Die Tropfen, welche je nach Stoffeigenschaften unterschiedliche Formen aufweisen (siehe Grand u. a. (2005)), folgen direkt der Schwerkraft. Das und Das (2009) zeigen, dass diese aufgrund der Wandhaftung eine rollende Bewegung ausführen. Als Folge des Aufreißens wird somit nicht nur die effektive Stoffübergangsfläche reduziert, sondern auch die Kontaktzeit, so dass die Effizienz der gesamten Trennkolonne erheblich verringert wird. Es laufen daher Bestrebungen, die Packungen bezüglich ihrer Stromlinienform so zu optimieren, dass neben niedrigen Druckverlusten eine optimale Benetzung auf der Packungsoberfläche erreicht wird. Nach Spiegel und Meier (2003) sind allerdings nur noch kleine Verbesserungen zu erwarten, wofür vor allem detaillierte Untersuchungen der zweiphasigen Strömungsformen benötigt werden.

In einigen Anwendungen findet sich neben der zweiphasigen Gas-Flüssig-Strömung eine zusätzliche flüssige Phase. Beispiel hierfür ist die von Krämer (1996) beschriebene heterogene Azeotroprektifikation (oder auch Dreiphasenrektifikation). Urdaneta u. a. (2002) geben als typisches Beispiel die Aufkonzentrierung eines Ethanol-Wasser Gemisches an. Durch die Zugabe einer dritten Komponente, wie z. B. Benzol oder Cyclohexan, wird ein leichtsiedendes Heteroazeotrop gebildet. Dieses wird aufgrund der thermodynamischen Eigenschaften (siehe Stichlmair und Fair (1998)) immer am Kopf der Kolonne abgezogen, im Sumpf dagegen bleibt reines Ethanol zurück. Ottenbacher (2007) nutzt diese Eigenschaft gezielt aus und zeigt eine Möglichkeit wie sich mit Hilfe der Dreiphasenrektifikation thermisch empfindliche Substanzen voneinander trennen lassen. Andererseits kann auch wie von Mitrovic und Reimann (2001) beschrieben bei der Absorption durch das Auskondensieren von Wasser in ein organisches Waschmittel eine dritte Phase auftreten.

Die zusätzliche flüssige Phase hat ein sehr komplexes Strömungsverhalten auf der Packungsoberfläche zur Folge. Eine flüssige Phase, üblicherweise aufgrund der besseren Benetzung die organische Phase, fließt dabei als Filmströmung die Packungsoberfläche entlang, während die zweite flüssige Phase als Tropfen- oder Rinnsalströmung die Packung herunter fließt und dabei teilweise oder sogar vollständig von der organischen Phase überlagert wird. Ausner u. a. (2005) zeigen ferner, dass sich bei gleichem Stoffsystem die Strömungsstruktur in Abhängigkeit der Flüssigkeitsaufgabe ändert und demzufolge ebenfalls berücksichtigt werden muss. Aufgrund dieser gegenseitigen Überlagerung, der komplexen Wechselwirkung und des vom homogenen Fall abweichenden Strömungsverhaltens kann es wie in den Arbeiten von Repke (2002), Siegert (1999) und Krämer und Stichlmair (1995) gezeigt zu einer Veränderung in der Trennleistung der Kolonne kommen. Zusätzlich weisen Villain u. a. (2005) darauf hin, dass auch der F-Faktor als Einflussparameter mitberücksichtigt werden muss, weil hohe F-Faktoren die Dreiphasenrektifikation in Packungskolonnen scheinbar begünstigen, da hier bei allen untersuchten Stoffsystemen eine

Verbesserung der Trennleistung festgestellt werden konnte.
Im Hinblick auf steigende Energie- und Rohstoffpreise sind diese Anlagen möglichst optimal auszulegen und zu betreiben. Für die Auslegung und Optimierung dreiphasig betriebener Packungskolonnen werden nach Repke und Wozny (2004) geeignete Modelle unter Berücksichtigung aller Skaleneinheiten (siehe Wozny (2007)) benötigt, die momentan aufgrund der fehlenden experimentellen Datenbasis nicht verfügbar sind. Aus diesem Grund wird zurzeit trotz der meist geringeren Effizienz und des geringeren Durchsatzes der Einsatz von Bodenkolonnen vor Packungskolonnen bevorzugt.

1.1. Stand der Forschung

Für die Auslegung zweiphasig betriebener Packungskolonnen finden sich in der Literatur eine Vielzahl von empirischen und halbempirischen Gleichungen zur Abschätzung der spezifischen Phasengrenzfläche (PGF), des Stoffübergangskoeffizienten oder der Fluiddynamik zur Erfassung des Flüssigkeitsinhaltes und Druckverlustes auf gegebenen Packungsstrukturen. Zur Thematik dreiphasiger Trennprozesse finden sich überwiegend Untersuchungen und Modelle zur dreiphasigen Gasabsorption. Brilman u. a. (2000) geben einen guten Überblick über Anwendungen und vorhandene Modelle zur Beschreibung dreiphasiger Systeme, wobei der Fokus auf begaste Rührbehälter, Fermentationsprozessen und Filmströmungen liegt. Explizite Auslegungsmethoden und Modelle für die Vorhersage dreiphasig betriebener Packungskolonnen stehen nach Repke (2002) nur ungenaue bzw. keine zur Verfügung, was vor allem auf das komplexe Strömungsverhalten zurückzuführen ist. Dementsprechend besteht ein hoher Bedarf an Modellen, für die detaillierte experimentelle Untersuchungen nötig sind. Der Forschungsschwerpunkt liegt hierbei vor allem auf den Wechselwirkungen an der Flüssig-Flüssig-PGF, welche eine Veränderung des Geschwindigkeitsfeldes und der Stoffübergangsfläche zur Folge haben. Allerdings sind Messungen direkt in einer Packungskolonne zur Erfassung der auftretenden Wechselwirkungen aufgrund des schlechten messtechnischen Zugangs schwierig und demzufolge nur bedingt möglich.

Ein wichtiges Hilfsmittel für die Analyse, Auslegung und Optimierung verfahrenstechnischer Apparate sind nach Birtigh u. a. (2000) zunehmend numerische Strömungssimulationen (CFD), welche in den letzten Jahren auch weiten Einzug in den Bereich der thermischen Trenntechnik finden. Großer Vorteil der CFD ist neben den im Allgemeinen geringeren Kosten, dass es keine Beschränkungen bezüglich des Beobachtungszugangs, der

Kapitel 1. Einleitung

Sicherheitstechnik oder den Materialbeschaffenheiten (Beständigkeiten, Oberflächenrauigkeiten, usw.) gibt, so dass nach erfolgreicher Modellentwicklung, Untersuchungen auf und in komplexen Geometrien mit jedem beliebigen Stoffsystem erfolgen können. Typische Anwendungsbeispiele aus dem Bereich der Verfahrenstechnik sind z. B. das von Sabisch u. a. (2001) untersuchte Aufstiegs- und Deformationsverhalten einzelner Blasen, das Strömungsverhalten im Innern eines Festbettreaktors um die katalytische Schüttung (Dixon und Nijemeisland (2001)) oder das das Mischungsverhalten in Rührkesseln (Himmler und Schierholz (2004)).
Zudem lassen sich erste Arbeiten finden, welche sich mit dem Strömungsverhalten auf glatten und strukturierten Oberflächen befassen. Ataki und Bart (2004, 2006) sowie Szulczewska u. a. (2003) untersuchen das Strömungs- und Benetzungsverhalten auf kleinen Packungssegmenten. Von Valluri u. a. (2005) sowie Gu u. a. (2004) wird unter Verwendung zweidimensionaler CFD-Modelle gezielt die Geschwindigkeits- und Filmdickenverteilung im Bereich von Mikrostrukturen analysiert. Mahr und Mewes (2008) modellieren überdies ein komplettes Sulzer Mellapak Segment und untersuchen die Flüssigkeitsverteilung entlang der Strömungsrichtung bei einer punktförmigen Aufgabe. Gasgegenstromeffekte wie auch der Energie- und Stofftransport sind in diesen Arbeiten aufgrund der Modellkomplexität vorerst nicht berücksichtigt.
Numerische Untersuchungen dreiphasiger Systeme sind allerdings kaum zu finden und im Hinblick auf Packungskolonnen nur von Repke u. a. (2007) bekannt.
Joshi und Ranade (2003) geben noch eine Vielzahl weiterer Anwendungsmöglichkeiten für die Verfahrenstechnik und einen sehr guten Überblick über den gegenwärtigen Status und zukünftige Schritte. Sie merken aber auch an, dass die Herausforderungen der CFD auf dem Bereich der Mehrphasenströmungen liegen, da hier meist nur mangelhafte Modelle zur Verfügung stehen. Eine Extrapolation gegebener Modelle auf mehrphasige Strömungen kann u. U. fatale Folgen haben, so dass neue geeignete Modelle zu entwickeln sind, welche unbedingt mit experimentellen Daten verifiziert werden müssen. Zusätzlich muss berücksichtigt werden, dass die CFD zurzeit noch nicht im Stande ist, komplette komplexe verfahrenstechnische Apparate auszulegen, so dass diese zunächst nur als Hilfsmittel für die Erstellung von Vorhersagemodellen, welche in Simulationsprogrammen verwendet werden können, zu sehen ist.
Aufbauend auf der dargelegten Herausforderung, dass für die Auslegung dreiphasig betriebener Packungskolonnen keine geeigneten Modelle zur Verfügung stehen und sich auch die CFD in diesem Bereich noch im Entwicklungsstadium befindet, wurde von Ausner (2006) das ein- und zweiphasige Verhalten von Flüssigkeitsströmungen mit Hilfe der Lichtindu-

zierte Fluoreszenz (LIF) und der Particle Tracking Velocimetry (PTV) genauer untersucht. Mit der PTV werden die Oberflächengeschwindigkeiten unter Zuhilfenahme geeigneter Tracerpartikel der ein- und zweiphasigen Filmströmung sowie der Rinnsal- und Tropfenströmung gemessen. Die LIF ermöglicht bei geeigneter Wahl der Fluoreszenzfarbstoffe und optischen Filter die Analyse der Fluiddickenverteilung von ein- und zweiphasigen Flüssigkeitsströmungen. In zusätzlichen Untersuchungen werden die Strömungszustände bezüglich der Morphologie und der Benetzungsfläche charakterisiert. Somit war es erstmals möglich mehrphasige Filmströmung quantitativ und qualitativ zu untersuchen. Parallel zu den experimentellen Arbeiten haben Hoffmann u. a. (2004, 2005, 2006) passend zum experimentellen Versuchsaufbau von Ausner (2006) ein CFD-Modell entwickelt und dieses mit Hilfe der experimentellen Daten validiert. Die numerischen Ergebnisse zeigen für die einphasige Filmströmung eine sehr gute Übereinstimmung bezüglich des Benetzungsverhaltens sowie der Filmdicken- und Oberflächengeschwindigkeitsverteilungen. Bei der Benetzung werden nicht nur die kritischen Benetzungsgrenzen gut wiedergegeben, auch kann in den Simulationen wie in den Experimenten ein Mäandrieren des Rinnsals beobachtet werden. Für den Fall der Dreiphasenströmung wird gezeigt, dass die Ergebnisse aus Simulation und Experiment ebenfalls gut bezüglich der Oberflächengeschwindigkeiten übereinstimmen. Zusätzlich kann wie in den Experimenten beobachtet eine Stabilisierung der beiden flüssigen Phasen untereinander erfolgreich nachgewiesen werden.

Allerdings werden für eine vollständige Validierung solcher Modelle und für ein tiefergehendes Verständnis der Strömungszustände auf Packungen Informationen über das komplette Geschwindigkeitsfeld benötigt, da sich nur so alle Phänomene wie die gegenseitige Stabilisierung und die Änderung des Stoffübergangs ausreichend erfassen und analysieren lassen. Vor der Durchführung weiterer CFD-Simulationen muss dementsprechend die Messtechnik erweitert und angepasst werden, so dass die Geschwindigkeitsfelder an der Flüssig-Flüssig-Phasengrenzfläche gemessen werden können. Das Ziel sollte es auch sein, diese Messungen soweit wie möglich unter prozessnahen Bedingungen wie Gasgegenstrom und Überströmung von industriell verwendeten Oberflächen durchzuführen, was in der Vergangenheit bisher noch nicht geschehen ist.

Eine etablierte Messtechnik ist hier die Particle Image Velocimetry (PIV), die es erlaubt, die kompletten Geschwindigkeitsinformationen der betrachteten zweidimensionalen Ebenen aufzunehmen. Da die zu untersuchende Strömung im Fall der mehrphasigen Filmströmung sehr dünn ist (etwa 0,25-1,5 mm), muss mit stark vergrößernden Optiken gearbeitet werden. Man spricht in diesem Fall von Micro-PIV (μPIV). Für die Analyse von freien Flüssigkeitsströmungen erfolgen die Messungen üblicherweise, wie mitunter von

Kapitel 1. Einleitung

Wittig u. a. (1996) und Adomeit und Renz (2000), durch eine transparente Wand, da es aufgrund der bewegten welligen Oberfläche zu starken Verzerrungen bei der Bildaufzeichnung und somit zu Fehlern bei der Bestimmung der Geschwindigkeiten kommen kann. Untersuchungen auf industriell verwendeten und demzufolge nicht transparenten Oberflächen sind mit dieser konventionellen Messmethode allerdings nicht möglich, was im Rahmen der hier aufgeführten Problemstellung aber zwingend erforderlich ist, so dass im Zuge dieser Arbeit eine Weiterentwicklung der konventionellen Messmethode erfolgte.

1.2. Ziel der Arbeit

Wesentliches Ziel der Arbeit war die detaillierte, experimentelle Analyse zweiphasiger Flüssigkeitsströmungen auf geneigten Oberflächen, wie sie zuvor beschrieben bei der Dreiphasenrektifikation in Packungskolonnen auftreten. Es wurde hierzu eine Messmethodik entwickelt, die eine Bestimmung der Strömungsgeschwindigkeiten an der Flüssig-Flüssig-PGF gestattet, so dass gesicherte qualitative und quantitative Aussagen über die gegenseitige Beeinflussung und die heterogene Strömungsstruktur erzielt werden können. Hierfür mußte ein neuer µPIV-Ansatz entwickelt werden, bei der die Messung durch die bewegte wellige Fluidoberfläche und nicht von der Rückseite durch eine transparente Wand erfolgt, so dass Untersuchungen an praktisch relevanten Oberflächenmaterialien wie z. B. Stahl oder Keramik und den typischen Oberflächenstrukturen ermöglicht werden. In einem ersten Schritt erfolgte die Verifizierung der Methodik an einphasigen Systemen auf glatten transparenten Oberflächen. Anschließend wurden komplexe einphasige Flüssigkeitsströmungen wie der Einfluss eines Gasgegenstroms und mikrostrukturierter Oberflächen untersucht. Im weiteren Verlauf der Arbeit erfolgte eine Weiterentwicklung der Messtechnik, so dass eine simultane Messung der Geschwindigkeitsfelder der beiden nicht mischbaren Flüssigkeiten sowie die Detektierung der Flüssig-Flüssig-PGF ermöglicht wurden. Zusätzlich wurde der Einfluss der heterogenen Strömungsformen auf den flüssigkeitsseitigen Stoffübergang näher untersucht und diskutiert.

1.3. Gliederung der Arbeit

Im 2. Kapitel werden die für die Arbeit benötigten Grundlagen dargelegt, wobei der Fokus auf zwei wesentlichen Bereichen liegt. Im ersten Teil erfolgt eine Klassifizierung der Filmströmung in Abhängigkeit der Stoffeigenschaften. Es wird gezeigt, wie sich die

1.3. Gliederung der Arbeit

charakteristischen Größen wie Filmdicke und Geschwindigkeitsverteilung mit Hilfe analytischer Lösungen abschätzen lassen. Dem schließt sich eine Bewertung der Benetzbarkeit der Flüssigkeiten, welche direkt mit dem Kontaktwinkel zusammenhängt, an. Im Anschluss wird dargestellt, welche Messmethoden zur Quantifizierung der jeweiligen Größen benötigt werden, wobei der Schwerpunkt hier auf den optischen Messmethoden liegt. Da die experimentellen Daten demzufolge immer in Form von digitalen Bildern vorliegen, und meist vor der eigentlichen Auswertung eine Bearbeitung dieser Bilddaten stattfindet, werden Möglichkeiten dieser Aufbereitung vorgestellt. Aufgrund der Verwendung mikroskopischer Optiken und die Beobachtung durch Phasengrenzflächen mit unterschiedlichen optischen Dichten werden zusätzliche physikalische Grundlagen aus dem Bereich Optik benötigt.

Aufbauend auf der dargelegten Problematik und den Grundlagen wird im 3. Kapitel der entwickelte Versuchsaufbau zur Messung der Geschwindigkeiten für die ein- und zweiphasige Filmströmung beschrieben. Neben den verwendeten Messgeräten wird auch der entwickelte Bildbearbeitungsfilter und die nötige Korrektur des Geschwindigkeitsfeldes infolge des Phasenüberganges detailliert erläutert.

Das 4. Kapitel befasst sich mit der Auswertung und Darstellung der Ergebnisse. Zu Beginn wird mit Hilfe mehrerer vergleichender Messungen auf einer transparenten Glasplatte mit der konventionellen Methode gezeigt, dass die eigene Messmethodik für den hier vorgestellten experimentellen Aufbau anwendbar ist und die auftretenden Messfehler aufgrund der bewegten PGF in diesem Fall vernachlässigt werden können. Nach Messungen verschiedener einphasiger Strömungsformen auf unterschiedlichen Oberflächen wird auch der Einfluss einer Gasgegenströmung auf das Geschwindigkeitsfeld diskutiert. Darauf folgend werden erstmals detaillierte Untersuchungen einphasig um- und überströmter strukturierter Oberflächen sowie Strömungsprofile an Phasengrenzflächen zwischen zwei nicht mischbaren Flüssigkeiten präsentiert und analysiert.

Nachdem die Wechselwirkungen an der Flüssig-Flüssig-PGF erfasst sind, muss die Fragestellung nach dem Einfluss auf den Stoffübergang beantwortet werden. Aus diesem Grund werden in Kapitel 5 systematische Messungen in einem Fallfilmabsorber durchgeführt, so dass für jede mögliche heterogene Strömungsgrundform der Einfluss im Hinblick auf die dreiphasig betriebene Kolonne diskutiert werden kann.

Im 6. Kapitel wird aufbauend auf den vorangegangen Arbeiten eine Weiterentwicklung des Bildbearbeitungsfilters vorgestellt, welche es erlaubt, bei Verwendung von nur einem Kamerasystem das momentane dreidimensionale Geschwindigkeitsfeld zu messen, indem speziell die Unschärfeeigenschaften der aufgenommenen Partikel ausgewertet werden.

Kapitel 1. Einleitung

Abschließend werden in Kapitel 7 die wesentlichen Punkte zusammengefasst und Ideen für zukünftige Arbeiten aufgezeigt.

In der Arbeit wird ein neuer Lösungsansatz zur experimentellen Analyse ein- und zweiphasiger Filmströmungen auf nicht transparenten Materialien aufgezeigt. Damit konnte die Basis für eine Analyse und Bewertung der Einflussgrößen auf die Fluiddynamik experimentell abgesichert werden. Der neuartige Ansatz kann sehr gut für weitere Fragestellungen im Zusammenhang der Untersuchungen der Leistungsmerkmale von Einbauten für Packungskolonnen genutzt werden.

KAPITEL 2

Grundlagen

Wie im vorangegangenen Kapitel diskutiert werden für die Auslegung und Optimierung dreiphasig betriebener Packungskolonnen geeignete Modelle zur Beschreibung der Fluiddynamik und des Stoffübergangs benötigt. Ein Hilfsmittel ist hierbei die CFD, welche allerdings im Bereich der Mehrphasenströmung noch im Entwicklungsstadium ist. Experimentelle Untersuchungen des Geschwindigkeitsfeldes an der Flüssig-Flüssig-PGF sollen helfen, Wissenslücken zu schließen und eine geeignete Datenbasis für die Validierung der Modelle zur Verfügung zu stellen. Für die Entwicklung und Bewertung der Messtechnik werden im folgenden Kapitel die nötigen Grundlagen beschrieben.

Ein wesentliches Merkmal von Filmströmungen ist die Wellenbildung an der Gas-Flüssig-PGF. In Abhängigkeit von den Stoffeigenschaften und Betriebsbedingungen können dabei unterschiedliche Strömungsregime beobachtet werden. Die Übergangsbereiche lassen sich für den Fall der glatten überströmten Platte mit Hilfe halbempirischer Gleichungen abschätzen. Hauptcharakteristika von Filmströmungen sind vor allem die Filmdicke und die mittlere Geschwindigkeit, da diese maßgeblich den Stoffübergang beeinflussen. Zu diesem Zweck kann für den Fall der wellenfreien Filmströmung eine analytische Lösung hergeleitet werden. Eine weitere wesentliche Eigenschaft von Flüssigkeitsströmungen ist das Benetzungsverhalten auf der überströmten Oberfläche in Abhängigkeit der Stoffparameter und Flüssigkeitsbelastung, welches direkt mit dem Hystereseverlauf des Randwinkels korreliert. Die Hysterese ist darin begründet, dass Be- und Entnetzungsgrenze nicht miteinander übereinstimmen.

Zur Bestimmung dieser charakteristischen Größen werden Messmethoden benötigt, wobei

Kapitel 2. Grundlagen

aufgrund der Störanfälligkeit von Filmströmungen berührungslose Verfahren von Vorteil sind. Hierbei handelt es sich in den meisten Fällen um optische Messverfahren, welche je nach Anwendungsgebiet unterschiedliche digitale Bildtechniken verwenden. Ohne eine geeignete Aufbereitung der digitalen Bilddaten ist eine Auswertung oftmals nicht möglich bzw. mit einer hohen Fehlerrate verbunden. Daher werden Bildbearbeitungsroutinen benötigt, welche sich aus unterschiedlichen Filtergrundoperationen zusammensetzen. Dies trifft insbesondere auf die im späteren Verlauf der Arbeit beschriebene µPIV-Messtechnik zu, da hier eine Bestimmung der Geschwindigkeitsfelder ohne eine geeignete Bildbearbeitungsmethode nicht möglich ist.

Im Allgemeinen sind Filmströmungen sehr dünn, so dass für die Untersuchung der Strömungsdetails mikroskopische Optiken verwendet werden. Diese zeichnen sich neben der Vergrößerung auch dadurch aus, dass der Tiefenbeobachtungsbereich mit Zunahme der optischen Verstärkung abnimmt. Diese Eigenschaft kann wie später gezeigt gezielt ausgenutzt werden, um das dreidimensionale stationäre Geschwindigkeitsfeld zu bestimmen. Schärfentiefe und optische Verstärkung können allerdings nicht unabhängig voneinander gewählt werden, da beide voneinander und vom Aufbau der verwendeten Optik abhängig sind. Diese Abhängigkeit kann mit Hilfe des Strahlengangs hergeleitet werden.

Bei der Beobachtung durch mehrere optisch durchgängige Phasen treten aufgrund der unterschiedlichen optischen Dichten Brechungen an der PGF auf, welche eine Verfälschung der Messergebnisse hervorrufen können. Für den Fall einer glatten PGF können die durch die Brechungen verursachten Abweichungen unter Kenntnis der Brechungsindizes berechnet werden.

2.1. Charakteristika von Filmströmungen

Bei einer Filmströmung handelt es sich um eine freie Strömung entlang einer ebenen oder gekrümmten Oberfläche, welche durch die angreifenden Massenkräfte hervorgerufen wird. Treten hierbei keine hohen Schubspannungen an der Gas-Flüssig-PGF auf, wird diese Form der Flüssigkeitsströmung nach Brauer (1971) auch Rieselfilm (gravitationsgetriebener Flüssigkeitsfilm) genannt. Im Fall von Packungskolonnen kann demzufolge von einer Rieselströmung ausgegangen werden, wenn der Arbeitspunkt unterhalb des Staupunktes liegt, da der Gasgegenstrom die Flüssigkeit nicht beeinflusst. Oberhalb des Staupunktes tritt ein komplexes zweiphasiges Strömungsbild auf, bei dem sich Gas- und Flüssigphase gegenseitig durchmischen.

2.1. Charakteristika von Filmströmungen

Sollten, wie in einem Fallfilmverdampfer zusätzliche mechanische Stabilisierungseinheiten verwendet werden, werden die entstehenden Flüssigkeitsfilme nach Kraume (2003) als Dünnschicht bezeichnet. Wird die Filmströmung, wie bei Wittig u. a. (1996) durch eine starke Schubspannung aufgrund einer Gasgegen- oder Gleichströmung an der PGF erzeugt, so spricht man von schubspannungsgetriebenen Flüssigkeitsströmungen (engl. Shear Driven Liquid Films).

Charakteristisch für Filmströmungen ist die Ausbildung von Wellen an der Gas-Flüssig-Phasengrenzfläche, wobei die Wellenform und Häufigkeit abhängig von der Flüssigkeitsbelastung und den Stoffparametern ist. Für den Rieselfilm lassen sich drei stabile Strömungsformen unterscheiden, welche in Abbildung 2.1(a) dargestellt sind. Für sehr kleine Flüssigkeitsbelastungen ist der Film gleichmäßig und glatt, die Stromlinien laufen parallel zur überströmten Oberfläche. An dieser Stelle spricht man von einer rein laminaren Filmströmung. Bei einer schrittweisen Erhöhung der Flüssigkeitsbelastung bildet sich die so genannte quasi laminare Strömung mit ihren typischen sinusförmigen Wellen, gleicher Größe und Abstand, aus. Die Stromlinien in der Nähe der Gas-Flüssig-PGF folgen dabei der Wellenform, allerdings treten keine Quer- oder Rückvermischungen auf. Diese können erst beim Auftreten dreidimensionaler Wellen beobachtet werden, welche sich bei hohen Flüssigkeitsbelastungen formen. In diesem Zusammenhang spricht man von der voll ausgebildeten turbulenten Filmströmung. Da die Wellen sich schneller als die mittlere Filmgeschwindigkeit bewegen und zusätzlich sehr viel dicker als die mittlere Filmdicke sind, transportieren diese einen Großteil der Gesamtmasse. Daher kann die Filmströmung in einen Basisfilm und einen Wellenbereich unterteilt werden.

Diese Strömungsformen lassen sich auch im Einlaufbereich von Filmströmungsapparaten beobachten, falls die Flüssigkeitsbelastung hoch ist (siehe Abbildung 2.1(b)). An der Aufgabestelle bildet sich zunächst eine laminare Strömung, anschließend die quasi laminare und später eine turbulente Strömung aus. Zusätzlich zu den obigen Strömungsformen können hier noch ausgeprägte Übergangsbereiche beobachtet werden, welcher vor allem für den Übergang der quasi laminaren zur turbulenten Strömung sehr komplex ist. Nach der Ausbildung nichtlinearer zweidimensionaler Wellen zerfällt die Wellenfront aufgrund der unterschiedlichen Geschwindigkeiten und es bilden sich die typischen dreidimensionalen U- und V-Wellen aus, welche anschließend komplett in den turbulenten Bereich übergehen. Die Entfernung bis zur vollständig ausgebildeten Strömungsform wird als Einlauflänge x^* bezeichnet. Nach Brauner und Maron (1982) kann die Einlauflänge für wässrige Systeme

Kapitel 2. Grundlagen

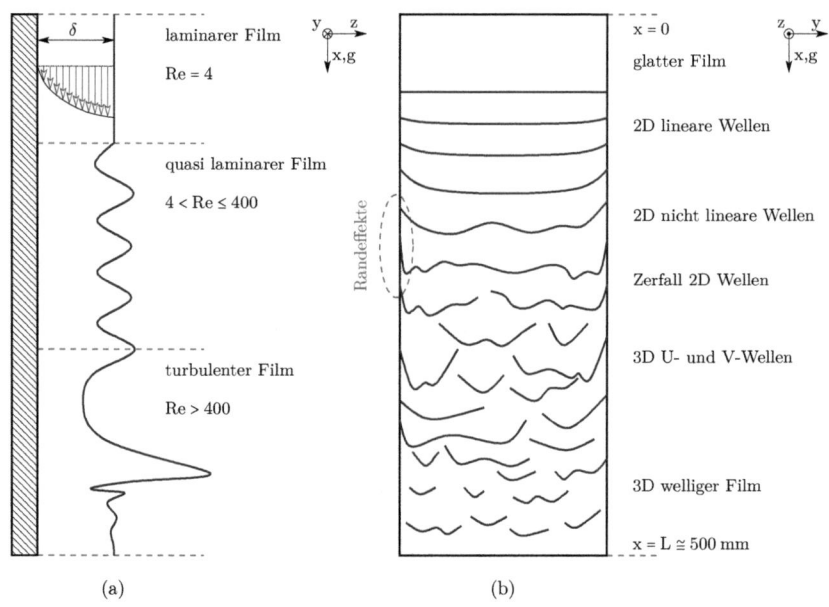

Abb. 2.1.: Strömungsregime des Rieselfilms entlang einer glatten Platten (a) in Abhängigkeit der Reynolds-Zahl nach Brauer (1971) (b) in Abhängigkeit der Lauflänge bei hohen Reynolds-Zahlen nach Helbig (2007).

mit Hilfe der Filmdicke δ und Reynolds-Zahl Re abgeschätzt werden durch:

$$x^* = 500\,\delta \qquad \text{für } Re \leq 125 \qquad (2.1)$$

$$x^* = (350 + 0{,}12\,Re)\,\delta \qquad \text{für } Re > 125 \qquad (2.2)$$

Da die Einlauflänge somit in der Größenordnung von einem halben Meter liegt, können die hier auftretenden Strömungsbereiche in technischen Apparaten meist nicht vernachlässigt werden.

Im Fall der im späteren Verlauf untersuchten überströmten Platte treten zusätzlich wie von Scholle (2004) beschrieben Randeffekte aufgrund der Wandhaftbedingung auf.

Nach Al-Sibai (2004) werden für die komplette Charakterisierung von Filmströmungen fünf dimensionslose Kennzahlen benötigt, die Reynolds-, die Film-, die Nusselt- und die Prandtl-Zahl sowie der Kosinus des Plattenneigungswinkels. Die Prandtl- und Nusselt-Zahl, welche den Wärme- und Stofftransport charakterisieren, werden an dieser Stelle

2.1. Charakteristika von Filmströmungen

nicht benötigt, da der Fokus dieser Arbeit auf der Fluiddynamik der Filmströmung liegt. Für die drei stabilen Strömungsformen stellt Brauer (1971) eine erste Abschätzung auf Basis der Reynolds-Zahl Re vor, welche das Verhältnis von Trägheits- zu Zähigkeitskräften darstellt, und im Fall der Filmströmung mit der benetzten Plattenbreite b als charakteristische Länge berechnet wird durch[1]:

$$Re = \frac{\dot{V}}{\nu b} = \frac{\bar{w}\rho\delta}{\eta} \qquad (2.3)$$

Demnach erfolgt der Übergang der laminaren Strömung zur quasi laminaren Strömung[2] bei $Re = 4$ und der Übergang zur voll turbulenten Strömung bei $Re = 400$. Brauer (1971) merkt aber an, dass je nach Stoffsystem ein unterschiedliches Verhalten beobachtet werden kann. Die Reynolds-Zahl alleine reicht demnach nicht aus um die Übergänge genau genug zu bestimmen, da die Entstehung von Wellen maßgeblich durch die dynamische Viskosität η und Oberflächenspannung σ bestimmt wird. Ishigai u. a. (1972) beziehen wie von Kapitza vorgeschlagen daher in seinen Berechnungen die Filmkennzahl K_L mit ein und unterteilt die Filmströmung in fünf Strömungsbereiche (siehe Tabelle 2.1). Die Filmkennzahl lässt sich nach dem VDI (2006) mit Hilfe der Froud-, Weber- und Reynolds-Zahl berechnen.

$$K_L = \frac{Re^4 Fr}{We^3} = \frac{1}{Ka} = \frac{\rho\sigma^3}{g\eta^4} \qquad (2.4)$$

Anstelle der Filmkennzahl wird auch häufig ihr Kehrwert die so genannte Kapitza-Zahl Ka verwendet[3]. Ishigai u. a. (1972) führen zu der von Brauer (1971) vorgeschlagenen Untergliederung jeweils noch die oben beschriebenen Übergangsbereiche mit ein, bezieht allerdings die Filmkennzahl nur für den ersten Übergangsbereich mit ein. Al-Sibai (2004) erweitert diesen Ansatz und berechnen alle Strömungsregime unter Zuhilfenahme der Filmkennzahl. Die in Tabelle 2.1 gezeigten Abweichungen lassen sich auf einen unterschiedlichen experimentellen Versuchsaufbau und auf die individuellen Bewertungen der Übergänge zurückführen. Zusätzlich muss berücksichtigt werden, dass Ishigai u. a. (1972) als Stoffsystem Wasser und Glykole und Al-Sibai (2004) Silokonöle verwendet, so dass aufgrund der stark unterschiedlichen Stoffsysteme ebenfalls leichte Abweichungen zu er-

---

[1]Wenn nicht anders angegeben beziehen sich die Stoffwerte immer auf die flüssige Phase
[2]Je nach Literaturquelle werden für die Übergänge leichte Abweichungen gefunden. So gibt Christen (2005) z. B. für den Übergang von laminar zum quasi-laminaren Wellenbereich bei gleicher Definition der Reynolds-Zahl einen Wert von 16 an.
[3]Einige Autoren, wie zum Beispiel Al-Sibai (2004) oder Helbig (2007) setzten die Kapitza- mit der Filmkennzahl gleich.

Tab. 2.1.: Strömungsregime von Flüssigkeitsfilmen nach Ishigai u. a. (1972) und Al-Sibai (2004).

Strömungsregime	Ishigai u. a. (1972)	Al-Sibai (2004)
laminare Strömung	$\mathrm{Re} \leq 0,47\, \mathrm{K}_L^{0,1}$	$\mathrm{Re} \leq 0,6\, \mathrm{K}_L^{0,1}$
1. Übergangsbereich	$0,47\, \mathrm{K}_L^{0,1} < \mathrm{Re} \leq 2,2\, \mathrm{K}_L^{0,1}$	$0,6\, \mathrm{K}_L^{0,1} < \mathrm{Re} \leq \mathrm{K}_L^{0,1}$
stabil welliger Film	$2,2\, \mathrm{K}_L^{0,1} < \mathrm{Re} \leq 75$	$\mathrm{K}_L^{0,1} < \mathrm{Re} \leq 25\, \mathrm{K}_L^{0,09}$
2. Übergangsbereich	$75 < \mathrm{Re} \leq 400$	$25\, \mathrm{K}_L^{0,09} < \mathrm{Re} \leq 192\, \mathrm{K}_L^{0,06}$
voll turbulent	$\mathrm{Re} > 400$	$\mathrm{Re} > 192\, \mathrm{K}_L^{0,06}$

warten sind.
Ein Ziel vieler Forschungsgruppen ist die mathematische Beschreibung dieser Strömungsregime, um so eine möglichste genaue Aussage über die PGF, Verweilzeiten und Stoff- und Wärmeübergangskoeffizienten zu erhalten. Aufgrund der komplexen Oberflächenstruktur ist dieses jedoch sehr schwierig. Im Fall der einphasigen laminaren Strömung kann diese eindeutig durch die Filmdicke und die mittlere Geschwindigkeit beschrieben werden, da keine Wellen an der PGF auftreten und das Geschwindigkeitsprofil somit keine Orts- und Zeitabhängigkeit besitzt. Mit Hilfe einer Kräftebilanz um ein infinitesimal kleines Volumenelement und der Annahme, dass im stationären Fall die Schwerkraft gleich der Zähigkeitskraft ist, kann das Geschwindigkeitsprofil $w(z)$ für einen glatten laminaren Rieselfilm von der Plattenoberfläche $z = 0$ bis zur Filmoberfläche $z = \delta$ nach Brauer (1971) berechnet werden mit:

$$w(z) = \frac{g \sin(\alpha)\, \rho\, \delta^2}{2\eta} \left[\frac{2z}{\delta} - \left(\frac{z}{\delta}\right)^2\right] \tag{2.5}$$

Die Lösung der Differenzialgleichung erfolgte hierbei unter den Randbedingungen, dass es sich um eine newtonsche Flüssigkeit handelt, es an der PGF zu keinem Impulsaustausch zwischen der Gas- und Flüssigphase kommt und an der Flüssig-Fest-PGF Wandhaftbedingungen vorliegt. Zusätzlich ist wie von Christen (2005) gezeigt in Gleichung 2.5 der Neigungswinkel α in den Schwerkraftterm g mit eingebunden. Dementsprechend berechnet sich die Filmdicke

$$\delta = \left(\frac{3\nu^2}{g \sin(\alpha)}\right)^{1/3} Re^{1/3} \tag{2.6}$$

sowie die mittlere Geschwindigkeit

$$\bar{w} = \left(\frac{g\sin(\alpha)\nu}{3}\right)^{1/3} Re^{2/3} \qquad (2.7)$$

und Oberflächengeschwindigkeit

$$w_{max} = \frac{3}{2}\bar{w}. \qquad (2.8)$$

Diese vereinfachten Strömungsverhältnisse beschreibt erstmals Nusselt (1916), daher ist dieses parabelförmige Strömungsprofil unter dem Namen Nusselt-Profil bekannt. Wilkes und Nedderman (1962) zeigen, dass diese Gleichung für eine wellenfreie Strömung exakt mit experimentellen Untersuchungen übereinstimmt. Bilden sich jedoch Wellen aus, so treten zunehmend Abweichungen auf, weil die Wellen eine Erhöhung der mittleren Geschwindigkeit und eine Abnahme der mittleren Filmdicke bewirken. Da der Einfluss der Wellen auf die Fluiddynamik und somit den Stoff- und Wärmeübergang erheblich ist, finden sich in der Literatur oftmals Anpassungen von Gleichung 2.5 und 2.6 an bestimmte Strömungsbereiche und Stoffsysteme.

2.2. Benetzung und Randwinkel

Ein wichtiger Parameter bei der Untersuchung und Bewertung von Flüssigkeitsströmungen in verfahrenstechnischen Apparaten sowie bei der späteren Versuchsplanung ist die Kenntnis des Benetzungsverhaltens der Flüssigkeit auf der festen Oberfläche. Diese ist neben der allgemeinen Geometrie der Packung abhängig vom Randwinkel Θ (bzw. Kontaktwinkel) der Flüssigkeit auf dem Packungsmaterial. Bei der Unterschreitung einer kritischen Flüssigkeitsbelastung, welche mit der Höhe des Randwinkels korreliert, bildet sich eine Rinnsal- und/oder Tropfenströmung aus, so dass dieser Parameter zusätzlich zur Charakterisierung von freien Flüssigkeitsströmungen mit berücksichtigt werden muss. Der Randwinkel lässt sich nach de Gennes (1985) mit Hilfe der Youngschen Gleichung, welche eine Beziehung zwischen den angreifenden Kräftevektoren am Dreiphasenpunkt beschreibt, darstellen.

$$\cos\Theta = \frac{\sigma_{SV} - \sigma_{LS}}{\sigma_{LV}} \qquad (2.9)$$

hierbei sind:

Kapitel 2. Grundlagen

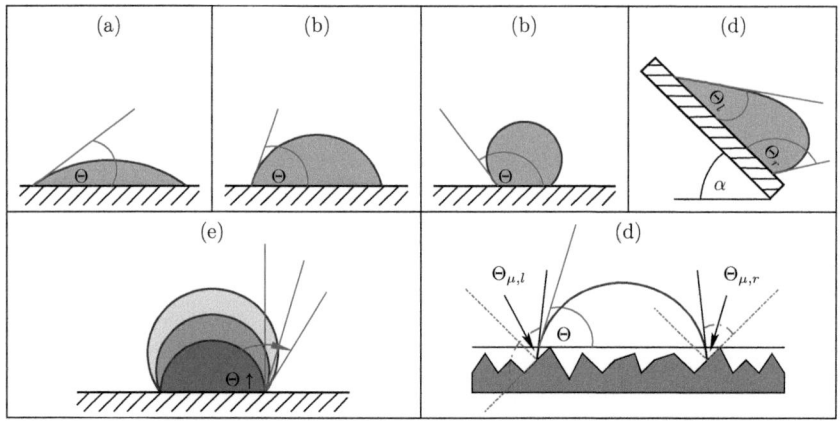

Abb. 2.2.: Schematische Skizzen zum Randwinkel; (a-c) Benetzungsverhalten (d) Einfluss des Neigungswinkels (e) statischer Vorrück- und Rückzugsrandwinkel (f) Mikro- und Makroskopischer Randwinkel.

σ_{SV} = Grenzflächenspannung zwischen Festkörper - Gas = Oberflächenspannung des festen Körpers

σ_{LV} = Grenzflächenspannung zwischen Flüssigkeit - Gas = Oberflächenspannung der Flüssigkeit

σ_{LS} = Grenzflächenspannung zwischen Festkörper - Flüssigkeit

Θ = Randwinkel (bzw. Kontaktwinkel)

In Abhängigkeit des Randwinkels ergeben sich wie in Abbildung 2.2 (a-c) dargestellt unterschiedliche Benetzungsverhalten der Flüssigkeiten. Für $\Theta \geq 90°$ wird der Tropfen von der Oberfläche abgestoßen. Die Benetzung eines Flüssigkeitsfilms in einer Packungskolonne wäre unvollständig bzw. nicht möglich. Ist $0° < \Theta < 90°$ so wird mit dessen Abnahme die Benetzung stetig besser. Für die Entstehung einer komplett ausgeprägten Filmströmung werden immer geringere Flüssigkeitsbelastungen benötigt. Geht $\Theta \to 0°$ so schmiegt sich der Tropfen an die Oberfläche an (Spreiten), der Tropfen wäre nicht mehr sichtbar, in diesem Fall spricht man von einer idealen Benetzung.

Aus rein thermodynamischer Sicht würde sich aufgrund des angreifenden Kräftegleichgewichtes genau ein Randwinkel ergeben. In der Realität sind allerdings wie in Abbildung 2.2 (e) skizziert mehrere stabile Zustände möglich, welche sich nach de Gennes (1985) auf Inhomogenitäten, wie z. B. die Oberflächenrauigkeit, zurückführen lassen. Der größtmögliche stabile Winkel wird als statischer Vorrückrandwinkel Θ_V und der Kleinstmögliche

2.2. Benetzung und Randwinkel

als statischer Rückzugsrandwinkel Θ_R bezeichnet. Der Wert des Randwinkels hängt dabei von der Bewegungsrichtung des Kontaktpunktes vor der stabilen Lage ab. Die Differenz zwischen Vorrück- und Rückzugsrandwinkel wird als Randwinkelhysterese bezeichnet. Ein ähnliches Verhalten kann auch für den dynamischen Fall beobachtet werden, also dann wenn die Fest-Flüssig-Grenzfläche vergrößert bzw. verkleinert wird. Im Fall von langsamen Ausbreitungsgeschwindigkeiten geht dabei der dynamische Randwinkel in den statischen Vorrück- bzw. Rückzugsrandwinkel über. Treten hingegen sehr hohe Ausbreitungsgeschwindigkeiten auf, so können die Grenzfälle $\Theta_{V,dyn}$ = 180° und $\Theta_{R,dyn}$ = 0° beobachtet werden.

Dieses Hystereseverhalten kann in den späteren Experimenten aber u. U. auch in Kolonnen gezielt ausgenutzt werden. Durch eine kurzzeitig höhere Flüssigkeitsbelastung (größer als Re_{min}^V), welche an den Vorrückrandwinkel gebunden ist, bildet sich eine Filmströmung aus, die allerdings erst bei Unterschreiten der vom Rückzugsrandwinkel abhängigen Flüssigkeitsbelastung Re_{min}^R aufreißt und eine Tropfen- und Rinnsalströmung ausbildet. Der Unterschied zwischen beiden Grenzen kann je nach Stoffsystem erheblich sein.

$$\Theta_V \geq \Theta \geq \Theta_R \quad \Rightarrow \quad Re_{min}^V \geq Re_{min}^R \tag{2.10}$$

Für verfahrenstechnischen Prozesse sollte die Benetzung möglichst gut sein, da dies gleichbedeutend mit einer höheren Effizienz des Wärme- und/oder Stoffaustauschapparates ist. Nach Hüttinger und Bauer (1982) lässt sich die Benetzung verbessern durch:

1. Wechsel des Feststoffmaterials
2. Zugabe von Zusatzstoffen
3. Veränderung der Oberflächenrauigkeit
4. Beschichtung der Oberfläche

Ein Wechsel des Feststoffes ändert σ_{LS} und dementsprechend den Randwinkel.

Die Zugabe von Kleinstmengen an Zusatzstoffen soll einen möglichst großen Einfluss auf die Grenzflächenspannung haben, daher kommen hier wie von Van Voorst Vader (1977) beschrieben hauptsächlich Tenside in Frage, welche die Eigenschaft besitzen sich an PGF anzulagern und demzufolge große Auswirkungen auf die Grenzflächenspannung haben.

Der Einfluss der Oberflächenrauigkeit ist abhängig von dem Randwinkel der Flüssigkeit auf der glatten Oberfläche. Ist dieser größer als 90° (theoretische Grenze), so hat eine Erhöhung der Rauigkeit eine Zunahme des Randwinkels zur Folge, im anderen Fall eine Abnahme. Palzer u. a. (2001) geben diesbezüglich einen kurzen Überblick über bisherige

Veröffentlichungen und bestätigen die Aussage mit eigenen Messungen. Auch gehen sie auf den Einfluss der Rauigkeit auf den Vorrück- und Rückzugsrandwinkel ein.

Bei der Beschichtung mit oberflächenaktiven Substanzen müssen diese eine anziehende Wirkung auf eine oder mehrere Komponenten haben (z. B. Carboxylgruppen für Wasser). Für die industrielle Anwendung sind solchen Beschichtungen allerdings meist zu aufwändig.

Für den Fall der Benetzung von geneigten Platten und Packungssegmenten muss auch berücksichtigt werden, dass der Randwinkel wie in Exl und Kindersberger (2005) und Burnett u. a. (2005) gezeigt vom Neigungswinkel bzw. vom effektiven Schwerkrafteinfluss abhängig ist (siehe Abbildung 2.2(d)). Wird ein Tropfen auf einer schräg gestellten Oberfläche untersucht, so kann beobachtet werden, dass sich der Tropfen in Richtung der Schwerkraft neigt und einen großen und kleinen Randwinkel am Tropfen ausbildet. Folglich ist mit der Zunahme des Neigungswinkels eine Verschlechterung des Benetzungsverhaltens verbunden.

Für die Messung der statischen und dynamischen Randwinkel gibt es eine Vielzahl unterschiedlicher Methoden (siehe Dusan (1979)). Ziel bei allen Methoden ist es eine Krümmung der flüssigen Oberfläche zu bewirken und anhand des Krümmungsradius auf den Randwinkel oder die Oberflächenspannung zurückzuschließen. Dusan (1979) gibt für diese Verfahren, wie sie auch im späteren Verlauf der Arbeit verwendet werden, eine Genauigkeit von 1-2° an.

Zusätzlich zu dem oben beschriebenen Verhalten muss wie von Marmur (2006) diskutiert beim Randwinkel ebenso zwischen mikro- und makroskopischer (gemessenen) Betrachtung unterschieden werden. Wie in Abbildung 2.2(f) zu sehen würde aus mikroskopischer Sicht der linke Randwinkel $\Theta_{\mu,l}$ größer als der Rechte $\Theta_{\mu,r}$ sein, allerdings verhält sich der Tropfen so, als ob die Oberfläche glatt ist.

2.3. Messmethoden für Filmströmungen

Für die Erfassung der strömungscharakteristischen Größen wie Filmdicke, Geschwindigkeiten oder auch Konzentrationen stehen wie von Nitsche und Brunn (2006) zusammengefasst eine Vielzahl von Messmethoden zur Verfügung. Prinzipiell lassen sich diese Messverfahren in zwei Hauptgruppen unterteilen, den Intrusiven und Nicht-intrusiven. Zu den intrusiven Verfahren zählen z. B. alle Messungen mit Sonden, die in die Strömung eingetaucht bzw. herangeführt werden. So messen Leuthner und Auracher (1997) durch Anlegen eines

2.3. Messmethoden für Filmströmungen

elektrischen Feldes die Impedanz und somit indirekt die zeitliche Änderung der Filmdicke. Durch die Verwendung zwei hintereinander angeordneter Sonden wird zusätzlich die Wellengeschwindigkeit mit aufgenommen. Ataki und Bart (2004) hingegen messen die Filmdicke durch das kontrollierte Heranführen einer Sondenspitze an die PGF mit Hilfe eines Schrittmotors. Auf diese Weise untersuchen sie die Dickenverteilung einer Wasser-Glycerin Rinnsalströmung auf einem Packungssegment.

Nachteil von allen intrusiven Messverfahren ist die Beeinflussung am Strömungsmesspunkt. Insbesondere bei Filmströmungen, welche besonders anfällig gegenüber Störungen sind, kann dieses erhebliche Auswirkungen haben. Daher ist die Erfassung von Strömungsprofilen in diesem Skalenbereich sehr aufwendig wenn nicht sogar unmöglich. Aus diesem Grund liegt der Fokus im Folgenden auf den Bereich der optischen Messmethoden, da sich diese neben einem geringen Messfehler auch durch eine hohe Auflösung auszeichnen.

Die einfachste Form optischer Messmethoden sind die Schattenverfahren. Diese werden unter anderem zur Untersuchung über das Aufstiegs- und Deformationsverhalten von Blasenströmungen oder im Fall der Filmströmung zur Untersuchung des Benetzungsverhaltens auf unterschiedlichen Oberflächen verwendet. So wird beispielsweise in der Arbeit von (Shetty und Cerro 1995, 1998) die Ausbreitung einer Flüssigkeit mit punktförmiger Aufgabe auf einer glatten und welligen Oberfläche untersucht. Podgorski u. a. (1999) analysieren die Bildung von Bögen am Aufreißpunkt einer Silikonströmung und Ausner (2006) die benetzte Oberfläche einer Wasserströmung in Abhängigkeit der Flüssigkeitsbelastung. Da sich mit dieser reinen Beobachtung der Strömung nicht alle nötigen Parameter erfassen und die Bewegung von Fluidelementen nicht verfolgt werden können, werden der Fluidströmung Markierungsstoffe (Tracer) hinzugegeben. Mit Hilfe einer Lichtquelle mit geeignetem Wellenlängenbereich können somit die benötigten Informationen optisch gemessen werden. Die für die Rieselströmung möglichen Verfahren werden im Folgenden kurz vorgestellt.

2.3.1. Lichtinduzierte Fluoreszenz

Die Licht- oder auch Laserinduzierte Fluoreszenz (LIF) ist ein spektroskopisches Messverfahren zur Untersuchung von einzelnen Molekülstrukturen, zur Erfassung ausgewählter Stoffe und zur Visualisierung und Vermessung von Strömungen. Im Fall der Filmströmung wird in die zu untersuchende Flüssigkeit ein Farbstoff gelöst, welcher bei Licht einer bestimmten Wellenlänge zur Fluoreszenz angeregt wird. Als Lichtquelle werden Laser (1D oder 2D Belichtung) oder Hochleistungslampen (3D) verwendet. Die Wellenlän-

Kapitel 2. Grundlagen

ge der Lichtquelle sollte möglichst nahe am Maximum des Absorptionsspektrums des Farbstoffes liegen. Ggf. müssen optische Filter zur Selektierung der Anregungswellenlänge verwendet werden. Die Erfassung der Fluoreszenzinformation erfolgt mit Kameras, vor denen zumeist ebenfalls ein optischer Filter angebracht ist, der nur die Wellenlängen des Emissionsspektrums passieren lässt. Die Intensität der Fluoreszenz ist zunächst direkt von der Laserleistung abhängig. Bei Erhöhung der Laserintensität kommt es zu Sättigungseffekten und Zerstörungen (reversiblen oder irreversiblen) des angeregten Stoffes. Auch der Zusammenhang von Konzentration und Lichtintensität ist nur bei geringen Konzentrationen linear. Zusätzlich muss beachtet werden, dass es infolge der intermolekularen Wechselwirkung zu einer Verschiebung des Absorptions- und Emissionsspektrums kommen kann.

Von Mouza u. a. (2000) wird die LIF verwendet, um die lokale Dicke einer Filmströmung zu bestimmen. Die komplette Dickenverteilung einer Filmströmung inklusive Wellenstrukturen wird von Adomeit und Renz (2000) untersucht. Ausner (2006) erweitert das Verfahren auf die Filmströmung zweier nichtmischbarer Flüssigkeiten, indem unterschiedliche optische Filter und Fluoreszenzmittel zum Einsatz kommen. Zusätzlich zur Filmdickenverteilung kann die Wellengeschwindigkeit gemessen werden (siehe Lel u. a. (2005)).

Liu u. a. (2006a, b), die sich mit der detaillierten Untersuchung der Strömungsstrukturen von zwei nicht mischbaren Flüssigkeiten befassen, merken an, dass für ein gesichertes Ergebnis beide flüssigen Phasen den gleichen Brechungsindex aufweisen müssen.

In den Arbeiten von Adomeit und Renz (2000) und Ausner (2006) wird zusätzlich auf den Einfluss der bewegten PGF hingewiesen. Auch wenn die Messungen durch eine transparente feste Wand erfolgen, können erhebliche Fehler auftreten, welche durch die Totalreflexion an der Gas-Flüssig-PGF hervorgerufen werden.

Ein weiteres großes Einsatzgebiet betrifft die Konzentrationsbestimmung einer Komponente in einem Mehrstoffgemisch. So untersuchen etwa Schagen und Modigell (2005) die lokale Konzentration von Sauerstoff in einer Filmströmung aus Wasser oder Kling und Mewes (2003) das Mischverhalten von Flüssigkeiten. Unter Berücksichtigung der Phosphoreszenz können Schagen u. a. (2006) die lokale Filmdicke (oder Konzentration) und Temperatur simultan messen.

Unter Ausnutzung fotochromer[4] Reaktionen kann darüber hinaus wie von Ho und Hummel (1970) oder Karimi und Kawaji (1998) das Geschwindigkeitsprofil einer Filmströmung in Fließrichtung bestimmt werden. Durch die induzierte Anregung orthogonal zur Strö-

---

[4]Bei der Fotochromie werden zwei Spezies reversibel ineinander umgewandelt. Dabei ändert sich das Absorptionsspektrum (also die Farbe). Die Rückreaktion kann dabei thermisch oder ebenfalls fotochemisch ablaufen.

mungsrichtung, wird ein flüssiger farbiger Faden erzeugt, welcher sich mit der Strömung mitbewegt. Die zeitliche Änderung der Fadenform erlaubt die Bestimmung des Geschwindigkeitsprofils (1C-1D)[5]. Die Bestimmung von Geschwindigkeitsfeldern (2C-2D), wie sie für die Bewertung der zweiphasigen Flüssigkeitsströmung benötigt werden, sind mit dieser Messmethode nicht möglich.

Zur Erhöhung des Informationsgehalts wird wie von Hishida und Sakakibara (2000) die LIF üblicherweise mit der PIV kombiniert (PLIF).

2.3.2. Laser Doppler Velocimetry

Die Laser Doppler Velocimetry (LDV) ist ein laseroptisches Messverfahren für die Erfassung von Strömungsgeschwindigkeiten eines lokalen Volumenelementes mit hoher zeitlicher und räumlicher Auflösung. Dieses punktuelle Verfahren wird unter anderem von Aksel und Schmidtchen (1996) zur Geschwindigkeitsmessung in einphasigen Filmströmungen eingesetzt.

Ein Laserstrahl wird mit Hilfe eines Strahlenteilers aufgeteilt und am Messort wieder gekreuzt, wobei sich das typische Interferenzstreifenmuster ausbildet. In der flüssigen oder gasförmigen Strömung mittransportierte mikroskopisch kleine Partikel reflektieren beim Durchqueren des Messortes das Laserlicht mit einer der Strömungsgeschwindigkeit proportionalen Frequenz. Das rückgestreute Licht wird mit einem Fotodetektor erfasst und in ein elektrisches Signal umgewandelt. Die Bestimmung der Dopplerfrequenz erfolgt mit Hilfe einer Spektralanalyse. Unter Kenntnis des Interferenzstreifenabstands kann aus der gemessenen Dopplerfrequenz die Strömungsgeschwindigkeit berechnet werden. Der minimale Fehler der LDV wird etwa auf 0,1 % geschätzt.

Bei der Auswahl der Partikel ist zu berücksichtigen, dass der Durchmesser kleiner als der Interferenzstreifenabstand sein muss, da anderenfalls der Partikel in mehreren Interferenzstreifen liegt. Sie sollten allerdings nicht zu klein sein, da ansonsten der Fehler aufgrund der Brownschen Molekularbewegung zunimmt ($d_p \approx$ 1-10 µm).

Durch Verwendung unterschiedlicher farbiger Laser und einer geeigneten Messsystemanordnung (siehe Jensen (2004)) besteht die Möglichkeit, die drei orthogonalen Geschwindigkeitskomponenten (3C-1D) direkt und simultan bzw. das komplette stationäre Geschwindigkeitsfeld (3C-3D) aufzuzeichnen.

Aufgrund der Aufteilung der Laserstrahlen und die Einkopplung in das Messsystem von

---

[5]D = Dimension des Messbereiches; C = Geschwindigkeitskomponenten eines Messpunktes im Messbereich

unterschiedlichen Seiten sind Messungen durch die Filmoberfläche schwierig. Weiterhin verursachen die zu untersuchenden überströmten metallischen Oberflächen eine Reflektierung oder Streuung des Laserlichtes, so dass die Auswertung erschwert wird bzw. ausgeschlossen ist.

2.3.3. Particle Tracking und Particle Image Velocimetry

Das Grundprinzip der Particle Tracking (PTV) und Particle Image Velocimetry (PIV) ist wie bei der LDV die Verfolgung von Partikeln, welche sich in der Strömung mitbewegen. Im Gegensatz zur LDV handelt es sich hierbei jedoch um flächige Messverfahren und die Geschwindigkeiten werden nicht mit Hilfe der Frequenzverschiebung, sondern durch die Beobachtung des Partikelweges in einer bestimmten Zeiteinheit ermittelt. Momentane **Standardanwendungen** verwenden üblicherweise einen doppelt gepulsten Laser, welcher zu einem Laserschnitt aufgeweitet wird und den zu untersuchenden Strömungsbereich und die in ihm enthaltenden Partikel kurz beleuchtet (etwa 3 ns). Die Strömungsebene wird mit Hilfe einer Kamera erfasst und es werden zwei Bilder in einem sehr kurzen Zeitintervall aufgenommen. Falls das Zeitintervall sehr klein ist, ist auch eine Mehrfachbelichtung eines Bildes möglich (siehe Adrian (1991)). Durch Kenntnis der örtlichen Auflösung der verwendeten Optik und des Zeitintervalls zwischen den beiden Laserpulsen können somit die beiden Geschwindigkeitskomponenten in der Beobachtungsebene bestimmt werden (2C-2D). Das maximale zeitliche Auflösungsvermögen ist durch die Pulswiederholrate des Lasers und durch die Bildwiederholrate der Kamera gegeben und liegt üblicherweise bei 10 Hz. Bei Verwendung von Lasersystemen mit hohen Pulsraten und CMOS-Kameras (siehe Abschnitt 2.4.1) lässt sich eine zeitliche Auflösung von bis zu 8000 Hz realisieren, so dass auch turbulente Strömungsphänomene analysiert werden können. Limitierender Faktor dieser zeitaufgelösten Verfahren (engl. Time-Resolved - TR) ist normalerweise der Laser, da mit einer Erhöhung der Pulszahl die Energiedichte pro Puls und somit die Lichtintensität der Partikel abnimmt. Als Folge wird das Signal- zu Rauschverhältnis und demnach die Genauigkeit reduziert.

Der Hauptunterschied zwischen der PIV und der PTV liegt vor allem in der Partikeldichte und der späteren Auswertung der Bilddaten. Bei der PIV wird das Bild in viele gleichgroße Abfragebereiche (engl. Interrogation Areas) unterteilt und jeder dieser Bereiche mit Hilfe von Kreuzkorrelationsmethoden (KK) ausgewertet. Hierzu müssen die Abfragebereiche mit Hilfe der Fast Fourier Transformation (FFT) in den Frequenzraum überführt werden. Da folglich die Partikel nicht direkt verfolgt werden, sondern nur die

2.3. Messmethoden für Filmströmungen

Signalverschiebung in den Abfragebereichen und somit der wahrscheinlichste Geschwindigkeitsvektor, ist die Größe dieses Bereiches bzw. die Partikeldichte nach Keane und Adrian (1992) so zu wählen, dass im Fall der einfach belichteten Doppelbilder mindestens sieben Partikel pro Abfragebereich vorhanden sein müssen und nur wenige diesen Bereich verlassen. Die Partikeldichte sollte allerdings nicht so hoch gewählt werden, dass es zu starken Überlagerungen der Partikelabbilder kommt.

Raffel u. a. (2007) erläutern weiterhin, dass darauf geachtet werden muss, dass die Geschwindigkeitskomponente normal zur Schnittebene (engl. Out-Of-Plane) nicht zu einem Verlust von Partikelinformationen führt. Sollte diese der Fall sein, muss die Zeitschrittweite, die Laserschnittdicke oder auch das optische Auflösevermögen angepasst werden.

Zur Untersuchung von Filmströmungen wurde die PIV bereits mehrfach erfolgreich eingesetzt. So messen etwa Wierschem u. a. (2003) die Geschwindigkeitsfelder einphasiger Filmströmungen über stark gewellten Oberflächen. Aufgrund der bewegten welligen Oberfläche erfolgen die Messungen allerdings von der Seite oder bei sehr dünnen Filmen wie von Adomeit und Renz (2000) rückwärtig durch eine transparente Wand.

Bei der PTV ist im Unterschied zur LDV und PIV die Partikeldichte sehr gering und es wird jeder Partikel einzeln lokalisiert, verfolgt und seine Geschwindigkeit bestimmt. In einem zur PIV äquivalenten Abfragebereich wäre die Partikeldichte im Mittel kleiner als eins und die Wahrscheinlichkeit für Partikelüberlagerungen sehr gering. Das daraus resultierend Vektorfeld ist entsprechend der Partikeldichte und Verteilung auf dem Bild inhomogen. Dieses Messverfahren wird heutzutage häufig in Blasenströmungen (siehe Borchers u. a. (1999)) meist in Kombination mit der PIV eingesetzt und finden sich im Bereich der reinen Filmströmung eher selten. Nur von Ausner (2006) ist bekannt, dass dieser mit Hilfe der PTV die Oberflächengeschwindigkeiten ein- und zweiphasiger Filmströmungen untersucht.

Wird die Partikeldichte soweit erhöht, dass aufgrund der starken Überlagerung keine einzelnen Partikel mehr wahrgenommen werden können, spricht man von Laser Speckle Velocimetry (LSV). In diesem Fall werden die auftretenden Interferenzmuster ausgewertet. Die LSV findet in der Strömungsmesstechnik allerdings nur bedingten Einsatz, was nach Nitsche und Brunn (2006) vor allem an der aufwändigen Auswertung der Specklegramme liegt.

Wie in Abschnitt 3.8.3 dargestellt, ist die Wahl der Partikeldurchmesser so zu erfolgen, dass eine möglichst gute Streu- bzw. Fluoreszenzleistung erreicht wird (also groß) aber auch, dass die Partikel über ein möglichst gutes Folgevermögen der Stromlinien verfügen (also klein). Raffel u. a. (2007) geben für den idealen Partikeldurchmesser im Fall der PIV

Kapitel 2. Grundlagen

einen Wert von 1,5 Pixel an. Zusätzlich sollten die Partikel einen Formfaktor, welcher die Abweichungen von der idealen sphärischen Form angibt, nahe null aufweisen.

Unter Verwendung des beschriebenen Standardsystems können zeitlich aufgelöste 2C-2D Geschwindigkeitsfelder aufgenommen werden. Wird ein höherer Informationsgehalt benötigt so ist dieses System zu erweitern bzw. zu modifizieren.

Bei Einsatz von zwei Kameras, wie mitunter von Prasad und Adrian (1993) sowie Lecerf u. a. (1999) verwendet oder speziellen Spiegelsystemen vor der Kamera (siehe Racca und Dewey (1988)) spricht man von stereoskopischer PIV (SPIV). Mit Hilfe der zweiten Kamera können entlang des Laserschnittes alle drei Geschwindigkeitskomponenten (3C-2D) bestimmt werden. Da durch die Ausrichtung der Kameras zur Messebene ein optischer Fluchtpunkt entsteht, ist vor der Auswertung der Bilddaten eine Koordinatentransformation erforderlich.

Für die Bestimmung der vollständigen zeitlich aufgelösten Geschwindigkeitsinformationen in einem Messvolumen werden wie von Schimpf (2005) Messsysteme mit drei oder vier Kameras verwendet. Diese so genannte fotogrammetrischen PIV (PPIV) und tomografischen PIV (TPIV) Verfahren weisen aufgrund der großen Datenmenge und der Belichtung eines kompletten Volumenelementes Beschränkungen in der zeitlichen Auflösung auf. Für höhere Aufnahmeraten kann das von Schröder und Willert (2008) vorgestellte holografische PIV (HPIV) Verfahren angewandt werden, da für die Aufnahme eines Hologramms nur eine Kamera erforderlich ist.

Werden ausschließlich Informationen über das stationäre Fließverhalten benötigt so bieten sich Methoden an, bei denen die Strömung schrittweise abgetastet wird. Im Fall des Standard-PIV-Systems sind somit Untersuchungen stationärer 2C-3D Geschwindigkeitsfelder und bei der SPIV 3C-3D Geschwindigkeitsfelder möglich.

Für weitere Auslegungshinweise, Bildaufnahmemöglichkeiten, Fehler, usw. sei insbesondere auf die Arbeiten von Adrian, Wereley und Meinhart verwiesen bzw. für eine gute Zusammenfassung der gängigen Literatur und Gegenüberstellung der einzelnen PIV-Messverfahren auf Raffel u. a. (2007) und Westerweel (1993, 1997).

2.3.4. Tomografie

Eine weitere Gruppe nicht-intrusiver zeitlich auflösender Messverfahren sind die tomografischen Messmethoden. Hierunter werden alle Verfahren zusammengefasst, welche Informationen im Innern eines Objektes aufzeichnen und in Form eines 2D Schnittbildes darstellen können. Das Schnittbild enthält dann die Information der zu erfassenden phy-

2.3. Messmethoden für Filmströmungen

sikalischen Messgröße, wie z. B. die Dichte oder den Phasenanteil in der betrachteten Messebene. Für die Messung eines Schnittbildes werden Sender und Empfänger, üblicherweise kreisförmig, um das zu untersuchende Messobjekt in äquidistanten Abständen wechselseitig angeordnet. Mit Hilfe einer Steuerungseinheit werden die Sender einzeln und sequenziell angesteuert. Die von Ihnen ausgehenden Signale werden dann von allen Detektoren parallel erfasst. Für die Erstellung eines Schnittbildes müssen alle Sender einmal angesteuert worden sein. Innerhalb einer Sequenz sollte sich der Strömungszustand der zu analysierenden Mehrphasenströmung nicht bzw. nur sehr geringfügig ändern. Dies ist im Allgemeinen gewährleistet, da die Ansteuerung der Sender und das Auslesen der Empfänger sehr schnell vonstattengeht, so dass sich hohe zeitliche Auflösungen realisieren lassen. Die Wiederholungsrate ist je nach Verfahren unterschiedlich, aber mehrere 100 Schnittbilder pro Sekunden sind ohne Weiteres erreichbar.

Für die Auswertung der Messsignale wird eine spezielle Auswerteroutine benötigt, welche auf Basis lokaler und integraler Betrachtungen aus den physikalischen Messgrößen das grafische Schnittbild konstruiert. Zur Erstellung 3D Tomogramme müssen entweder die Sender und Empfänger relativ zum Messobjekt verschoben oder mehrere Messringe verwendet werden.

Je nach gewünschter Messgröße und den gegebenen Fluideigenschaften erfolgt die Wahl des Tomografieverfahrenes bzw. die für das Verfahren zugrunde liegende physikalische Eigenschaft (Strahlung, Schall, Licht, Magnetismus...). Einen Überblick über tomografische Messverfahren geben Reinecke u. a. (1997) und Chaouki u. a. (1997), welche speziell auch auf die Anwendung im Bereich der Prozesstechnik eingehen.

Die örtliche Auflösung tomografischer Verfahren liegt im µm bis mm Bereich. Für die Analyse von Filmströmungen sind diese Verfahren daher nur bedingt geeignet. Strömungsstrukturen können zwar gut wiedergegeben werden, allerdings lassen sich die benötigten Informationen an den PGF nur unzureichend erfassen. Daher werden tomografische Verfahren überwiegen auf Rohrströmung, etwa zur Bestimmung der Phasenanteile angewandt. Zukünftig ist allerdings mit einer höheren örtlichen Auflösung und demzufolge einer vermehrten Anwendung im Bereich der Filmströmung zu rechnen, da bezüglich der Hard- und Software noch erhebliches Verbesserungspotenzial vorhanden ist.

Kapitel 2. Grundlagen

2.4. Optik und Bildaufnahme

Die vorgestellten optischen Messverfahren erfordern zur Aufzeichnung der benötigten Informationen geeignete optische Systeme, bestehend aus Kamera, Objektiv und Filter. Heutzutage werden für die Bildaufnahme fast ausschließlich digitale Kamerasysteme verwendet, da einerseits ihre örtliche Auflösung ähnlich der analogen Technologie ist und andererseits die Daten sofort zur weiteren Verarbeitung verfügbar sind.

Für die Untersuchung der Filmströmung wird aufgrund der geringen Filmdicken ein hochauflösendes mikroskopisches Objektiv benötigt, welches sich neben der Vergrößerung durch einen sehr geringen zu berücksichtigenden Schärfebereich auszeichnet.

Da bei der zu entwickelnden Messmethodik die Geschwindigkeitsinformationen durch eine PGF aufgenommen werden sollen, muss berücksichtigt werden, dass die unterschiedlichen optischen Dichten der einzelnen Stoffe (gas, flüssig, fest) eine Veränderung des Strahlengangs hervorrufen, was zu einer Verschiebung der Schärfebene führt. Im Rahmen der Auswertung müssen diese Verschiebungen korrigiert werden.

2.4.1. Grundprinzip der digitalen Bildaufnahme

Für digitale Kameras stehen zwei verschiedene Technologien zur Verfügung, die CCD und CMOS. Einen guten Überblick über die Funktionsweise, Aufbau und die Unterschiede geben Göhring und Meffert (2002). An dieser Stelle soll nur kurz auf den Aufbau und den damit verbundenen messtechnischen Anwendungen eingegangen werden.

Basis beider Technologien ist der innere Lichtelektrische Effekt. Treffen Photonen auf einen lichtempfindlichen Halbleiter, so werden die Elektronen des Atoms angeregt und ein Elektronen-Loch-Paar wird erzeugt.

Ein CCD-Chip besteht aus einer Matrix von Fotodioden, welche die Lichtenergie somit in elektrische Ladungen umwandeln und in einem Ladungspool sammeln. Diese Ladungspakete werden später mit Hilfe von Registern verschoben und ausgelesen, im Transistor verstärkt und im A/D-Wandler digitalisiert. Hierfür stehen bei der CCD mehrere Umwandeltechniken zur Verfügung:

1. Full Frame (FF) CCD: Es wird kein Speicherplatz verwendet, so dass der Sensor eine sehr hohe Lichtempfindlichkeit und Auflösung aufweist. Die Auslesung der Ladungen erfolgt zeilenweise über ein horizontales Schieberegister (Ausleseregister). Allerdings

2.4. Optik und Bildaufnahme

wird ein mechanischer Verschluss benötigt, so dass dieser Sensor kaum Anwendung findet.

2. Frame Transfer (FT) CCD: Der Sensor ist in einen gleich großen Belichtungs- und Speicherbereich unterteilt, so dass die Sensorfläche ca. zweimal so groß ist. Die Informationen werden durch das lichtempfindliche Schieberegister in das abgedunkelte Schieberegister (Speicherbereich) geschoben (500 µs) und seriell über ein Ausleseregister ausgewertet.

3. Interline Transfer (IT) CCD: Belichtungs- und Speicherbereich sind streifenförmig zueinander angeordnet, so dass die Informationen schnell (1 µs) in den Speicherbereich verschoben und zeilenweise über das Ausleseregister ausgelesen werden können.

4. Frame Interline Transfer (FIT) CCD: Kombination von FT und IT; aufwändige Herstellung

Das serielle Auslesen im Ausleseregister dauert bei allen Techniken mehrere Millisekunden.

Während bei der LIF prinzipiell die FT und IT CCD angewandt werden können, bietet sich für die PIV vor allem letztere aufgrund der kurzen Zeitschrittweiten von 1 µs zwischen einem Bildpaar an.

Im Gegensatz zur CCD wird bei CMOS-Sensoren die Ladung direkt im Pixel ausgelesen, verstärkt und ggf. weiterverarbeitet, da jeder Pixel neben der Fotodiode bereits die Ausleseelektronik, wie Transistoren und erste Bildbearbeitungsschritte, enthält. Die Informationen werden dann zum A/D-Wandler des CMOS-Chips weitergeleitet. Diese Technik erlaubt es einen oder mehrere Pixel direkt zu adressieren und auszulesen.

Für wissenschaftliche Zwecke werden überwiegend schwarzweiß Kameras verwendet, da für die Analyse des Farbverhaltens zusätzlicher Platz auf dem Sensor benötigt wird und somit der Füllfaktor abnimmt, was zu einer Reduzierung der Lichtempfindlichkeit führt. Es gibt bereits erste Ansätze für neue Technologien, die speziell die wellenlängenabhängige Eindringtiefe der Photonen in das Halbleitermaterial ausnutzen. Farbkameras würden sich insbesondere bei der LIF anbieten, da der Informationsgehalt somit u. U. erhöht werden kann.

Aus den unterschiedlichen Funktionsweisen der vorgestellten digitalen Bildsensoren und den daraus folgenden Vor- und Nachteilen (siehe Tabelle 2.2 und Übersicht 2.1) leiten sich auch ihre Anwendungsbereiche ab.

Wird eine sehr hohe zeitliche Auflösung benötigt (TR-PIV), wie mitunter bei der Verfolgung und Analyse von Wirbelstrukturen im Wellenberg bei einer Filmströmung, ist die

Kapitel 2. Grundlagen

Übersicht 2.1 - Charakteristika digitaler Fotosensoren.
Signal-Rausch-Verhältnis: Verhältnis der Signal-Elektronen zu den Rausch-Elektronen (Dunkelstrom); abhängig von der Anzahl und Güte der Verstärker
Blooming: Wird bei einer Überbelichtung des Pixels die maximale Speicherkapazität des Ladungspools überschritten, so wird die überschüssige Ladung an benachbarte Fotodioden und darüber hinaus abgegeben. Anti Blooming Gates können ein Auslaufen verhindern, allerdings wird je nach Bauart der Füllfaktor verringert oder die Ansteuerung komplizierter. Daher finden solche Gates für wissenschaftliche Anwendungen nur bedingten Einsatz.
Smear: Ähnlich wie beim Blooming findet hier ein Überlaufen statt, allerdings nicht während der Belichtung, sondern danach, wenn die Informationen durch die Schieberegister ausgelesen werden. Erkennbar ist dieser Effekt durch weiße bzw. helle vertikale Streifen.
Füllfaktor: Verhältnis der fotoempfindlichen zur gesamten Pixelfläche.
Empfindlichkeit: Sensitivität oder Quantenwirkungsgrad in Abhängigkeit der Wellenlänge.
Uniformität: Lichtempfindlichkeit verschiedener Pixel unter gleichen Bestrahlungsverhältnissen. Ideal ist absolute Gleichheit, was herstellungsbedingt nicht möglich ist (minimale Defekte, leichte Unterschiede in den Verstärkern,....).
Windowing: Direktes Auslesen eines Pixels bzw. von kleinen Gruppen.
Dynamik: Verhältnis der Ladungs-Sättigungsgrenze eines Pixels zur Lichtempfindlichkeit (BIT).
Verschluss: Beschreibt die Möglichkeit die Belichtung elektronisch zu steuern.
Reaktivität: Signalstärke, die am Sensor entsteht, wenn dieser mit einer definierten Menge optischer Energie bestrahlt wird.
Dunkelstrom: Aufgrund der Eigentemperatur des Sensors entstehen zufällig freie Elektronen, so dass ein unbelichteter Pixel nicht den digitalen Wert von null aufweist. Durch eine Kühlung der Sensoren kann der Dunkelstrom verringert werden, wobei etwa alle 7 K eine Halbierung erfolgt.

CMOS-Technik zu verwendet. Da im Fall der μPIV die nötigen Zeitschrittweiten sehr gering sind, bietet sich eine Mehrfachbelichtung der Bilder mit anschließender Auswertung über die Autokorrelation oder u. U. eine Reduzierung der effektiven Sensorfläche an. Allerdings bedeutet Letzteres auch einen Verlust an örtlicher Auflösung und somit ggf. Informationen.

Für alle anderen Anwendungen sollte immer eine CCD-Kamera eingesetzt werden, da diese aufgrund des geringeren Rauschens und der hohen Lichtempfindlichkeit für wissenschaftliche Zwecke besser geeignet ist.

Tab. 2.2.: Vor- und Nachteile von CCD- und CMOS-Fotosensoren.

CCD	CMOS
+ hohe Uniformität, da nur wenige Ausgangsknoten und somit Transistoren + geringes Rauschen + hoher Füllfaktor + hohe Empfindlichkeit über einen weiten Spektralbereich + schneller Verschluss + großer Dynamikbereich und hohe Auflösung − je nach Bauart unterschiedlich starke bis keine Blooming und Smear Effekte − kein Windowing − geringe Bildaufnahmeraten	+ sehr hohe Bildaufnahmeraten + Windowing + keine Blooming oder Smear Effekte aufgrund der sofortigen Ladungsumwandlung + kompakte Bauform durch Integration der Auswertelogik auf dem Pixel (System on a Chip) − geringerer Füllfaktor und somit schlechtere Lichtempfindlichkeit − schlechtere Uniformität bedingt durch die fertigungsbedingten Empfindlichkeitsunterschiede (Schwankung in den Transistoren) − größeres Rauschverhalten

2.4.2. Grundprinzip der Lichtverstärkung

Für die Analyse der Geschwindigkeitsfelder mittels PIV werden Partikel zur Visualisierung benötigt, welche entweder das Laserlicht direkt reflektieren oder mit fluoreszierenden Stoffen beschichtet sind. Da sich bei den Untersuchungen von Strömungen auf nicht transparenten Oberflächen Laserlichtreflexionen nicht vermeiden lassen, kann nur mit fluoreszierende Partikel und geeigneten Bandpassfiltern gearbeitet werden (siehe Kap. 3). Dies bedeutet auch, dass die Partikel aufgrund der Sättigung der Fluoreszenz eine maximale Leuchtkraft aufweisen, welche sich nicht durch eine höhere Bestrahlungsstärke des Laserslichtes steigern lässt. Nur der Einsatz größerer Partikel kann die Leuchtkraft weiter erhöhen. Allerdings ist dies wie in Abschnitt 3.8.3 gezeigt wird aufgrund des steigenden Fehlers und der zusätzlichen Reduzierung der lokalen örtlichen Auflösung nicht zielführend.

Kapitel 2. Grundlagen

Übersicht 2.2 - Funktionsweise eines Lichtverstärkers.
Für wissenschaftliche Anwendungen bieten sich die Bildverstärker der 2. und 3. Generation an, da diese sehr hohe Verstärkungen ermöglichen. Mit Hilfe einer Abbildungsoptik löst das Licht auf einer Fotokathode (FK) Elektronen aus. Diese werden zur Mikrokanalplatte (MCP) weitergeleitet und dort durch Anlegung einer Beschleunigungsspannung vervielfältigt. Im Anschluss treten diese Elektronen aus den Mikrokanälen aus und erzeugen auf einem Phosphorschirm (PS) wieder Photonen, die zum Bildsensor weitergeleitet werden.

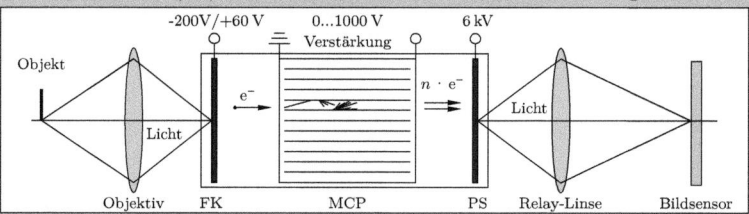

Abb. 2.3.: Schematischer Aufbau eines Lichtverstärkers der 2. und 3. Generation

Fotokathode (FK): Diese besteht aus einem sehr dünnen Material, welches basierend auf dem äußeren Lichtelektrischen Effekt, Elektronen herauslöst, wenn dieses mit Photonen bestrahlt wird. Durch Anlegen einer neg. Spannung (-200 V) werden die Elektronen in Richtung des MCP beschleunigt. Bei einem Wechsel zu einer pos. Spannung (60 V) verbleiben die Elektronen an der Kathode, so dass die Fotokathode als sehr effizienter elektronischer Verschluss verwendet wird. Die Quantenausbeute liegt im Bereich von 10 Prozent.

Mikrokanalplatte (MCP): Die MCP dient zur Vervielfachung der Fotoelektronen. Diese ist meist ein Bleiring, welcher mit ca. 10 Mio. Kanälen mit einem Durchmesser von etwa 10 µm und einer Länge von 500 µm durchzogen ist. Der Verstärkungsgrad ist dabei abhängig vom Verhältnis Länge zu Durchmesser und der angelegten Beschleunigungsspannung (0-1000 V). Für MCP Bildverstärker sind Verstärkung bis zu einem Faktor von 10k realisierbar.

Phosphorschirm (PS): Die von der MCP kommenden Elektronen werden in Richtung des Phosphorschirms nachbeschleunigt (6 kV) und hier in Photonen umgewandelt. Wichtige Eigenschaften sind hier die Energieausbeute und die Nachleuchtdauer, welche umgekehrt proportional voneinander abhängig sind und demzufolge für die jeweilige Anwendung zu wählen sind. Die Nachleuchtdauer muss weit unterhalb der Zeit zwischen zwei Bildern liegen, da ansonsten Informationen zum nächsten Bild weiter getragen werden.

Gerade im Hinblick auf die Untersuchung an PGF wird eine hohe lokale Auflösung benötigt, so dass größere Partikel nicht verwendet werden können. Durch Einsatz einer lichtverstärkenden Optik kann dieses Problem behoben werden. Die Funktionsweise eines

Lichtverstärkers ist in Übersicht 2.2 dargestellt.

2.4.3. Schärfentiefe optischer Komponenten

Eine wichtige Kenngröße von Objektiven ist die Schärfentiefe, welche definiert ist als der Entfernungsbereich, in dem Objekte (hier Partikel) hinreichend scharf auf der Bildebene abgebildet werden. Ein Objekt wird dann als scharf eingestuft, wenn seine Kanten klare Linien und Grenzen aufweisen. Befinden sich Punkte vor oder hinter dem Schärfebereich, werden diese in der Bildebene als kleine Unschärfekreise abgebildet und das ganze Objekt wirkt verschwommen. Aufgrund des begrenzten Auflösungsvermögens der Kamera (Pixelgröße) kann meist eine gewisse Unschärfe toleriert werden.

Abbildung 2.4 zeigt eine Prinzipskizze zur Schärfentiefe mit Hilfe des Strahlenganges an einer Sammellinse. Dargestellt ist die Abbildung eines Punktes P aus der Objektebene OE auf die Bildebene BE. Die Gegenstandsweite g und Bildweite b sind dabei über die so genannte Linsengleichung miteinander verknüpft.

$$\frac{1}{f} = \frac{1}{g} + \frac{1}{b} \tag{2.11}$$

f und f' sind die Brennweiten der Linse und im Fall der Sammellinse immer gleich groß. Die Abstände beziehen sich immer auf den Linsenmittelpunkt M. Die Punkte Q und R liegen vor bzw. hinter der Objektebene und erscheinen demzufolge hinter bzw. vor der Bildebene. In der Bildebene erscheinen beiden Punkte (R' und Q') als Unschärfekreis mit einem vom Mittelpunkt der Linse abhängigen Durchmesser. Wenn der Unschärfekreis σ bei beiden Punkten gleich groß ist, so wird Q als Nahpunkt und R als Fernpunkt der Schärfentiefe bezeichnet. Mit Hilfe der optischen und trigonometrischen Grundlagen der Strahlengänge kann die Entfernung zum Nahpunkt d_n und Fernpunkt d_f nach Jennrich (1999) berechnet werden durch:

$$d_n = \frac{g\, d_h}{d_h + (g-f)} \tag{2.12}$$

$$d_f = \frac{g\, d_h}{d_h - (g-f)} \tag{2.13}$$

So dass sich für die Schärfentiefe Δd folgende Rechenvorschrift ergibt:

$$\Delta d = d_f - d_n = 2\,\frac{g\,(g-f)\,d_h}{d_h^2 - (g-f)^2} \tag{2.14}$$

Kapitel 2. Grundlagen

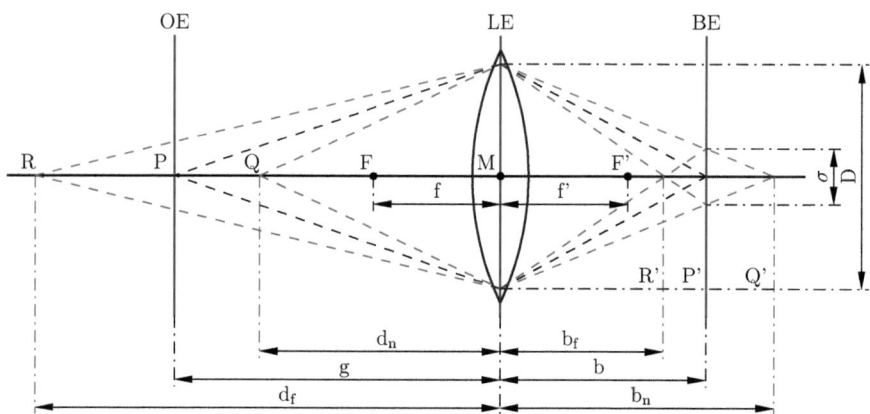

Abb. 2.4.: Prinzipskizze zur Berechnung der Schärfentiefe (OE=Objektebene, LE=Linsenebene, BE=Bildebene).

Dabei ist d_h die sogenannte hyperfokale Entfernung, welche definiert ist als:

$$d_h = \frac{f^2}{\kappa \sigma} + f \approx \frac{f^2}{\kappa \sigma} \qquad (2.15)$$

Hierbei ist κ die Blendenzahl, der Kehrwert der relativen Öffnung der Blende

$$\kappa = \frac{f}{D} \qquad (2.16)$$

und σ der Unschärfekreisdurchmesser, welcher die Objektgröße in der Bildebene angibt, bei der der Unschärfekreis gerade noch als Punkt wahrgenommen wird. Er ist somit neben dem Kameraformat auch vom Druckformat abhängig[6]. Berücksichtigt man zusätzlich den Abbildungsmaßstab, der definiert ist als das Verhältnis von Bild- zur Gegenstandsgröße,

$$m = \frac{b}{g} = \frac{f}{g - f} \qquad (2.17)$$

---

[6] Als Faustregel für ein normales Foto gilt Diagonale geteilt durch 1500. Bei der Aufnahme der Partikel mit einer digitalen Kamera sollte der Unschärfekreisdurchmesser in der Bildebene kleiner als ein Pixel sein (siehe Jähne (2005)).

so lässt sich der Fern- und Nahpunkt auch darstellen durch

$$d_n = \frac{f^2(m+1)}{fm + \kappa\sigma} \qquad (2.18)$$

$$d_f = \frac{f^2(m+1)}{fm - \kappa\sigma} \qquad (2.19)$$

und die Schärfentiefe

$$\Delta d = d_f - d_n = 2f^2(m+1)\frac{\kappa\sigma}{(fm)^2 - (\kappa\sigma)^2}. \qquad (2.20)$$

Aus Gleichung 2.15, 2.16 und 2.20 ergeben sich folgende Zusammenhänge:

1. mit steigender Brennweite nimmt die Schärfentiefe zu

2. mit Zunahme des Abbildungsmaßstabes nimmt die Schärfentiefe ab

3. mit einer hohen Blendenzahl nimmt die Schärfentiefe zu. Eine Zunahme meint Blende schließen. Allerdings ist dies auch gleichbedeutend mit einer Abnahme der Helligkeit.

Bei der PIV spielt die Unschärfe meist eine untergeordnete Rolle, da hier mit Lichtschnitten gearbeitet wird, deren Dicke kleiner als die Schärfentiefe ist. Bei der µPIV hingegen kann die Unschärfe der Partikel, welche sich weit außerhalb der Schärfeebene befinden, zu einer Erhöhung des Bild-Hintergrundrauschens führen. Daher werden je nach Unschärfegrad spezielle Bildbearbeitungsfilter zur Entfernung dieser Partikelinformationen benötigt.
Für LIF Anwendungen gilt zudem, dass die Schärfentiefe immer größer als die Beobachtungstiefe sein muss.

2.4.4. Lichtbrechung an Phasengrenzflächen

Tritt Licht von der Phase 1 mit dem Winkel δ_1 in die Phase 2 über, so erfährt dieses in Abhängigkeit der Brechungsindizes n der beteiligten Phasen an der PGF eine Ablenkung δ_2 oder ggf. Reflexion, welche mit Hilfe des Snelliusschen Brechungsgesetz

$$\frac{sin(\delta_1)}{sin(\delta_2)} = \frac{n_2}{n_1} \qquad (2.21)$$

berechnet werden kann. Aus Gleichung 2.21 folgt, dass wenn ein Lichtstrahl von einem optischen dünnen Medium in ein optisch Dichteres wechselt, wird der Lichtstrahl zum Lot der PGF hin gebrochen (siehe auch Abbildung 3.15). Umgekehrt wird der Lichtstrahl vom Lot weg gebrochen. Hier kann u. U. der Fall der Totalreflexion auftreten, das heißt, Eintritts- und Austrittswinkel sind bis auf das Vorzeichen gleich, so dass aus Gleichung 2.21 folgt:

$$sin(\delta_{krit}) = arcsin\left(\frac{n_2}{n_1}\right) \tag{2.22}$$

Im Hinblick auf die Genauigkeit optischer Messsysteme müssen die Brechungseffekte demzufolge mit berücksichtigt werden. Die Totalreflexionen können wie in Abschnitt 2.3.1 dargestellt gerade bei der LIF erhebliche Auswirkungen haben, sogar dann, wenn durch transparente feste Oberflächen hindurch beobachtet wird. Hier treten zwar keine Reflexionen auf, aber aus.
Im Fall der PIV sind vor allem die Brechungen von größerer Bedeutung. Beim Arbeiten mit Lichtschnitten lassen sich die Brechungseffekte weitgehend vermeiden, indem der Lichtschnitt über eine plane Fläche in das Messsystem eingekoppelt und parallel dazu beobachtet wird. Ist der Beobachtungswinkel ungleich 90° bzw. wird durch eine gewölbte Oberfläche beobachtet kann die Brechung herausgerechnet werden.
Bei der μPIV hingegen erfolgt eine komplette Belichtung des Messbereiches, da der Laserlichtschnitt bezüglich seiner minimalen Dicke begrenzt ist. Der Lichtschnitt ist somit nicht wie bei der PIV gleich der Messposition. Demzufolge muss berücksichtigt werden, dass sich aufgrund der Brechung an der PGF die Brennweite und damit einhergehend die Schärfentiefe und die Position des Messobjektes ändern (siehe Abschnitt 3.5).

2.5. Grundlagen der digitalen Bildbearbeitung

Bevor die Bilder analysiert werden können, müssen diese meist aufbereitet/bearbeitet werden (LIF und PIV). Häufig erfolgt wie etwa von Honkanen und Nobach (2005) eine Subtraktion des Hintergrundbildes, um nur die für die Auswertung nötigen Daten auf den Bildern zu haben. Bei der Kombination von PIV & PTV (Blasentracking) oder PIV & LIF ist es beispielsweise sinnvoller jede Komponente separat auszuwerten. Auch bei der im Kap. 3 vorgestellten μPIV Methode ist die Bildbearbeitung von essenzieller Bedeutung. Für die digitale Bildbearbeitung stehen im Wesentlichen

2.5. Grundlagen der digitalen Bildbearbeitung

- Punktoperationen,

- Lokale Filter,

- Kantendetektierung,

- Morphologische Filter

- und Filteroperationen im Spektralraum

zur Verfügung, welche im Folgenden kurz vorgestellt werden. Auf die Bearbeitung von Bildern im Frequenzbereich oder von speziellen Farbbildfiltern wird an dieser Stelle nicht eingegangen, da diese im Rahmen der Arbeit keine Anwendung finden, es sei auf die verfügbare Literatur wie unter anderem von Russ (2007), Pratt (2007) und Jain (1989) verwiesen.

2.5.1. Punktoperationen

Ein Punktoperator verwendet für die Berechnung der neuen Pixeleigenschaft nur die aktuellen Eigenschaften dieses Pixels. Die Nachbarschaft oder auch globale Bildeigenschaften fallen bei der Berechnung der neuen Werte nicht ins Gewicht (nur Histogrammausgleich). Diese Grauwerteoperatoren werden meist zur Änderung der Helligkeit und zur Verbesserung des Kontrastes (maximaler Unterschied zwischen hell und dunkel) eingesetzt, was gleichzusetzen mit einer starken Änderung der Häufigkeitsverteilung der einzelnen Grauwerte (Histogramm) ist. Typische Beispiele für Punktoperatoren sind:

- Helligkeitsoperator

- Kontrastverstärkung und -spreizung

- Gammakorrektur

- Schwellwertoperation (Tresholding)

- Bildinvertierung

- Histogrammausgleich

Die **Helligkeitsoperationen** stellen die einfachste Form der Bearbeitung dar. Hierbei wird zu jeder Pixelintensität I ein konstanter Helligkeitswert addiert oder subtrahiert.

Kapitel 2. Grundlagen

Eine Unter- bzw. Überschreitung der minimal bzw. maximalen Helligkeitswerte, welche durch die Dynamik festgelegt sind, ist nicht möglich.

$$I_{out} = I_{in} + const \tag{2.23}$$

Als Summe wird das Bild dunkler oder heller, der Kontrast bleibt unverändert. Eine einfache Form der Kontrasterhöhung ist die Verwendung eines konstanten Multiplikators.

$$I_{out} = const \cdot I_{in} \tag{2.24}$$

Allerdings ist hiermit eine starke Aufhellung (Abdunklung) des Bildes verbunden und bietet sich demzufolge nur bei sehr dunklen (hellen) Bildern an.

Ist die Grauwerteverteilung sehr schmal, so kann diese auf eine neue Grauwerteskala mit Hilfe einer linearen Funktion umgerechnet werden. Dabei werden die Ränder auf den kompletten Dynamikbereich des Bildes angepasst, mit dem Resultat einer Aufhellung und **Kontrastverstärkung**. Im Gegensatz zu den ersten beiden Helligkeitsoperatoren können keine Informationen verloren gehen, allerdings wird hier ebenfalls das Rauschen des Bildes mitverstärkt.

Sollen feine Unterschiede in einem Bild erkannt bzw. analysiert werden ist es sinnvoll diese Grauwertebereiche mit Hilfe der **Kontrastspreizung** besonders hervorzuheben. Ähnlich wie zuvor beschrieben wird eine lineare Funktion für die Umrechnung verwendet, nur dass in diesem Fall nur ein kleiner Teil des Grauwertebereiches an den Dynamikbereich angepasst wird. Die betrachteten Bildinformationen werden aufgehellt, der Kontrast verstärkt und das Rauschen wird unterdrückt. Alle Informationen, welche sich nicht in dem betrachteten Grauwertebereich befinden, gehen demzufolge allerdings verloren.

Im Gegensatz dazu erlaubt die **Gamma-Korrektur** speziell helle bzw. dunkle Bereiche hervorzuheben. Über die Gammafunktion steht der neue Helligkeitswert des Pixels im potenziellen Zusammenhang mit seinem alten Wert.

$$I_{out} = I_{in}^{\gamma} \quad \begin{cases} \gamma = 1 & \text{keine Änderung} \\ \gamma < 1 & \text{konvexe Übertragungsfunktion: Aufhellung} \\ \gamma > 1 & \text{konkave Übertragungsfunktion: Abdunklung} \end{cases} \tag{2.25}$$

In Abbildung 2.5 ist zu sehen, welche Auswirkung die Gammafunktion auf ein Graubild hat. Da die Funktion an den Rändern auf die ursprünglichen Werte zuläuft, bleiben das

2.5. Grundlagen der digitalen Bildbearbeitung

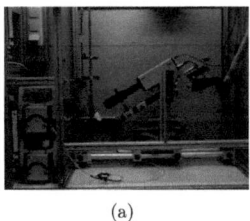
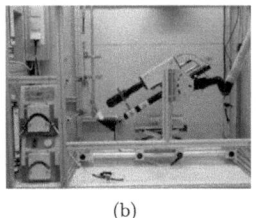
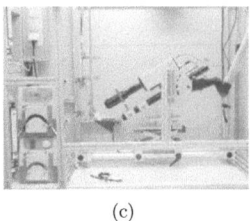

(a)   (b)   (c)

Abb. 2.5.: Funktionsweise der Gammakorrektur (a) $\gamma = 0,3$ (b) Original Bild $\gamma = 1$ (c) $\gamma = 3$.

Maxima bzw. Minima von der Gammafunktion unbeeinflusst. Die relative Veränderung ist vor allem in den mittleren und unteren Intensitäten sehr stark.

Ein **Schwellwertoperator** teilt die Bildintensitäten in zwei Klassen ein, welche durch einen vorzugebenden Schwellwert (engl. Threshold Value) voneinander getrennt werden. Dabei wird allen Pixeln der jeweiligen Klasse ein gemeinsamer Intensitätswert zugeteilt. Beispiel hierfür ist die Binarisierung eines Bildes, so dass am Ende nur schwarze und weiße Bereiche auf dem Bild vorhanden sind.

Bei der **Bildinvertierung** wird der Farbverlauf umgekehrt, helle Objekte werden dunkel und dunkle Objekte hell. Der Informationsgehalt der Bilder bleibt unverändert.

Ziel des **Histogrammausgleich** ist zum einen die Kontrastverstärkung und damit die Ausnutzung der zur Verfügung stehenden Dynamik. Des Weiteren soll der Ausgleich möglichst so erfolgen, dass eine gleichmäßige Grauwerteverteilung (Histogrammliniarisierung - HL) erreichen wird. Ziel kann auch ein vorgegebenes Histogramm sein, um z. B. eine optimale Anpassung (und somit Vergleich) an ein Referenzbild zu erhalten.

Für eine Verbesserung des Kontrastes bieten sich spezielle Weiterentwicklungen der HL an, die ein lokales Histogramm bestimmen und Linearisieren (Adaptive HL - AHL). Um allerdings eine Anhebung des Kontrastes in sehr homogenen Bildbereichen zu vermeiden, muss dieser limitiert werden (Kontraslimitierte AHL - CLAHE).

2.5.2. Filter

Ist das Ziel der Bildbearbeitung eine Schärfung oder Glättung des Bildes, können die oben beschrieben Punktoperatoren nicht verwendet werden. In diesem Fall werden lokal arbeitende Operatoren benötigt, welche bei der Berechnung eines neuen Wertes für den aktuellen Pixel immer dessen Nachbarschaft mit einbeziehen. Die Art und Größe der Nachbarschaft variiert dabei je nach verwendetem Filter und Ziel. Bekannte Filter sind

Kapitel 2. Grundlagen

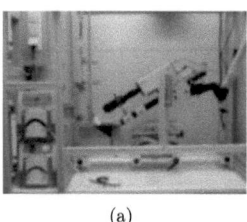 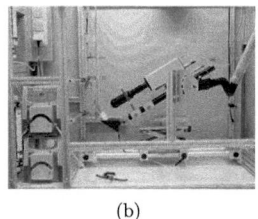 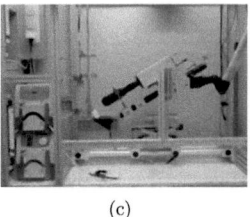

(a)　　　　　　　　　　　(b)　　　　　　　　　　　(c)

Abb. 2.6.: Gegenüberstellung unterschiedlicher Bildbearbeitungsfilter (a) Mittelwert Filter (b) Bildschärfung mit Hilfe des Laplace-Filters (c) Medianfilter von Abbildung 2.5(b).

zum Beispiel:

- Glättungsfilter
    - Mittelwert Filter
    - Gauß- und Binominal Filter
    - Medianfilter
- Schärfung
    - Laplace-Filter

Glättungsfilter werden zur Reduzierung des Rauschanteils verwendet. Durch eine einfache oder auch gewichtete Mittelung oder Verteilungsfunktion über die Nachbarschaft wird das stochastisch auftretende Rauschen verringert. Allerdings beginnen die Kanten wie in Young u. a. (1995) und Abbildung 2.6 gezeigt zu verschwimmen.

Der Medianfilter ist vor allem sinnvoll wenn kleine Bilddefekt in Pixelgröße auftreten, da diese leicht entfernt werden können und die Schärfe und somit Kanten weitgehend erhalten bleibt. Bei der Untersuchung von Blasenströmungen mit Hilfe der PIV wird wie unter anderem von Deen u. a. (2002) sowie Lindken und Merzkirch (2002) der Medianfilter zur Trennung der Blasen- und Partikelinformationen angewandt.

Schärfungsfilter arbeiten mit den Ableitungen (Helligkeitsgradienten) und sind im eigentlichen Sinn auch Kantendetektierungsfilter. Zur Schärfung eines Bildes sind, wie von Gonzalez und Woods (2002) dargestellt, zusätzliche Rechenoperationen nötig. So wird z. B. der Laplace-Filter angewendet und das Laplace-Bild anschließend auf das Originalbild addiert, um so eine Schärfung zu erzielen.

Die Anwendung von reinen Glättungsfiltern bei optischen Messmethoden ist nur bedingt

2.5. Grundlagen der digitalen Bildbearbeitung

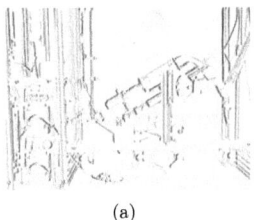 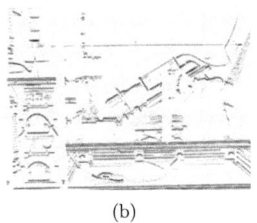 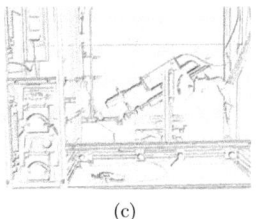

(a) (b) (c)

Abb. 2.7.: Prinzip der Kantendetektierung (a) vertikaler Sobel-Operator (b) horizontaler Sobel-Operator (c) richtungsunabhängiger Sobel-Operator von Abbildung 2.5(b).

sinnvoll, da mit der Reduzierung des Rauschens auch meist ein Informationsverlust einhergeht. Schärfungsfilter sind eher geeignet, da u. U. Details wie Wellenfronten, Phasengrenzflächen oder Partikel besser hervorgehoben werden können und die Auswertung erleichtert wird. Allerdings muss berücksichtigt werden, dass die meisten Schärfungsfilter eine Erhöhung des Rauschanteils zur Folge haben.

2.5.3. Kantendetektierung

Oftmals ist die Kenntnis der im Bild vorhanden Kanten sehr hilfreich bzw. wird benötigt um Objekte zu detektieren und auszuwerten. So erfordert etwa die spätere Selektierung der Partikel auf den Bildern eine möglichst exakte Bestimmung der Partikelkanten (siehe Abschnitt 3.4). Die Schätzung der lokalen Gradienten im Bild erfolgt mit Hilfe von Kantendetektierungsoperatoren. Diese unterscheiden sich je nach Typ vor allem in der Schätzung der lokalen Richtung der Kante und in der Zusammenführung der einzelnen Komponenten (Detektierung besteht meistens aus mehreren Schritten). Gängige Kantenoperatoren (bzw. Filter) sind nach Jähne (2005):

1. Prewitt-Operator (a=b=1), Sobel-Operator (a=1, b=2) und Scharr-Operator (a=3, b=10)

2. Kirsch-Operator (Kompass-Operator in 8 Richtungen)

3. Laplace-Operator

4. Marr-Hildreth-Operator bzw. Laplacian of Gaussian (LoG)

5. Canny-Filter

Kapitel 2. Grundlagen

Die prinzipielle Vorgehensweise kann mit Abbildung 2.7 und dem Sobel-Operator erläutert werden. Dieser Kantenoperator erster Ordnung unterscheidet sich von den anderen Operatoren im Punkt eins durch eine unterschiedliche Gewichtung D_x und D_y der einzelnen Zeilen und Spalten. Nach der Bestimmung der Gradienten in x- und y-Richtung (A_x und A_y)

$$D_x = \begin{bmatrix} +a & 0 & -a \\ +b & \underline{0} & -b \\ +a & 0 & -a \end{bmatrix} \quad D_y = \begin{bmatrix} +a & +b & +a \\ 0 & \underline{0} & 0 \\ -a & -b & -a \end{bmatrix} \tag{2.26}$$

kann das komplette Kantenbild A_{xy} über eine Betragsbildung

$$A_{xy} = \sqrt{A_x^2 + A_y^2} \tag{2.27}$$

oder

$$A_{xy} = |A_x| + |A_y| \tag{2.28}$$

bestimmt werden. Das mittlere Matrixelement in D stellt dabei in der Bildmatrix A_x bzw. A_y das aktuell zu untersuchende Bildelement dar. Befindet sich dieses Bildelement in einem homogenen Bildbereich, dann ist die Summe der einzelnen Operatorelemente null, und es liegen keine Kanten vor.

Um nicht nur zwei Gradientenrichtungen zu berücksichtigen, wurden Kompass-Operatoren entwickelt. Die Praxis zeigt allerdings, dass die Ergebnisse meist nur geringfügig besser sind.

Da die Kantenoperatoren ersten Ordnung sehr richtungsabhängig sind, bieten sich Verfahren an, welche die zweiten Ableitungen mitberücksichtigen. Ein Beispiel hierfür ist der oben angesprochene Laplace Kantenfilter, welcher unter anderem definiert ist als:

$$D_{xy}^2 = \begin{bmatrix} 1 & 1 & 1 \\ 1 & \underline{-8} & 1 \\ 1 & 1 & 1 \end{bmatrix} \tag{2.29}$$

Aufgrund der hohen Rauschanfälligkeit kann dieser nur in Kombination mit einem Glättungsfilter angewandt werden. Beispiel hierfür ist der Laplacian of Gaussian (LoG) Filter, welcher den Gauß-Filter und den Laplace-Operator zu einer neuen Filtermatrix kombiniert. Je nach Stärke der Glättung werden filigrane Strukturen oder nur starken Kanten

2.5. Grundlagen der digitalen Bildbearbeitung

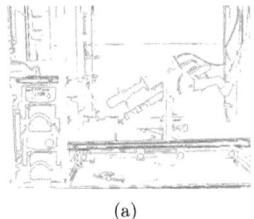 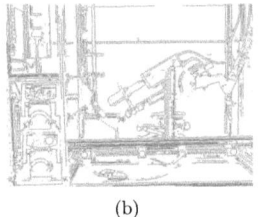 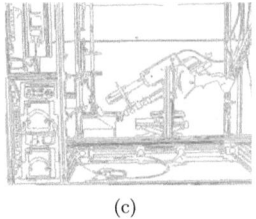

(a) (b) (c)

Abb. 2.8.: Gegenüberstellung unterschiedlicher Operatoren zur Kantendetektierung (a) Sobel-Operator (b) LoG-Filter (c) Canny-Filter von Abbildung 2.5(b) mit gleichzeitiger Anwendung eines Schwellwertoperators.

hervorgehoben. Allerdings werden bei geringer Glättung aufgrund der Rauschzunahme oftmals falsche Kanten und bei hoher Glättung einige Kanten nicht mehr detektiert.

Nach einem ähnlichen Prinzip arbeitet der von Canny (1986) entwickelte mehrstufige Algorithmus. Neben einer Glättung mit anschließender Kantendetektion werden nur die lokalen Maxima der gefunden Kanten berücksichtigt, so dass eine Kante nur noch ein Pixel breit ist. Über ein flexibles Schwellwertverfahren werden nicht relevante bzw. falsche Kanten entfernt. Der Canny-Filter liefert, wie in Abbildung 2.8 zu sehen, aufgrund der zusätzlichen Schritte meist die besseren Ergebnisse.

2.5.4. Morphologische Filter

Eine weitere Gruppe von Bildbearbeitungsfiltern sind die so genannten morphologischen Filter, welche das gesamte Erscheinungsbild von Bildobjekten verändern können. Diese sind primär für binäre Bilder gedacht, lassen sich aber auch auf Grauwerte- oder Farbbilder übertragen.

Die Basis bilden die zwei Operationen Dilatation und Erosion, welche kurz vorgestellt werden. Die Anwendung der Dilatation oder Erosion auf ein Bild hätte ein Wachsen oder Schrumpfen der Bildsegmente zur Folge, wobei die Art von der Größe und Form des angewandten Strukturelementes abhängt. Dabei ist zu beachten, dass die Dilatation keine inverse Operation der Erosion ist, da nicht alle Auswirkungen wieder rückgängig gemacht werden können.

Wird die Erosion und Dilatation hintereinander angewandt und bleibt das Strukturelement gleich, dann spricht man von Opening. Bildstrukturen, die kleiner als das Strukturelement sind, werden von der Erosion gelöscht und mit Hilfe der nachfolgenden Dilatation wachsen die übrigen geglätteten Strukturen etwa auf die ursprüngliche Form und Größe

Kapitel 2. Grundlagen

an. Der umgekehrte Fall wird als Closing bezeichnet. Dieser füllt Löcher im Bild, die kleiner als das Strukturelement sind. Von besonderer Bedeutung sind hier Form und Größe und im Fall von nicht binären Bildern auch die Intensitätswerte des Strukturelementes. Eine gute Beschreibung sowie einige Beispiel zur Erosion und Dilatation geben Burger und Burge (2006).

Für die PIV könnten so zum Beispiel helle größere Bildstörungen eliminiert werden. Durch die Anwendung von Opening können die Partikel (nur wenige Pixel groß) entfernt und durch einen Schnittmengenoperator ohne fehlerhafte Bildsegmente wieder hergestellt werden.

Burger und Burge (2006) zeigen weiterhin, wie sich auf Binärbildern zusammengehörige Bildregionen unter Ausnutzung der 4er oder 8er Nachbarschaft finden und diese Informationen weiterverarbeiten lassen. Im Fall der PIV können somit Partikel detektiert und der Umfang, Fläche, Rundheit, Schwerpunkt usw. bestimmt und ausgewertet werden. Das Arbeiten mit binären Bildern ermöglicht zudem den Einsatz von mathematischen Mengenoperationen, welche zusätzliche Filtermöglichkeiten bereitstellen.

KAPITEL 3

Versuchsaufbau und Durchführung

Wie im 1. Kapitel ausführlich erläutert, ist die Vorhersage des Strömungsverhaltens auf glatten und strukturierten Oberflächen mit Hilfe von CFD-Simulationen kritisch zu betrachten, da hierfür neben geeigneten Modellen insbesondere experimentelle Daten zur Validierung benötigt werden. Speziell für den vorgestellten Fall der Dreiphasenströmungen mit ihren komplexen Strömungsstrukturen und den auftretenden Wechselwirkungen an der Flüssig-Flüssig-PGF werden zwingend experimentelle Daten zur Verifizierung benötigt. Diese Daten sollen dabei auf industriell eingesetzte Oberflächen mit ihren ggf. vorhandenen Mikrostrukturen ermittelt werden.

Gängige, industriell verwendete Packungsmaterialien bestehen überwiegend aus Metall und sind dementsprechend nicht transparent. Aus diesem Grund wird eine **neue Messmethodik** benötigt, welche es erlaubt trotz der Lichtbrechungen das Geschwindigkeitsfeld direkt durch die bewegte Gas-Flüssig-PGF zu bestimmen.

Aufbauend auf den im Kapitel 2 beschriebenen Grundlagen werden im Folgenden zuerst die fluiddynamischen Versuchsstände und anschließend die entwickelte μPIV-Messmethodik im Detail vorgestellt. Ausgehend von dem Messaufbau der einphasigen Filmströmung ohne Gasgegenstrom wird auf die jeweiligen Änderungen und Besonderheiten der Messtechnik für die unterschiedlichen weiteren Strömungsuntersuchungen eingegangen. Neben den Untersuchungen einer Gasgegenströmung und der zweiphasigen Filmströmung sollen erstmals auch die Strömungsstrukturen um und über gängigen Mikrostrukturen, wie sie auf gebräuchlichen Packungen zu finden sind, analysiert werden.

Bevor die entwickelte Messmethodik auf die unterschiedlichen Strömungsformen ange-

Kapitel 3. Versuchsaufbau und Durchführung

wandt werden kann, muss sichergestellt werden, dass der Fehler hinsichtlich der bewegten PGF keinen bzw. nur einen geringen Einfluss hat. Daher besteht der erste experimentelle Schritt in einer ausführlichen Validierung der entwickelten Messtechnik unter zu Hilfenahme der **konventionellen Messmethodik**. In Anbetracht der unterschiedlichen Strömungsregime wird ein Versuchsplan aufgestellt, welcher für die Bewertung eine weite Bandbreite der Parameter berücksichtigt.

Die entwickelte μPIV-Messmethodik nutzt gezielt die Schärfentiefe optischer Komponenten aus um die Geschwindigkeitsinformationen in einem Teilbereich der Filmströmung zu untersuchen. Ein Kernelement der gesamten Messmethodik stellt der entwickelte Bildbearbeitungsfilter dar, welcher neben der allgemeinen Versuchsdurchführung detailliert vorgestellt wird. In diesem Zusammenhang wird auch darauf eingegangen, wie die Messposition infolge der Brechung an der Gas-Flüssig-PGF zu korrigieren ist.

Im späteren Verlauf der Arbeit werden auch Vergleiche mit ersten CFD-Simulationen durchgeführt. Aus diesem Grund wird das den Simulationsergebnissen zugrunde liegende Modell kurz vorgestellt.

Abschluss dieses Kapitels bildet eine detaillierte Fehleranalyse. Hierbei wird neben der allgemeinen Fehleranalyse, die die Genauigkeit der Messgeräte und des Versuchsaufbaus widerspiegelt, auch auf die suspendierten Feststoffpartikel zur Strömungsvisualisierung und auf den Einfluss der bewegten PGF eingegangen. Es wird diskutiert, inwieweit auftretende Wellen die Ergebnisse beeinflussen und was das für den Anwendungsbereich der Messmethode zur Folge hat.

3.1. Einphasige Flüssigkeitsströmung

Da das Ziel der Arbeit die Strömungsuntersuchungen unterschiedlicher ein- und mehrphasiger Strömungsformen auf glatten und strukturierten industriell verwendeten Oberflächen ist, sind Messungen durch eine transparente überströmte Oberfläche, wie in der Arbeit von Adomeit und Renz (2000), demzufolge nicht möglich. Ferner sollten die Messungen nicht durch die Messtechnik beeinflusst werden, so dass z. B. die von Alekseenko u. a. (2008) genutzten Glasfasersensoren nicht verwendet werden können. Auch Messungen direkt von der Seite der Filmströmung, wie sie von Al-Sibai (2004) und Wierschem und Aksel (2004) durchgeführt wurden, sind nur bedingt möglich (siehe Abbildung 3.1 $\beta = 0°$). Mit Hilfe der seitlichen Anordnung lassen sich zwar die Geschwindigkeitsfelder auf nicht transparenten glatten oder geformten Oberflächen untersuchen, allerdings muss je nach Verhältnis von

3.1. Einphasige Flüssigkeitsströmung

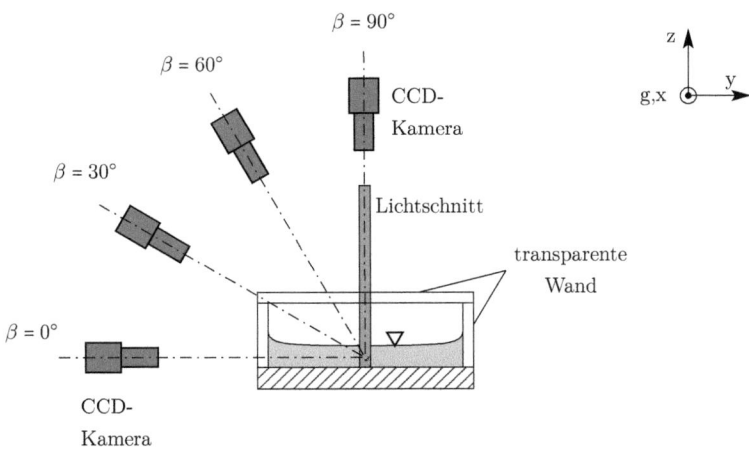

Abb. 3.1.: Schematische Darstellung des Kamerablickwinkels.

Linsendurchmesser zu Filmdicke sehr Nahe am seitlichen Randbereich der Filmströmung gemessen werden. Bedingt durch die starke Randgängigkeit vieler Flüssigkeiten weichen die Strömungscharakteristika stark von den randfernen Bereichen ab. Ferner sind Untersuchungen umströmter Mikrostrukturen und heterogener Filmströmungen aufgrund des Blickwinkels von $\beta = 0°$ nicht möglich.

Aus der gängigen Literatur sind nur wenige Arbeiten bekannt, bei denen optische Messungen direkt durch eine bewegt Gas-Flüssig-PGF durchgeführt werden. Alekseenko u. a. (2007) messen z. B. die Geschwindigkeitsverteilung in einem Tropfen, indem sie eine Korrektur aufbauend auf der abgeschätzten Tropfenform vornehmen. Der Tropfen wird hierbei mit Hilfe einer Frequenzanregung auf einen Draht aufgegeben, rollt diesen hinunter und wird seitlich von einem Kamerasystem immer an derselben Stelle erfasst. Als Resultat ändert sich die Tropfenform und Größe nur geringfügig, so dass die Tropfengeschwindigkeit entlang des Drahtes für jeden neu aufgegebenen Tropfen gleich ist und diese immer an der gleichen Kameraposition erfasst werden kann. Nur so gelingt es die Krümmung der Oberfläche zu berücksichtigen. Allerdings lassen sich als Konsequenz aus den Totalreflexionen im Tropfen nicht alle Strömungsbereiche beobachten. Für den Rieselfilm lässt sich eine solche Korrektur schwer umsetzen, da sich die Filmoberfläche stetig ändert und eine frequenzangeregte Flüssigkeitsaufgabe in Hinblick auf Packungskolonnen nicht zweckdienlich ist. Eine gleichzeitige Messung der lokalen Filmdicke mit Hilfe der LIF wäre denkbar,

Kapitel 3. Versuchsaufbau und Durchführung

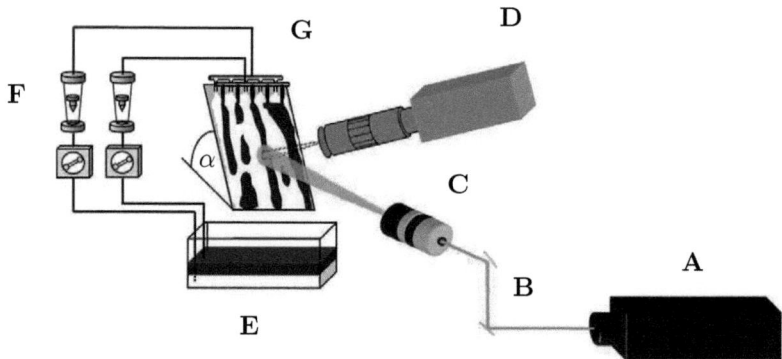

Abb. 3.2.: Experimenteller Versuchsaufbau zur Visualisierung ein- und zweiphasiger Filmströmungen: A: ND:YAG-Laser, B: Spiegel, C: Lichtschnittoptik, D: CCD-Kamera mit Mikroobjektiv und Bandpassfilter, E: Vorlagebehälter bzw. Dekanter, F: Schlauchpumpen mit Rotameter, G: Feedaufgabe, α: Plattenneigungswinkel.

aber zum einen mit einem sehr hohen messtechnischen Aufwand und ebenfalls mit einem Fehler infolge der Totalreflexionen, vor allem in den Welleregionen, verbunden.
Erste eigene Untersuchungen zeigen, dass Geschwindigkeitsprofile, die direkt unter einem bestimmten Winkel ($30° < \beta < 60°$) durch die bewegte Gas-Flüssig-PGF ermittelt werden, große Abweichungen vom parabolischen Profil aufweisen. Hierbei kann beobachtet werden, dass die Abweichungen mit einer Verringerung des Beobachtungswinkels zunehmen. Eine Berücksichtigung der Brechung basierend auf dem Kamerablickwinkel zeigt hier nur geringen Erfolg. Infolgedessen werden die optischen Komponenten normal ($\beta = 90°$) zur überströmten Oberfläche angeordnet, da bedingt durch die Abnahme der zu berücksichtigenden Dimension der Brechung der geringste Fehler zu erwarten ist. Weil eine unmittelbare Messung des Geschwindigkeitsfeldes mit dieser Anordnung nicht mehr möglich ist, wird das in Abschnitt 3.3 beschriebene Abtastverfahren angewandt. Dieses nutzt gezielt die geringe Schärfentiefe mikroskopischer Optiken aus um ausgewählte Tiefenbereiche der Filmströmung zu untersuchen. Die Auswertung dieser Daten erfolgt mit Hilfe des entwickelte Bildbearbeitungsfilters in Abschnitt 3.4 und der Messpositionskorrektur in Abschnitt 3.5. Im Rahmen der Arbeit wird diese Anordnung der optischen Komponenten und die Verwendung des Abtastverfahren als **neue Messmethodik** bezeichnet. In Abbildung 3.2 ist die Prinzipskizze und in Abbildung 3.3 ein Foto des entwickelten Versuchsstandes für die Untersuchung ein- und zweiphasiger Filmströmungen ohne Gasgegenstrom

3.1. Einphasige Flüssigkeitsströmung

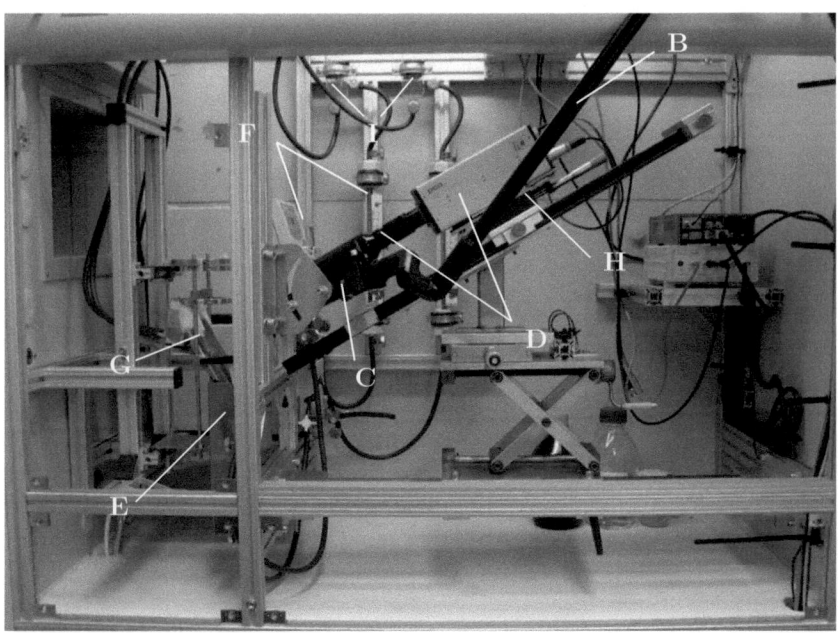

Abb. 3.3.: Foto des Versuchsstandes zur Untersuchung ein- und zweiphasiger Filmströmungen: B: Spiegel, C: Lichtschnittoptik, D: CCD-Kamera mit Mikroobjektiv und Bandpassfilter, E: Vorlagebehälter bzw. Dekanter, F: Schlauchpumpen mit Rotameter, G: Feedaufgabe, H: Linearverschieber, I: Windkessel.

dargestellt. In dem zu untersuchenden Flüssigkeitssystem werden für die Geschwindigkeitsmessung fluoreszierende Partikel (siehe Abschnitt 3.1.1) mit einem Durchmesser im Mikrometerbereich (1-10 μm) suspendiert und im Feedbehälter (E) vorgelegt. Unter Verwendung einer Schlauchpumpe (F) wird die Flüssigkeit auf die geneigte zu untersuchende Platte mit Hilfe eines Aufgaberohres (G) oder eines Überlaufwehrs aufgegeben. Zur Reduzierung der pulsweisen Förderung der Schlauchpumpen vor allem bei niedriger Drehzahl ist ein Windkessel (I) vorgeschaltet. In Anlehnung an industriell verwendete Packungen ist der Neigungswinkel α der Platte 45° oder 60° zur Horizontalen. Die Flüssigkeit wird am Ende der Platte wieder aufgefangen und in den Vorlagebehälter befördert, so dass eine Kreisfahrweise realisiert werden kann.

Mit Hilfe eines Doppelpuls ND:YAG Lasers (A), der über ein optisches Spiegel- und Linsensystem (B-C) in das Messsystem eingekoppelt und aufgeweitet wird, erfolgt die Belichtung des Messbereiches auf der zu untersuchenden Platte. Da das Arbeiten mit

Kapitel 3. Versuchsaufbau und Durchführung

Lichtschnitten aufgrund des Skalenbereiches nicht mehr möglich ist, wird das komplette Messvolumen möglichst homogen beleuchtet. Das Laserlicht mit einer Wellenlänge von 532 nm regt den Farbstoff auf den Partikeln an, welcher anschließend Licht mit einer spezifischen Wellenlänge aus seinem Emissionsbereich emittieren (siehe Tabelle A.3). Diese optischen Signale werden mit dem Kamerasystem (D), welches auf einem Linearverschieber (H) montiert ist, erfasst und gespeichert. Da in dieser Arbeit die Untersuchung stationärer Geschwindigkeitsfelder bei moderaten Flüssigkeitsbelastungen ($Re < 400$, siehe Abschnitt 3.1.4) im Vordergrund steht, und das entwickelte Abtastverfahren vorerst nur die Bestimmung des mittleren Geschwindigkeitsfeldes erlaubt, werden demzufolge keine hohen zeitlichen Auflösungen benötigt, so dass ausschließlich CCD-Kameras zum Einsatz kommen. Zum Schutz des CCD-Chips wird ein Bandpassfilter verwendet, welcher nur das Licht mit der jeweiligen Emissionswellenlänge des Partikelfarbstoffes berücksichtigt. Ein weiterer positiver Effekt ist eine Verringerung des Hintergrundrauschens auf den Bildern, da ein Großteil des Umgebungslichtes ebenfalls herausgefiltert wird. Zur Erhöhung der örtlichen Auflösung wird das Mikroobjektiv InfiniMax™ verwendet.

Die Bildaufnahme erfolgt bei allen Messungen, wie in Raffel u. a. (2007) beschrieben, nach dem double frame / single exposure Prinzip. Es werden also in einer sehr kurzen Zeitspanne dt, die hier im Bereich zwischen 30 µs und 600 µs liegt, zwei Bilder einmal belichtet und aufgenommen. Um diese Zeitspanne möglichst exakt einzustellen und sicherzustellen, dass die Laserpulse mit einer Pulslänge von 3 ns in den Belichtungszeiten der Kamera liegen, wird eine Synchronisationseinheit verwendet. Die Partikel bewegen sich zwischen den beiden Belichtungen mit der Strömung weiter, so dass durch Kenntnis der Zeitschrittweite und der geometrischen Abmaße die Geschwindigkeiten durch die Pixelverschiebung berechnet werden können. Dazu werden die beiden Bilder wie in Kapitel 2.3.3 beschrieben in kleinere Abfragebereiche unterteilt und mit Hilfe von Kreuzkorrelationsmethoden ausgewertet (siehe Keane und Adrian 1992). Als Ergebnis liefern diese die Richtung und den Betrag der Geschwindigkeiten für jedes einzelne Abfragefenster und somit das zweidimensionale Vektorfeld.

3.1.1. Messtechnische Spezifikationen

In Abbildung 3.4 ist exemplarisch eine überströmte Platte für den Fall der einphasigen Filmströmung dargestellt. Die Plattenbreite beträgt 5 cm und die Länge etwa 11 cm. Wie in Abschnitt 2.1 erläutert, reicht die Plattenlänge somit nicht aus, damit sich die Filmströmung komplett ausbilden kann. Im Hinblick auf die Makrostrukturen von gängigen

3.1. Einphasige Flüssigkeitsströmung

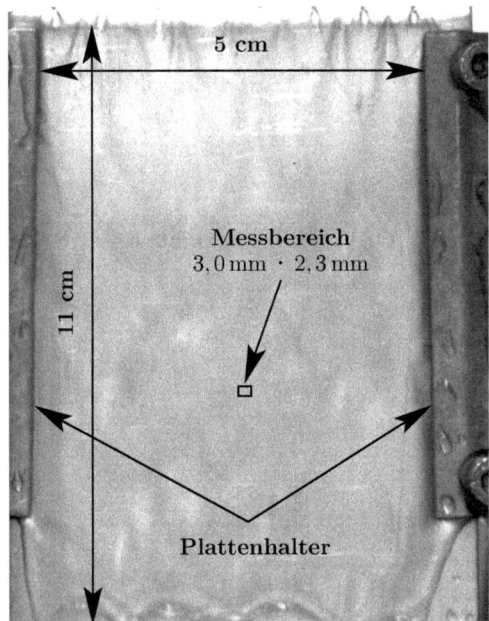

Abb. 3.4.: Messbereich- und Plattendimension.

Packungstypen, bei denen bereits nach wenigen Zentimetern die Flüssigkeit erneut umgelenkt wird, ist dies auch nicht nötig. Die Messungen werden im unteren Drittel und zur Minimierung des Einflusses von Randeffekten immer in der Mitte der Platte aufgenommen. Der Beobachtungsbereich hängt dabei von der verwendeten Kamera sowie dem Objektivaufsatz ab. Bei der in dieser Arbeit verwendeten Standardausführung PCO-Sensicam QE und MX-6 Mikroobjektivaufsatz beträgt dieser Bereich etwa 3,0 mm · 2,3 mm.
Wie oben beschrieben, liegt die Zeitschrittweite bei den Versuchen im Bereich von Mikrosekunden. Die Wahl der Zeitschrittweite beeinflusst neben der Partikeldichte maßgeblich die Dimension der Auswertefenster, so dass nach Keane und Adrian (1992) folgende Regeln zu beachten sind:

- mindestens 7 Partikel pro Auswertefenster
- maximale Partikelbewegung: 25 % der Kantenlänge des Auswertefensters
- minimale Partikelbewegung: zwei Partikeldurchmesser

Kapitel 3. Versuchsaufbau und Durchführung

- maximale Out-of-Plane Verschiebung: hier 25 % der Schärfentiefe

Außerdem muss im Vorfeld der Untersuchungen überlegt werden, ob in der Messebene hohe Geschwindigkeitsgradienten zu erwarten sind, da in diesem Fall kleinere Auswertefenster benötigt werden. Die Korrelationsmethoden liefern immer den dominierenden bzw. den wahrscheinlichsten Geschwindigkeitsvektor, welcher im Normalfall durch ein ausgeprägtes Maximum in der Korrelationsebene dargestellt wird. Bei unterschiedlichen Partikelgeschwindigkeiten und Richtungen bilden sich jedoch Nebenmaxima aus, so dass die Bestimmung des vermeidlich wahren Geschwindigkeitsvektors erschwert wird. Daher sollten in einem Auswertefenster möglichst alle Partikel etwa die gleiche Geschwindigkeit und Richtung aufweisen.

In der Regel wird die Out-of-Plane Verschiebung immer auf die Lichtschnittdicke bezogen. Da hier allerdings der komplette Beobachtungsbereich belichtet wird, können demzufolge keine Partikel den Belichtungsbereich verlassen. Ungeachtet dessen ist es bei der in Abschnitt 3.3 beschriebenen Messmethodik mit der dazugehörigen entwickelten Bildbearbeitung in 3.4 von großer Bedeutung, dass die Partikel den Schärfebereich nicht verlassen (bzw. in diesen eintreten), weil diese Partikel ansonsten innerhalb der Auswertung nicht mit berücksichtigt werden können, so dass die Out-of-Plane Verschiebung an dieser Stelle auf die Schärfentiefe bezogen wird.

Für eine Erhöhung der Informationsausbeute aus den Bilddaten wird auf das gängige Verfahren der Verschiebung der Auswertefenster (engl. Windows Shifting) zurückgegriffen. Durch eine Verschiebung der Auswertefenster bzw. des kompletten Auswerterasters können auch die Partikel berücksichtigt werden, welche ein Auswertefenster verlassen bzw. eintreten. Die Verschiebung beträgt immer 50 % der Kantenlänge in x- und y-Richtung.

3.1.2. Örtliche Kalibrierung

Da die Kreuzkorrelation als Ergebnis nur den Pixelversatz der Partikel in dem jeweiligen Auswertefenster liefert, wird für die Berechnung der Geschwindigkeit eine örtliche und zeitliche Kalibrierung benötigt. Während die zeitliche Kalibrierung direkt durch den Synchronisator vorgegeben wird, muss die örtliche Kalibrierung separat erfolgen. Aufgrund der hohen optischen Auflösung und dem daraus folgenden kleinen Beobachtungsbereich kann die Kalibrierung nicht wie bei der PIV mit bekannten Längen aus dem experimentellen Setup (z. B. Länge der Platte) erfolgen. Hier muss die Längenkalibrierung ebenfalls im Mikro- bzw. Millimeterbereich durchgeführt werden. Je nach Zusammenstellung der

3.1. Einphasige Flüssigkeitsströmung

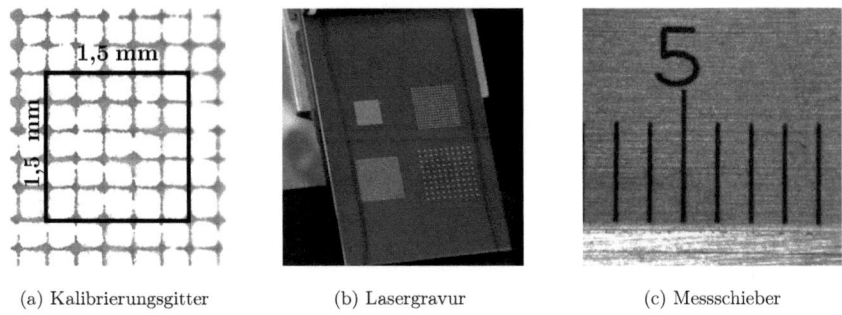

(a) Kalibrierungsgitter (b) Lasergravur (c) Messschieber

Abb. 3.5.: Örtliche Kalibrierungshilfen für den mm- und µm-Bereich.

optischen Komponenten ergeben sich nachstehende Möglichkeiten (siehe auch Abbildung 3.5):

- Lasergravuren auf Platte
- Folie mit Kalibrierungsgitter
- Messschieber

Bei geringen optischen Verstärkungsfaktoren bzw. bei CCD-Kameras mit hoher Gesamtauflösung kann gerade noch die Skaleneinheiten von einem Messschieber verwendet werden. Für alle anderen Fälle muss auf die Möglichkeit der Lasergravur oder der Folie mit Kalibrierungsgitter zurückgegriffen werden.

Lasergravuren weisen allerdings den Nachteil auf, dass diese in der Herstellung sehr aufwendig sind, in ihrer Größe begrenzt und unter Umständen auf jede zu untersuchende Platte aufgegeben werden müssen. Zusätzlich können die durch die Gravur hervorgerufen Veränderungen der Oberflächenrauigkeit eventuell einen Einfluss auf die lokale Benetzbarkeit haben.

Für diese Arbeit wird daher auf ein Kalibrierungsgitter zurückgegriffen, welches mit Hilfe eines Laserdruckers (600 dpi) auf eine dünne Klarsichtfolie gebracht wird. In Anbetracht des hohen industriellen Standards lässt sich somit ein Kalibrierungsgitter mit einer minimalen Auflösung von 300 µm · 300 µm realisieren. Zur Erhöhung der Genauigkeit findet die örtliche Kalibrierung immer über die maximal mögliche Anzahl an Gittereinheiten statt.

Die örtliche Kalibrierung muss bei einem Wechsel der optischen Komponenten wie Kamera oder Objektivaufsatz jedes Mal neu durchgeführt werden. Bei einem festen optischen

Kapitel 3. Versuchsaufbau und Durchführung

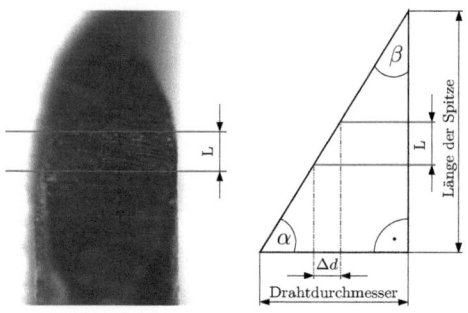

Abb. 3.6.: Prinzip zur experimentellen Überprüfung der Schärfentiefe optischer Komponenten.

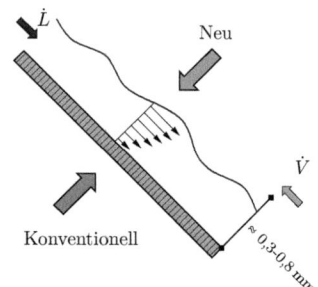

Abb. 3.7.: Schematische Darstellung der konventionellen und der neuen Messmethode.

Setup bietet es sich an, immer im Nah- oder Fernbereich des Objektivs zu arbeiten. Anderenfalls muss bei jedem Experiment örtlich neu kalibriert werden. Nur bei sehr hohen Verstärkungsfaktoren liegen Nah- und der Fernbereich dicht beieinander, so dass die Kalibrierung hier nicht bei jedem Versuch erfolgen muss.

3.1.3. Experimentelle Bestimmung der Schärfentiefe

Für die Bewertung der Genauigkeit der Messtechnik ist die Kenntnis der Schärfentiefe von großer Bedeutung. Günstig ist ein sehr kleiner Schärfebereich, da unter diesen Umständen die Partikelposition im Film sehr genau bestimmt werden kann. Allerdings nimmt dann wie in Abschnitt 2.4 hergeleitet der Beobachtungsbereich ebenfalls ab, so dass ein Kompromiss zwischen Auflösung und Genauigkeit zu wählen ist.

Die experimentelle Überprüfung bzw. Bestimmung der Schärfentiefe kann, wie in Abbildung 3.6 veranschaulicht mit Hilfe eines spitzen Körpers mit bekanntem Ausmaß bzw. bekannter Steigung erfolgen. Die Tiefenausdehnung des hier verwendeten Drahtes muss dabei größer als die der verwendeten Optik sein. Durch wiederholende Messung des scharf abgebildeten Bereiches L über den gesamten Neigungsbereich kann die Schärfentiefe Δd für die verwendete Kombination aus Kamera und Objekt bestimmt werden.

Für das verwendete InfiniMax Mikroobjektiv mit dem MX-6 Aufsatz und der PCO-Sensicam QE beträgt die experimentell bestimmte Schärfentiefe etwa 72 ± 8 µm. Der Wert weicht mit den Herstellerangaben von 22 µm scheinbar ab (siehe Anhang A.1), allerdings muss berücksichtigt werden, dass dieser für den maximalen Unschärfekreisdurchmesser die optische Auflösung des Objektives verwendet (siehe Abschnitt 2.4.3). In Anbetracht

3.1. Einphasige Flüssigkeitsströmung

dessen, dass diese bei dem verwendeten MX-6 Aufsatz etwa um den Faktor drei kleiner als die Größe eines CCD-Sensorelementes ist, ist auch die Schärfentiefe um diesen Faktor kleiner. Für das obige System ergibt sich somit eine berechnete Schärfentiefe von 70,4 µm, welche sehr gut mit dem gemessen Wert übereinstimmt.

Es ist zu beachten, dass sich infolge des Phasenüberganges an der Gas-Flüssig-Grenzfläche, wie im Bereich 2.4.3 hergeleitet, nicht nur die Position der Schärfenebene ändert, sondern ebenfalls die Ausdehnung der Schärfentiefe. Das heißt, mit Zunahme des Brechungsindex der Flüssigkeit nimmt die Genauigkeit der entwickelten µPIV-Methodik ab.

3.1.4. Validierung der Messtechnik

Bevor die entwickelte Messmethodik auf die unterschiedlichen ein- und mehrphasigen Strömungsformen angewandt werden kann, muss diese mit geeigneten experimentellen Daten validiert werden. Es ist zu zeigen, dass der Fehler verursacht durch die bewegte wellige PGF nur einen geringen Einfluss hat. Zu diesem Zweck werden unterschiedliche Messungen der einphasigen Filmströmung auf einer glatten Glasplatte nach der konventionellen und der neu entwickelten Methode (siehe Abbildung 3.7) durchgeführt. In Anbetracht dessen, dass bei der konventionellen Methode die Messungen rückwärtig durch die transparente überströmte Oberfläche erfolgen, tritt kein Fehler infolge der welligen Oberfläche auf. Bei beiden Methoden wird das in Abschnitt 3.3 beschriebene Abtastverfahren angewendet. Der abschließende Vergleich der mittleren Geschwindigkeitsprofile aus beiden Messmethoden bei sonst gleichen Versuchsbedingungen soll die Anwendbarkeit der neuen Messmethode zeigen.

Wie in Abschnitt 2.1 dargestellt ist das Strömungsverhalten stark abhängig von der Reynolds- und Flüssigkeitskennzahl, daher werden die Messungen für den ersten und zweiten Übergangsbereich nach Al-Sibai (2004) sowie für den wellig ausgebildeten Film durchgeführt. Der Versuchsplan für die Validierung ist in Tabelle 3.1 zusammengefasst. Ausgehend von der geringsten Reynolds-Zahl im ersten Übergangsbereich wird diese schrittweise bis zum Ende des zweiten Übergangsbereiches erhöht. Die Schrittweite wurde dabei unter der Prämisse gewählt, dass es frühestens bei einer Verdoppelung der Reynolds-Zahl zu einer für die Messtechnik relevanten Änderung der Fluiddynamik kommt. Für die Untersuchungen wird auf Stoffsystem Wasser-Glycerin zurückgegriffen, da sich in Abhängigkeit des Glycerinanteils ξ_G ein weites Viskositätsspektrum realisieren lässt. Der Glycerinanteil ist dabei so gewählt, dass die minimale Flüssigkeitsbelastung zur Aufrechterhaltung der Filmströmung, welche abhängig vom Randwinkel ist, nicht unterschritten wird.

Tab. 3.1.: Versuchsplan zur Validierung der neuen μPIV-Messmethodik (Einlauflänge nach Brauner und Maron (1982); Strömungsregime nach Al-Sibai (2004); Stoffsystem: Wasser-Glycerin).

Re	ξ_G	n_L	K_L	x^*	v_L^{equi}	Strömungs-
[-]	[kg/kg]	[-]	[-]	[cm]	[$m^3/(m^2\,h)$]	regime
2	0,7	1,428	$2,0 \cdot 10^5$	31,8	34,3	
4	0,7	1,428	$2,0 \cdot 10^5$	40,0	68,6	1. Übergangsbereich
8	0,6	1,415	$3,8 \cdot 10^6$	31,4	67,4	
16	0,6	1,415	$3,8 \cdot 10^6$	39,6	134,8	
32	0,4	1,384	$2,8 \cdot 10^8$	25,3	97,5	stabil welliger Film
64	0,4	1,384	$2,8 \cdot 10^8$	31,9	194,9	
128	0,2	1,357	$5,8 \cdot 10^9$	18,4	193,7	2. Übergangsbereich
256	0,0	1,330	$5,4 \cdot 10^{10}$	17,2	232,0	

Die rein laminare Filmströmung wird nicht betrachtet, weil dieser Bereich zum einen aufgrund der sehr geringen Flüssigkeitsbelastung eine komplette Benetzung nicht bzw. nur für sehr zähe Medien zulässt und außerdem treten hier keine Wellen auf, welche eine nicht zu korrigierende Brechung an der Gas-Flüssig-PGF hervorrufen könnten. Ebenso unberücksichtigt bleibt die Strömungsform der vollständig ausgebildeten turbulenten Filmströmung, da hierfür sehr hohe Flüssigkeitsbelastungen benötigt werden, welche wie in Tabelle 3.1 zu sehen, weit über den industriellen Anwendungsbereich in Packungskolonnen hinausgehen. Zudem kann davon ausgegangen werden, dass im Fall der turbulenten Filmströmung die Wellenbildung im Einlaufbereich x^* stärker ausgeprägt ist und vor allem steilere Wellen aufgrund der höheren Flüssigkeitsbelastung auftreten, so dass der durch die Brechung verursachte Fehler stark zunimmt. Überdies ist wie im vorherigen Abschnitt diskutiert die Out-of-Plane Verschiebung limitiert.

Neben der Reynolds- und Flüssigkeitskennzahl sind in Tabelle 3.1 zusätzlich die Brechungsindizes n_L der verwendeten Wasser-Glycerin Gemische und als qualitativer Vergleich die äquivalente Flüssigkeitsbelastung v_L^{equi} in einer Packungskolonne mit angegeben. Der Brechungsindex wird für die Bestimmung der Messposition in der Filmströmung benötigt, da diese sich aufgrund der PGF sowohl bei der neuen als auch der konventionellen Messmethode verschiebt (siehe Abschnitt 3.5). Die äquivalente Flüssigkeitsbelastung bezieht sich auf eine Mellapack 350, welche nach eigenen Untersuchungen unter Berücksichtigung einer kompletten beidseitigen Benetzung der Packungssegmente eine benetzte Länge von etwa $250\,m/m^2$ aufweist.

Nach erfolgreicher Validierung wird die Messtechnik auf unterschiedlich überströmte nicht transparente glatte Platten angewandt. Neben einer Variation des Oberflächenmaterials werden auch die Flüssigkeitsbelastung, der Neigungswinkel sowie die Flüssigkeitsaufgabe geändert.

3.1.5. Gasgegenstrom

Nach den Untersuchungen einphasiger Filmströmung auf unterschiedlichen nicht strukturierten geneigten Oberflächen soll die entwickelte Messtechnik auf eine Gegenströmung von Gas und Flüssigkeit angewandt werden. Zum einen soll der Einfluss der Reibungskräfte auf das Geschwindigkeitsfeld der Flüssigkeit im Fall der glatten Platte untersucht und zum anderen soll beurteilt werden, inwieweit die Genauigkeit der Messmethode durch höhere Gasbelastungen beeinflusst wird. Aus Packungskolonnen ist bekannt, dass mit steigendem F-Faktor

$$F = w_V \sqrt{\rho_V} \tag{3.1}$$

der Flüssigkeitsinhalt bis zum Erreichen des Staupunktes konstant bleibt und dann stark ansteigt, bis die Packungskolonne flutet. Der Prozess des Anstauens lässt sich mit Hilfe der Scherkräfte an der Gas-Flüssig-PGF erklären. Sind diese groß genug, so werden Fluidelemente an der Filmoberfläche abgebremst. Infolge der inneren Reibung wird diese Abbremsung in tiefere Filmregionen weitergeleitet, so dass sich ein nicht parabolisches Geschwindigkeitsprofil ausbildet. Als Konsequenz nimmt die mittlere Geschwindigkeit ab und die Filmdicke und somit der Flüssigkeitsinhalt zu. Zu diesem Zweck wird der Versuchsstand für die Untersuchungen einphasiger Filmströmungen um die in Abbildung 3.8 dargestellte Gegenstrommesszelle erweitert. Über ein Überlaufwehr wird auf die 5 cm breite glatte Stahlplatte die Flüssigkeit am Kopf der Zelle aufgegeben. Die Gaszufuhr erfolgt am Ende der Messzelle seitlich über zwei Einlassöffnungen. Im Hinblick auf die CFD-Simulationen muss sichergestellt werden, dass die Gasströmung am Messpunkt eine kolbenprofilähnliche Geschwindigkeitsverteilung aufweist. Um die seitliche Gaszufuhr auszugleichen, beträgt daher die Plattenlänge 30 cm. Wie zuvor werden die Messungen aufgrund der Randeffekte in der Plattenmitte im oberen Drittel der Messzelle aufgenommen.

Detaillierte Informationen zum Aufbau der Messzelle finden sich im Kapitel 5 und im Anhang A.3. Der Gasvolumenstrom kann mit Hilfe von Schwebekörper-Durchflussmessern bestimmt und mittels Nadelventile eingestellt werden. Da diese Durchflussmesser ihre

Kapitel 3. Versuchsaufbau und Durchführung

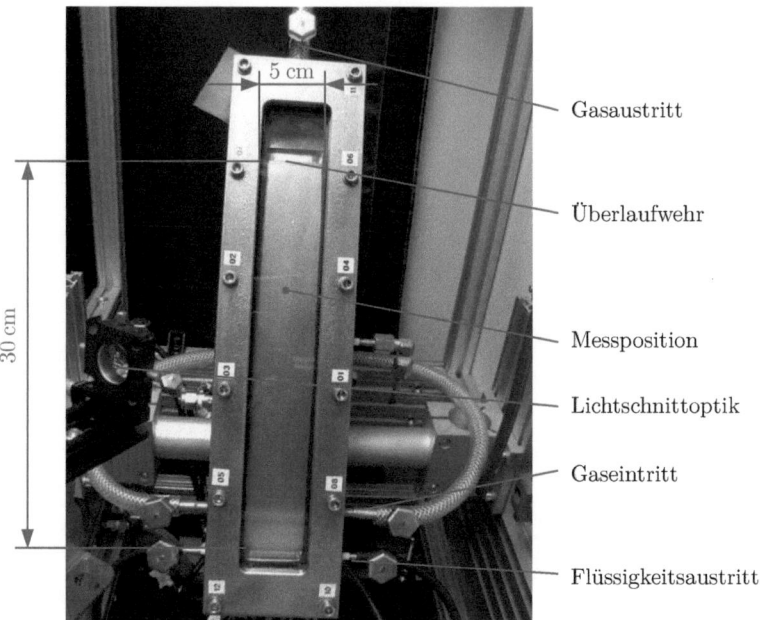

Abb. 3.8.: Messzelle zur Analyse des Einflusses einer Gas-Flüssig-Gegenströmung.

höchste Genauigkeit am maximalen Messpunkt aufweisen, werden in den Untersuchungen zwei Stück verwendet. In Anlehnung an Packungskolonnen ist das Messsystem für einen maximalen F-Faktor von $3\sqrt{Pa}$ ausgelegt. Infolge der auftretenden Scherkräfte an der Gas-Flüssig-PGF sind höhere Geschwindigkeitsgradienten zu erwarten, so dass der Ebenenabstand beim Abtastverfahren in der Nähe der Filmoberfläche verringert wird. Als Stoffsystem der flüssigen Phase wird erneut auf das Flüssigkeitsgemisch aus Wasser und Glycerin zurückgegriffen und als Gasphase synthetische trockene Luft verwendet. Die Versuche werden bei Umgebungsbedingung durchgeführt.

3.1.6. Strukturierte Oberflächen

Eine weitere Zielsetzung dieser Arbeit ist die Analyse des Strömungsverhaltens auf strukturierten Oberflächen, wie sie üblicherweise in Packungskolonnen aufzufinden sind. Während es für die Makrostruktur der Packung eine Vielzahl verschiedener Anordnungsmög-

3.1. Einphasige Flüssigkeitsströmung

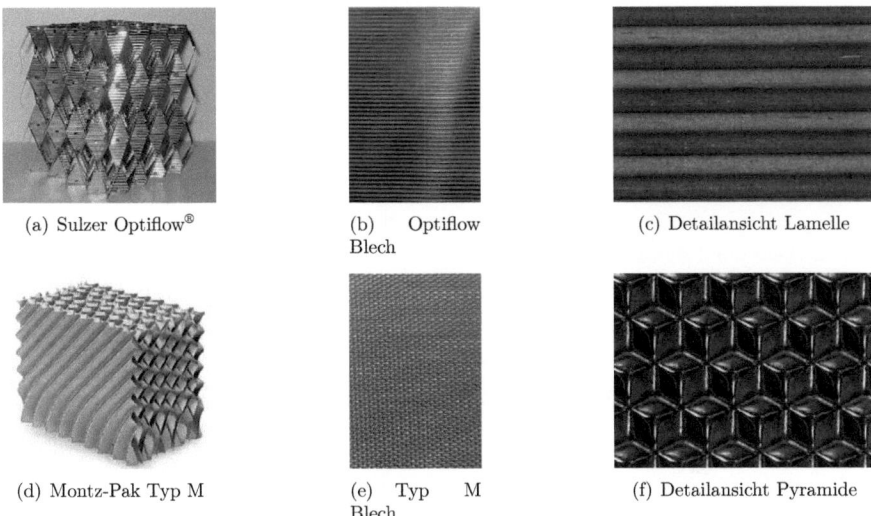

(a) Sulzer Optiflow® (b) Optiflow Blech (c) Detailansicht Lamelle

(d) Montz-Pak Typ M (e) Typ M Blech (f) Detailansicht Pyramide

Abb. 3.9.: Packungen mit ihren spezifischen Oberflächenstrukturen.

lichkeiten gibt, lassen sich die Mikrostrukturen im Wesentlichen auf drei Grundformen zurückführen.

1. Pyramidenstrukturen
   (Montz-Pak Typ M, Sulzer Mellapak™, Koch-Glitsch INTALOX®)

2. Lamellenstrukturen
   (Kühni Rombopak®, Sulzer Optiflow™, Koch-Glitsch FLEXIPAC®)

3. Gewebestrukturen
   (Sulzer BX™, Koch-Glitsch BX)

Je nach Packungstyp und Hersteller variieren dabei die Form und Dimensionen der jeweiligen Mikrostrukturen. An dieser Stelle wird der Fokus auf die ersten beiden Typen gelegt, da Gewebepackungen für die Flüssigkeit durchlässig sind. Für die Untersuchungen der Pyramidenstruktur wird auf die Montz-Pak Typ M und für die Lamellenstruktur auf die Sulzer Optiflow™ zurückgegriffen (siehe Abbildung 3.9). Der Hauptunterschied zwischen beiden findet sich in der Art des Einflusses auf die Filmströmung. Die Lamellenstruktur wird in einer Packung meist so eingebaut, dass diese quer angeströmt wird. Im Gegensatz dazu sind bei der Tetraederstruktur mehrere Anströmrichtungen möglich, von denen hier zwei untersucht werden sollen. Während die Lamellen bei dieser horizontalen Ausrichtung nur die Geschwindigkeit in Richtung der Filmoberfläche und in Strömungsrichtung beeinflussen, wird bei der Tetraederstruktur eine Beeinflussung in alle Raumrichtungen erwartet.

Unter Umständen weisen Packungen für einige Anwendungen auch keine Mikrostrukturen auf (z. B. Sulzer Mellagrid™ für Raffinerien und Petrochemie). Somit werden als Referenzfall ebenfalls Messungen für ein glattes Stahlblech unter sonst gleichen Versuchsbedingungen durchgeführt.

Die Untersuchungen des Einflusses der Mikrostrukturen erfolgen in der in Abschnitt 3.1.5 beschriebene Messzelle. Es wird weiterhin auf das Stoffsystem Wasser und Glycerin zurückgegriffen, welches am Überlaufwehr als Filmströmung auf das zu untersuchende mikrostrukturierte Packungsblech aufgegeben wird. Die Messposition befindet sich etwa 10 cm stromabwärts in der Mitte der Messzelle.

3.2. Zweiphasige Flüssigkeitsströmung

Nach den Untersuchungen verschiedener einphasiger Filmströmungen wird die entwickelte µPIV-Messmethodik auf die zweiphasige Filmströmung erweitert und angewandt. Schwerpunkt bildet hierbei die Quantifizierung des Geschwindigkeitsfeldes und somit der gegenseitigen Wechselwirkungen an der Flüssig-Flüssig-PGF.

Im Fall der zweiphasigen Filmströmung können die beiden flüssigen Phasen nicht gemeinsam über eine Pumpe und Strömungsmesser auf die Platte aufgegeben werden. Im Rahmen systematischer Untersuchungen zeigte sich, dass zum einen der Kalibrierungsfehler zweiphasig durchströmter Schwebekörper-Durchflussmesser aufgrund der stetigen Schwankungen der Stoffeigenschaften sehr hoch ist und zum anderen ist vor allem die damit verbundene zufällige zweiphasige Flüssigkeitsaufgabe im Hinblick auf die hier entwickelte Messmethodik nicht sinnvoll. Bei einer solchen Aufgabe würde sich die zweiphasige Strömungsstruktur stetig verändern und eine Erfassung der nötigen Informationen an der Flüssig-Flüssig-PGF wäre nicht möglich.

Neben einem zweiten Förderungssystem wird zusätzlich ein Vorlagebehälter bzw. Dekanter benötigt, indem sich beide Phasen voneinander trennen und gezielt abgepumpt werden können. Das Volumen des Dekanters ist dabei vor allem abhängig von der Entmischungszeit des verwendeten heterogenen Stoffsystems.

Aus den Anforderungen einer stationären zweiphasigen Filmströmung wurden verschiedene Möglichkeiten der Flüssigkeitsaufgabe evaluiert. In diesem Zusammenhang erwiesen

3.2. Zweiphasige Flüssigkeitsströmung

(a) paralleles Überlaufwehr   (b) Überlaufwehr und Aufgabebohrung

Abb. 3.10.: Aufgabevarienten bei der zweiphasigen Filmströmung.

sich die nachfolgenden zwei Aufgabevarianten als besonders geeignet, so dass diese im weiteren Verlauf der Arbeit Anwendung finden.

1. parallel angeordnete Überlaufwehre

2. Überlaufwehr und Aufgabebohrung

Bei Verwendung eines Überlaufwehrs, welches sich mit Hilfe einer Trennwand in zwei Bereiche aufteilen lässt (siehe Abbildung 3.10(a)), können die beiden nicht mischbaren Flüssigkeiten nebeneinander auf die geneigte Platte aufgegeben werden. Sie kommen direkt nach dem Wehr miteinander in Kontakt und es bildet sich eine definierte Flüssig-Flüssig-PGF aus. Die Volumenströme der beiden Flüssigkeiten sind so zu wählen, dass einerseits zwischen beiden Phasen ein signifikanter Geschwindigkeitsunterschied vorliegt, um die gegenseitigen Beeinflussungen gut zu quantifizieren. Andererseits müssen die beiden Flüssigkeitsfilme einen ähnlichen Filmdickenverlauf aufweisen, weil ansonsten aufgrund der entstehenden Krümmung der Filmoberfläche im Bereich der Flüssig-Flüssig-PGF der Fehler infolge der Brechung zunimmt.

Wird die in Abbildung 3.10(b) dargestellt Aufgabevariante verwendet, kann eine flüssige Phase über ein Überlaufwehr und die Andere durch in der Platte befindliche Bohrungen auf diese aufgegeben werden. Letztere Phase fließt somit als Rinnsal auf oder unter der Filmströmung der ersten Phase (siehe auch Kapitel 5 Abbildung 5.1). Aufgrund der Rinnsalwölbung sind an dieser Stelle nur Messungen sinnvoll bei denen das Rinnsal von der Filmströmung überlagert wird und diese eine Filmdicke ähnlich oder größer der maximalen Rinnsaldicke aufweist. Anderenfalls würden ebenfalls größere Fehler aufgrund der Brechung auftreten.

Kapitel 3. Versuchsaufbau und Durchführung

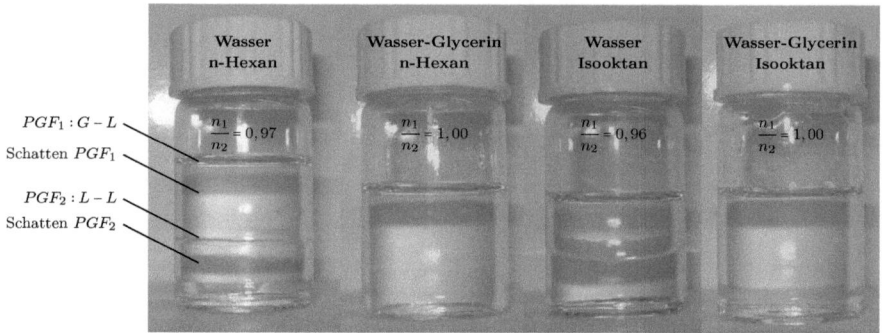

Abb. 3.11.: Phasengrenzfläche heterogener Stoffsysteme mit und ohne Anpassung der Brechungsindizes.

3.2.1. Anforderungen an das Stoff- und Partikelsystem

Wesentlich für die Untersuchung zweiphasiger Filmströmungen ist neben der eigentlichen Messmethodik vor allem auch das benötigte Stoff- und Partikelsystem. Es wird ein heterogenes Stoffsystem benötigt, welches folgende Eigenschaften erfüllen muss:

1. große Mischungslücke: Die Mischungslücke sollte im Hinblick auf das Partikelsystem so groß sein, dass sich in der jeweiligen flüssigen Phase nur wenig bzw. so gut wie keine Stoffe der anderen flüssigen Phasen befindet. Anderenfalls nehmen die Phasenübergänge der Partikel zu, was wie weiter unten diskutiert nicht erwünscht ist.

2. schnelle Entmischung: Die Entmischung der beiden Phasen im Dekanter der Versuchsapparatur sollte relativ schnell gehen, da sichergestellt werden muss, dass beide flüssigen Phasen getrennt aufgegeben werden. Anderenfalls würde dies zu einer nicht zu quantifizierenden zweiphasigen Flüssigkeitsaufgabe führen, bei der eine Phase aufgrund der Scherkräfte in der Pumpe tropfenförmig in der anderen Phase suspendiert ist. Zusätzlich kann der Volumenstrom für eine zweiphasige Rohrströmung nicht bestimmt werden.

3. gleicher Brechungsindex: Bei einer Überlagerung der beiden flüssigen Phasen muss sichergestellt werden, dass es an der Flüssig-Flüssig-PGF zu keinen Brechungen kommen kann.

Tab. 3.2.: Mögliche Stoffsysteme für die Untersuchung heterogener Filmströmungen.

	ξ [kg/kg]	n [-]	ρ [kg/m^3]	η [mPa s]
flüssige Phase 1				
Wasser-Glycerin	0-1	1,333-1,474	0,998-1,261	1,005-1410
flüssige Phase 2				
Isooktan	1	1,3917	688	0,51
n-Hexan	1	1,3748	660	0,31
Silikonöl[8]	1	1,375-1,403	0,818-0,971	1,0-1000

Diese Anforderungen stellen wesentliche Kriterien bei der Auswahl des Stoffsystems dar und schränken die möglichen Stoffsysteme stark ein. Für die erste flüssige Phase wird bereits wie bei der einphasigen Filmströmung auf das Gemisch aus Wasser und Glycerin zurückgegriffen, da sich über den Massenanteil des Glycerins der Brechungsindex in dem Bereich der beiden Reinstoffe variieren lässt. Im Fall der zweiten flüssigen Phase wird ein organisches Lösemittel oder Öl verwendet, welches einen Brechungsindex innerhalb der gegebenen Grenzen aufweist. Mögliche Stoffsysteme sind in Tabelle 3.2 mit ihren jeweiligen Stoffeigenschaften[7] aufgeführt.

Wie in Abbildung 3.11 zu sehen, kann aufgrund der Anpassung der Brechungsindizes die PGF zwischen den beiden Flüssigkeiten nicht mehr optisch wahrgenommen werden. Damit während der Versuche und Auswertung die PGF dennoch detektiert werden kann, bedarf es eines geeigneten Partikelsystems. Für die wässrige Phase werden hydrophile Partikel verwendet und für organische Phase hydrophobe Partikel (siehe Tabelle A.3). Als Folge lösen sich die Partikel nur in ihrer jeweiligen Phase. Phasenübergänge sind möglich, allerdings nimmt die Wahrscheinlichkeit mit dem Partikeldurchmesser ab, so dass dieses bei den späteren Versuchen nicht beobachtet werden kann. Um auf den Bilddaten die Flüssig-Flüssig-PGF zu lokalisieren, müssen beide Partikelsorten einen unterschiedlichen Durchmesser auf den Bildern aufweisen.

3.3. Brennebenenabtastung

Aufgrund der bewegten welligen Filmoberfläche kann es bei Untersuchungen durch diese hindurch zu starken Verzerrungen bei der Bildaufnahme und somit zur Verfälschung der

---

[7]Die angegebenen Stoffdaten beziehen sich für die Silikonöle auf 25°C für alle Anderen auf 20°C
[8]Polydimethylsiloxan: DOW CORNING® 200 Fluid bzw. XIAMETER® PMX-200 Silicone Fluid

Kapitel 3. Versuchsaufbau und Durchführung

daraus resultierenden Ergebnisse führen. Die Ursache hierfür findet sich in den Lichtbrechungen und Reflexionen an der bewegten Phasengrenzfläche. Die Lichtbrechungen treten immer bei einem Wechsel der optischen Dichte auf (siehe Abschnitt 2.4.4) und lassen sich demzufolge bei Gas-Flüssig-Systemen nicht vermeiden, da eine Anpassung des Brechungsindex hier physikalisch nicht möglich ist. Die Lichtbrechungen verursachen zum einen ein Verschwimmen bzw. Verzerren der Formen, welche z. B. dazu führen können, dass die beobachteten Partikel oval und nicht rund erscheinen. Dies ist bei der μPIV allerdings nicht das Hauptproblem, da aufgrund der sehr geringen Zeitschrittweiten die Filmoberfläche und somit der effektive Blickwinkel weitgehend konstant sind, so dass trotz Verzerrung die Partikelgeschwindigkeit relativ genau bestimmt werden kann. Die Problematik ist an dieser Stelle letztlich die Positionsänderung der Schärfeebene (engl. Focal Plane), welche zu einem fehlerhaften Geschwindigkeitsfeld führt.

Die auftretenden Reflexionen hingegen führen vor allem dazu, dass unter bestimmten Blickwinkeln eine Visualisierung einiger Filmströmungsbereiche nicht möglich ist, da die Lichtinformationen im Film in diesen zurückreflektiert werden. Diese Informationen können dann unter Umständen an anderen Bereichen verzerrt wieder austreten, so dass diese am falschen Ort detektiert werden. Am wahrscheinlichsten ist allerdings eher, dass die Informationen verloren gehen und eine Erhöhung des Hintergrundrauschens beobachtet werden kann.

Diese Effekte können sich in Abhängigkeit des Blickwinkels verstärken oder verringern und werden wie bereits oben diskutiert bei einer orthogonalen Anordnung der bildaufnehmenden Komponenten zur Filmoberfläche minimiert. Bei der Aufnahme der Bilder unter einem spitzen Winkel von der Seite der Filmströmung ist dieser Winkel gleichbedeutend mit einem hohen Brechungswinkel, der wiederum einen steigenden Fehler zur Folge hat. Bei der orthogonalen Anordnung wird die zu berücksichtigende Dimension der Brechung von zwei auf eins reduziert. Für die verbleibenden Brechungen an der PGF kann wie in Abschnitt 3.5 gezeigt, eine Korrektur für den Fall des glatten Films erstellt werden. Beim Auftreten von Wellen in Hauptströmungsrichtung wird postuliert, dass eine Korrektur nicht notwendig ist, solange die Wellhäufigkeit und Amplitude gering sind (siehe Fehlerbetrachtung Abschnitt 3.8).

Mit der orthogonalen Anordnung lassen sich die Brechungsphänomene zwar minimieren bzw. auch leichter Herausrechnen, allerdings ist eine unmittelbare Messung des Geschwindigkeitsprofiles nicht mehr möglich, so dass dieses über Umwege bestimmt werden muss. Daher wird an dieser Stelle eine charakteristische Eigenschaft mikroskopischer Optiken ausgenutzt. Diese zeichnen sich im Allgemeinen durch eine sehr geringe Schärfentiefe aus,

3.3. Brennebenenabtastung

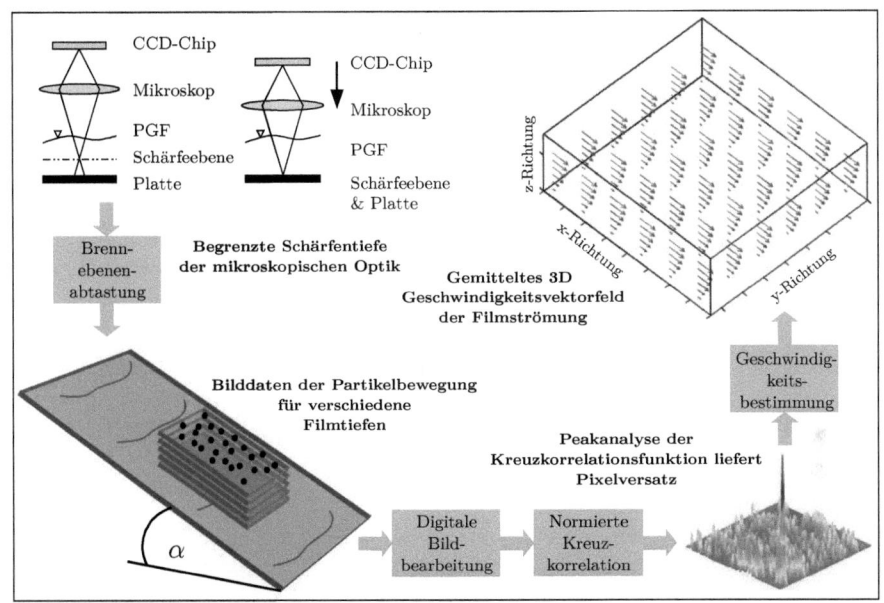

Abb. 3.12.: Prinzip der Brennebenenabtastung und Geschwindigkeitsanalyse.

welche weit unterhalb der mittleren Filmdicke (typische Größenordnung etwa 500 μm) der zu untersuchenden Flüssigkeitsströmung liegt. Wie in Abschnitt 3.1.3 beschrieben, beträgt die Ausdehnung des Schärfebereiches des verwendeten InfiniMax™ Mikroobjektiv mit MX-6 Aufsatz etwa ±36 μm.

Für die Bestimmung des Geschwindigkeitsfeldes muss die Schärfeebene innerhalb der Filmströmung liegen, so dass die benötigten Partikelbilder aufgenommen werden können. Bei der späteren Auswertung dieser Bilddaten (siehe Abschnitt 3.4) dürfen nur die Partikel im Schärfebereich, respektive die scharfen Partikel, betrachtet werden, alle Anderen und ggf. auftretende Störungen, müssen mit Hilfe geeigneter Bildbearbeitungsalgorithmen entfernt werden. Anschließend kann das Geschwindigkeitsfeld der betrachteten Schärfeebene mit den bekannten Kreuzkorrelationsmethoden bestimmt werden.

Wird nun während der Experimente die Schärfeebene mit Hilfe geeigneter Positioniersysteme orthogonal zur Platte verschoben, wie in Abbildung 3.12 dargestellt, ist es möglich

Kapitel 3. Versuchsaufbau und Durchführung

die Filmströmung in unterschiedlichen Ebenen abzutasten (engl. Focal Plane Scanning)[9]. Zur Realisierung des Abtastverfahrens wurde die gesamte Kamerakonstruktion auf einen Lineartisch mit manueller Positionierung montiert. Der Reproduzierungsfehler ist mit ±1 µm sehr klein und im Vergleich zum Fehler, welcher durch die Ausdehnung der Schärfentiefe verursacht wird, zu vernachlässigen. Unter Berücksichtigung der Schärfentiefe der verwendeten Optik wird der Abstand zwischen zwei abgetasteten Ebenen auf 50 µm bzw. auf 25 µm bei den Gegenstromversuchen gesetzt. Diese Abstände ändern sich wie in Abschnitt 3.5 gezeigt in Abhängigkeit des Stoffsystems. Aus den Geschwindigkeitsfeldern der einzelnen Ebenen lässt sich anschließend das lokale mittlere dreidimensionale Geschwindigkeitsfeld bestimmen und in geeigneter Weise darstellen. Um hinreichend zuverlässige Ergebnisse zu erzielen, werden in jeder Ebene aufgrund der begrenzten möglichen Partikeldichte der scharfen Partikel jeweils 300 Doppelbilder aufgenommen.

Bei den Messung ist darauf zu achten, dass die Blende der mikroskopischen Optik maximal geöffnet ist, da wie in Abschnitt 2.4.3 hergeleitet die Schärfentiefe anderenfalls zu- und somit die Genauigkeit abnimmt.

Im Rahmen der Arbeit wurde ausgehend von der entwickelten Messmethodik eine Erweiterung durchgeführt (siehe Kapitel 6), welche auch die Bestimmung momentaner Geschwindigkeitsfelder ermöglicht. Da die Partikeldichte und somit der Informationsgehalt bei zeitlich aufgelösten Untersuchungen sehr gering ist und einzelne Strömungsfluktuationen starke Auswirkungen auf das Messergebnis haben können werden für einen gesicherten Vergleich der Messergebnisse immer die mittleren Geschwindigkeitsprofile oder Felder herangezogen.

3.4. Bildbearbeitung

Ein wesentlicher Bestandteil der beschriebenen Versuchsmethodik liegt auf der nötigen digitalen Nachbearbeitung und Aufbereitung der Strömungsbilder. Wie im vorherigen Abschnitt beschrieben, dürfen für die Analyse der Bilddaten mit Hilfe von Korrelationsmethoden nur die Geschwindigkeitsinformationen der Partikel in der jeweiligen Messebene berücksichtigt werden.

Eine charakteristische Eigenschaft mikroskopischer Optiken besteht darin, dass der Schärfebereich stark begrenzt ist. Abhängig von der Entfernung der Partikel von der Objektebene der mikroskopischen Optik ändert sich das morphologische Abbild der Partikel auf

---

[9]Gemäß der englischen Bezeichnung wird diese Methode als Brennebenenabtastung bezeichnet, obwohl physikalisch Objektebenenabtastung korrekter wäre.

3.4. Bildbearbeitung

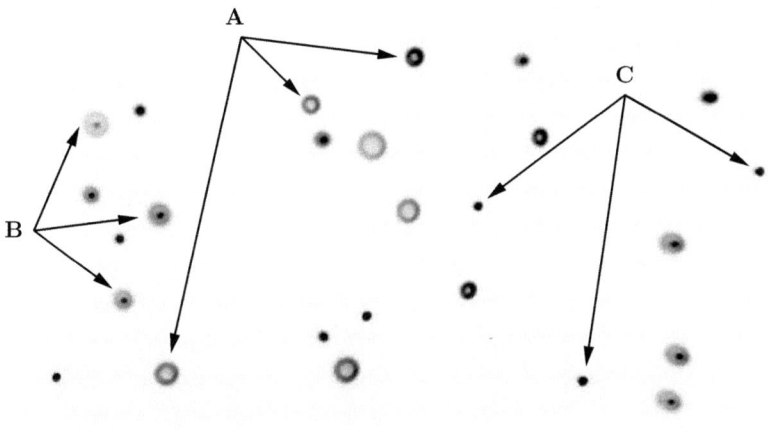

Abb. 3.13.: Mögliche Partikelabbildungen; Partikel vor (A), hinter (B) und in (C) der Schärfeebene.

den aufgenommenen Bildern (siehe Abbildung 3.13, invertierter Versuchsbildausschnitt). Dieses Verhalten ist nach Meinhart u. a. (2000a) typisch für µPIV-Anwendungen und lässt sich wie von Wu u. a. (2005) ausgeführt mit Hilfe des Strahlengangs erklären. Partikel, die sich vor der Objektebene außerhalb des Schärfebereiches befinden, werden aufgeweitet (A) und erscheinen als grauer Ring mit dunklem Zentrum. Im Gegensatz dazu erscheinen die Partikel, die sich hinter der Objektebene außerhalb des Schärfebereiches befinden (B), wie ein schwach fluoreszierendes Partikel mit einer ihm umgebenden Korona. Nur die Partikel, die sich im Schärfebereich der Optik befinden (C) werden deutlich abgebildet und können für die Bestimmung des Geschwindigkeitsfeldes verwendet werden. Alle anderen Partikelabbildungen dürfen bei der späteren Auswertung nicht einbezogen werden, da diese die Geschwindigkeiten darüber oder darunter liegender Filmebenen repräsentieren, und somit bei Berücksichtigung zu einer Verfälschung der Ergebnisse führen würden. Die Partikelabbildungen lassen sich durch zwei wesentliche Merkmale voneinander unterscheiden. Zum einen ändert sich die Grauwerteverteilung eines Partikels und zum anderen die Projektionsfläche normal zur Beobachtungsebene mit steigender Entfernung zur Schärfeebene. Die Projektionsfläche wird mit zunehmendem Abstand größer und die Grauwerteverteilung wird flacher und breiter. Für die Entfernung der unscharfen Partikel sowie ggf.

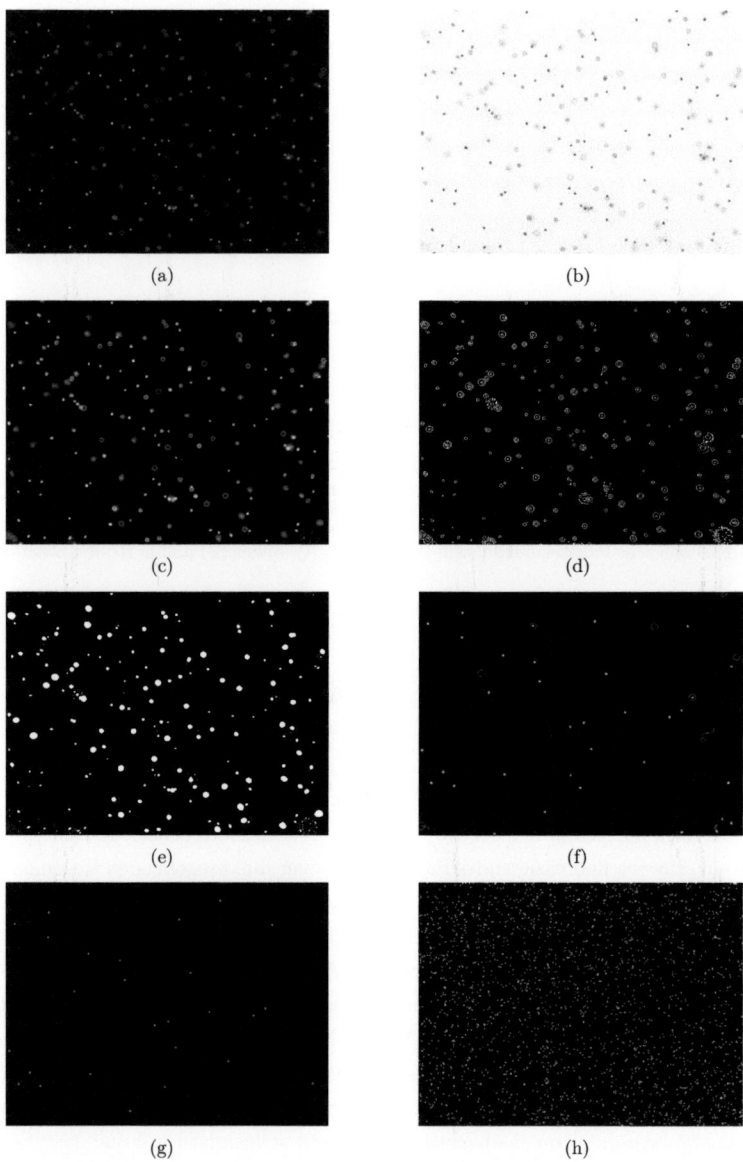

Abb. 3.14.: Arbeitsweise des entwickelten Bildbearbeitungsfilters.(a) Original Bild, (b) Original Bild invertiert, (c) Histogrammanpassung und Gamma Korrektur von (a), (d) Kantendetektierung in (c), (e) Füllung geschlossener Kanten in (d), (f) Entfernung zu großer und kleiner Objekte in (e), (g) Entfernung aller unscharfen Partikel in (a) $g = a - (a - f)$, (h) Summierung mehrerer Einzelbilder.

3.4. Bildbearbeitung

auftretende Störungen ist ein Bildbearbeitungsalgorithmus entwickelt und in Matlab implementiert worden. Überwiegend wird hier auf Routinen der Image Processing Toolbox zurückgegriffen. Es zeigt sich, dass eine einfache Anwendung eines Schwellwertoperators nicht ausreichend ist, da Restfragmente von Störungen und unscharfen Partikeln auf den Bildern verbleiben, welche zu einer fehlerhaften Bestimmung der Geschwindigkeiten führen können. Daher wird die Bildbearbeitung in verschiedenen Schritten durchgeführt. Eine ausführliche Beschreibung des entwickelten Bildbearbeitungsalgorithmus findet sich im Anhang C, wo der vollständig dokumentierte Quellcode hinterlegt ist. Dieser Algorithmus wird im Folgenden exemplarisch mit Hilfe von Abbildung 3.14 kurz vorgestellt.

In einem ersten Schritt erfolgt eine Anpassung der Grauwerte mittels der CLAHE mit anschließender Gammakorrektur und zusätzlicher linearer Histogrammanpassung vom Originalbild (a). Die Größe der Grauwerteverteilung und das Hintergrundrauschen lassen sich mit Hilfe des Negativs (b) gut veranschaulichen. Durch diesen ersten Schritt wird der Kontrast aller Partikel verstärkt, das Hintergrundrauschen sowie ggf. auftretende Störungen werden entfernt und die Helligkeit angepasst (c). Je nach Schwellwert bei der linearen Histogrammanpassung werden ebenfalls in diesem Arbeitsschritt bereits sehr unscharfe Partikel vom Bild entfernt. Diese Bearbeitungsroutinen verstärken die auftretenden Helligkeitsgradienten der Partikel und verbessern den nächsten Schritt (d), bei dem mit Hilfe des von Canny (1986) entwickelten Kantendetektierungsverfahren die verbliebenen Partikel detektiert (d), ihre Kanten mit Hilfe einer 4er Nachbarschaft selektiert, gespeichert und im Anschluss mit Hilfe einer Routine gefüllt werden (e). Ist die mittlere Projektionsfläche eines scharfen Partikels bekannt, so können die unscharfen Partikel, welche von dieser stark abweichen, entfernt werden (f). Hierzu wird die obere und untere Grenze bezüglich der Projektionsfläche und des Partikelumfanges definiert und alle detektierten Partikelkanten, die nicht beide Kriterien erfüllen, werden verworfen. Die zusätzliche Umfangsfilterung ermöglicht in diesem Fall eine Entfernung von ggf. vorhandenen Störfragmenten, welche z. B. bei der Kantendetektierung stark unscharfer Partikel auftreten können. Falls diese zwar dieselbe Projektionsfläche aufweisen, ist der Umfang aufgrund der ovalen Form allerdings immer größer.

Nach der Filterung eines Doppelbildes können unter Umständen auf den Bildern auch Einzelpartikel auftreten, das heißt, diese Partikel haben kein Äquivalent auf dem jeweiligen anderen Bild. Die Ursache hierfür liegt daran, dass die Partikel auf den beiden Bildern nicht einhundertprozentig dieselben Charakteristika aufweisen, da diese natürlichen Schwankungen unterliegen, welche im Wesentlichen durch die

- relative Lage,

Kapitel 3. Versuchsaufbau und Durchführung

Übersicht 3.1 - Einflussfaktoren auf die digitale Partikelabbildung (DPA).
Relative Lage: Die diskrete Aufbauweise eines CCD Sensor hat unterschiedliche Partikelabbilder aufgrund deren relativen Lage zur Folge. Zum einen kann sich die Anzahl der belichteten Pixel ändern und zum andern die Intensität mit der die Pixel bestrahlt werden. Dieser Effekt ist umso ausgeprägter je kleiner das Verhältnis aus mittleren Partikeldurchmesser und äquivalenten Pixeldurchmesser wird. Ein Wert gegen unendlich bedeutet demzufolge eine perfekte digitale Abbildung des Partikels, was aufgrund physikalischer und fertigungstechnischer Grenzen nicht möglich ist.
Partikelverteilungsfunktion: Um große Unterschiede bei den DPA zu vermeiden müssen Partikel mit einer geringen Abweichung des Durchmessers um den Mittelwert verwendet werden.
Formfaktor: Eine perfekt spährische Form der Partikel kann bei der Herstellung nicht erreicht werden. Die Abweichungen von dieser idealen Form, welche demzufolge auch unterschiedliche DPA zur Folge haben, sollte für die hier verwendetet Versuchsmethodik möglichst klein sein.
Normalgeschwindigkeit: Bei einer hohen Out-of-Plane Verschiebung kann sich das DPA auf den Doppelbildern unterscheiden, da sich der Unschärfegrad ändert. Bei einer rein laminaren Filmströmung fällt dieser Einfluss nicht ins Gewicht.
Örtliche Intensität: Minimale Intensitätsunterschiede zwischen den beiden Laserstrahlen aber auch in deren Verteilung (Laserstrahl wird zu einem Punkt ausgeweitet) können örtlich zu leicht unterschiedlichen Belichtungsintensitäten führen. Dieser Effekt kann durch gute Justierung der Laserkomponenten (Spiegel, optische Linsen) und im Fall der hier verwendeten Fluoreszenzpartikel durch eine mehr als ausreichenden Belichtungsenergie vermieden werden.
Belichtungszeit: Bei den üblicherweise verwendeten IT CCD Sensoren ist die Belichtungszeit des zweiten Bildes größer als die des ersten Bildes, was eine Erhöhung des Hintergrundrauschens zur Folge haben kann. Dieser Effekt kann zum einen durch eine herstellerseitigen Kühlung des CCD Sensors und zum anderen durch die Minimierung von Umgebungslicht vermieden bzw. minimiert werden.
Fluorezintensität: Abhängig vom verwendeten Farbstoff kann sich das Fluoreszenzverhalten zwischen den beiden Bildern ändern. Einige Farbstoffe können scheinbar verbraucht werden, da sich einzelne Moleküle kurzzeitig nicht wieder anregen lassen.

- örtliche Intensität,
- Fluorezintensität,
- Belichtungszeit und
- Normalgeschwindigkeit

beeinflusst werden (siehe hierzu auch Übersicht 3.1). Sämtliche Punkte haben einen direkten Einfluss auf die Bildbearbeitungsroutinen speziell die Kantendetektierung, so dass

3.4. Bildbearbeitung

die Voraussetzung auf dem einen Bild für einen scharfen Partikel gerade noch erfüllt sind und auf dem anderen Bild gerade nicht mehr. Aus diesem Grund ist es notwendig die beiden Bilder abschließend zu vergleichen und alle Einzelpartikel zu entfernen (g), da ansonsten der Fehler bei der Auswertung steigt. Hierzu wird ein Bereich um ein Partikel untersucht und überprüft, ob sich in diesem Bereich auf dem anderen Bild ebenfalls ein Partikel befindet. Die Größe dieses Bereiches ist abhängig vom maximalen Partikelversatz und beträgt nur wenige Pixel.

Mit Hilfe der oben beschrieben Filterroutinen wird eine Maske erstellt und auf das Originalbild angewendet, so dass auf diesem nur noch scharfe Partikel sichtbar sind und innerhalb der Auswertung herangezogen werden. Für die Auswertung werden abschließend abhängig von der Partikeldichte und dem Partikeldurchmesser zwischen 30-50 Bilder aufsummiert (h), weil die Partikeldichte auf den gefilterten Bildern für die normale Kreuzkorrelation meist zu gering ist. Zusätzlich führt die Aufsummierung zu einer erheblichen Reduzierung der Berechnungszeit, weil die FFT und anschließende Kreuzkorrelation nur auf wenige Bildpaare angewandt wird. Da überwiegend auf die Ensemble Kreuzkorrelation zurückgegriffen wird hat diese Aufsummierung keine Auswirkung auf die Ergebnisse. Die Filterparameter wie Schwellwert, Grauwertanpassung und speziell die Projektionsfläche und der Umfang können für jedes einzelne Experiment leicht angepasst werden und müssen bei einem Wechsel der Partikel oder der Optik neu bestimmt werden. Diese oberen und unteren Grenzwerte werden im Wesentlichen durch die

- Partikelverteilungsfunktion,
- Formfaktor und
- relative Lage

beeinflusst. Ausgehend von Abbildung 3.14(e) wird der mittlere Partikeldurchmesser d_p der scharfen Partikel in Pixel und somit die Fläche und der Umfang bestimmt. Bei der Vorgabe der oberen und unteren Grenzen zeigt sich eine Abweichung von $d_p \pm 1$ Pixel für die hier verwendeten Partikel am geeignetsten. Für die Effizienz des Filteralgorithmus sind eine sehr geringe Partikelgrößenverteilung und möglichst kleine Partikel aufgrund verringerter Reflexionen in der Nähe der Plattenoberflächen von Vorteil.

Für die Auswertung der bearbeiteten Bilddaten mit Hilfe der Kreuzkorrelation und die anschließende Geschwindigkeitsanalyse wird auf das kommerzielle Softwaretool VidPIV, entwickelt von der ILA GmbH, zurückgegriffen. Neben den gängigen Korrelationsmethoden sind hier ebenfalls Analyse- und Filterroutinen implementiert. In dieser Arbeit wird

Kapitel 3. Versuchsaufbau und Durchführung

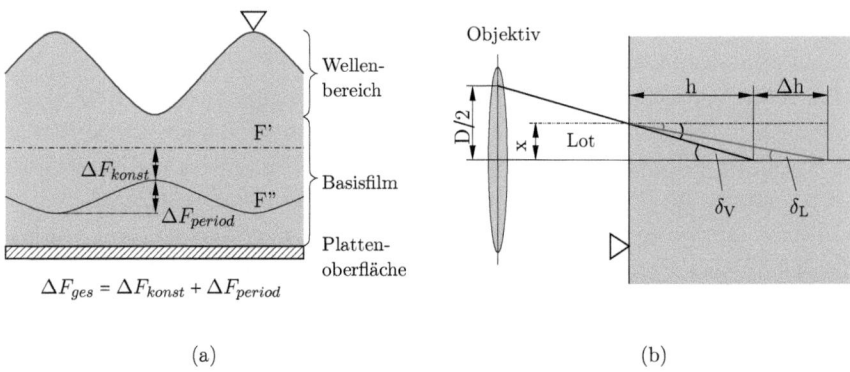

Abb. 3.15.: Verschiebung der Schärfeebene an einer welligen (a) und glatten Phasengrenzfläche (b).

für die Bestimmung der Geschwindigkeitsfelder die gemittelte Kreuzkorrelation (auch Average oder Ensemble Korrelation) eingesetzt. Im Gegensatz zur normalen Kreuzkorrelation findet hier nicht die Mittelwertbildung von Geschwindigkeitsfeldern, sondern die Mittlung der Ergebnisse in der Korrelationsebene statt (siehe u. a. Meinhart u. a. (2000b) sowie Wereley u. a. (2002)), was zur Folge hat das einzelne fehlerhafte Informationen keinen Einfluss auf das Geschwindigkeitsfeld haben.

Bei der Auswertung und Gegenüberstellung der Ergebnisse in Kapitel 4 in Form von Geschwindigkeitsprofilen wird die Standardabweichung aus allen Vektoren einer Ebene bestimmt. Der Fehler, hervorgerufen durch die Brechung an der welligen Oberfläche, wird somit nicht berücksichtigt. Für den Fehler in Richtung der Oberflächennormalen gilt, dass dieser maximal gleich der effektiven Schärfentiefe sein muss, da nicht bekannt ist, wo im Schärfebereich sich ein Partikel befindet. Effektiv meint an dieser Stelle, dass aufgrund der Brechung an der Gas-Flüssig-PGF berücksichtigt werden muss, dass sich die Schärfentiefe beim Übergang vom optisch dünnen zum optisch dichten Medium vergrößert und demzufolge eine Funktion des Brechungsindex darstellt.

3.5. Korrektur der Messposition

Bei der Anwendung optischer Messmethoden durch eine PGF kommt es an dieser verursacht durch die unterschiedlichen Ausbreitungsgeschwindigkeiten des Lichtes zu einer Richtungsänderung. Wie in Abbildung 3.15(b) exemplarisch veranschaulicht, verschiebt

3.5. Korrektur der Messposition

sich infolgedessen die Schärfeebene und demzufolge die Messposition. Für einen **glatten Film** kann mit Hilfe des Snelliussches Brechungsgesetz (siehe Gleichung 2.21) der Brechungswinkel $sin(\delta_L)$ und somit die relative Längenänderung r_h bestimmt werden.

$$r_h \equiv \frac{h + \Delta h}{h} = \frac{tan(\delta_V)}{tan(\delta_L)} \tag{3.2}$$

Für kleine Eintrittswinkel

$$\frac{sin(\delta_V)}{sin(\delta_L)} = \frac{n_L}{n_V} = \frac{\frac{x}{\sqrt{(x^2+h^2)}}}{\frac{x}{\sqrt{x^2+(x+\Delta h)^2}}} = \sqrt{\frac{x^2 + (h + \Delta h)^2}{x^2 + h^2}} \tag{3.3}$$

ist x im Vergleich zur Beobachtungstiefe h sehr klein und es folgt,

$$\frac{sin(\delta_V)}{sin(\delta_L)} = \frac{n_L}{n_V} = r_h \tag{3.4}$$

dass sich die relative Längenänderung r_h aus dem Verhältnis der Brechungsindizes abschätzen lässt. Mit Hilfe des relativen Faktors lassen sich alle Längen entlang der optischen Achse in der flüssigen Phase korrigieren.

Diese Korrektur gilt nur für einen glatten Film, da wie in Abbildung 3.15(a) zu sehen auftretende Wellen eine sich periodisch ändernde Verschiebung hervorrufen (falls die Eintrittswinkel nicht zu groß werden). Eine Berücksichtigung der Brechung an der Oberfläche auftretender Wellen ist nicht möglich, weil hierfür die Filmoberflächenform mit erfasst werden muss. Es wäre, wie bereits diskutiert notwendig die Filmdicke in dem Beobachtungsbereich simultan mit LIF Messungen zu bestimmen. Allerdings muss bei der LIF die zu vermessen Tiefe kleiner als die Schärfentiefe sein. Zu diesem Zweck wären eine zweite Kamera, Objektiv mit größerer Schärfentiefe und ein Strahlteiler notwendig, da auch die LIF orthogonal zur überströmten Oberfläche durchgeführt muss. Eine solche zu entwickelnde Messtechnik geht über den Rahmen dieser Arbeit hinaus und müsste in einem neuen Projekt bewertet werden. Zusätzlich treten hier ebenfalls wie Abschnitt 2.3.1 diskutiert Brechungen auf.

Falls die Wellenhäufigkeit gering ist, kann obiger Korrekturansatz wie in Abschnitt 3.8.1 erläutert auch für einen welligen Film mit guter Genauigkeit verwendet werden, da bei der Auswertung mit Hilfe der Korrelationsmethoden die fehlerhaften Informationen nicht berücksichtigt werden. Bei stark welligen Filmströmungen würden die Fehler aufgrund der Brechung überwiegen, so dass die Korrektur hier nicht angewandt werden kann.

Nachdem mit Hilfe von Gleichung 3.2 die relative Längenänderung, und somit auch der

Kapitel 3. Versuchsaufbau und Durchführung

effektive Abstand der Messebenen im Film, berechnet werden kann, stehen für die Experimente folgende mögliche Herangehensweisen für die Messung mit anschließender Korrektur zur Verfügung:

1. Objektebene auf trockener Oberfläche
2. Objektebene auf benetzter Oberfläche

Für diese beiden Möglichkeiten soll kurz gezeigt werden, wie sich die Korrekturmaßnahmen auf ein Geschwindigkeitsprofil auswirken, bzw. welche Fehler auftreten, wenn diese nicht durchgeführt wird.

Bei der ersten Variante wird nach der Ausrichtung der optischen Komponenten orthogonal zur überströmten Oberfläche die Kameraposition mit Hilfe der Linearverschieber so verändert, dass der Schärfebereich genau auf der Plattenoberfläche liegt. Die Genauigkeit wird vor allem durch die Schärfentiefe bestimmt und weniger durch das Positioniersystem. Die Position wird so gewählt, dass diese mittig zwischen Nah- und Fernpunkt der Schärfentiefe liegt. Anschließend wird die Platte mit der Flüssigkeit benetzt und die Filmströmung mit der oben beschriebenen Methode abgetastet. Wenn sich keine scharfen Partikel mehr auf den Aufnahmen befinden, ist die Messung beendet. Die letzte abgetastete Filmposition repräsentiert somit die maximal auftretende Filmdicke.

In Abbildung 3.16 ist das Geschwindigkeitsprofil mit und ohne Verwendung der Korrektur aus eigenen Messungen dargestellt. Zusätzlich zu den Messergebnissen ist das in Abschnitt 2.1 beschriebene Nusselt-Profil ebenfalls mit aufgetragen. Das mittlere Geschwindigkeitsprofil ohne Korrektur ist nicht parabolisch und die Geschwindigkeiten werden bis auf die Oberflächengeschwindigkeit unterschätzt. Da die Filmdicke direkt gemessen wird, ist diese Geschwindigkeit demzufolge der einzige richtige Wert. In den unteren Ebenen, repräsentiert durch die roten Dreiecke, sind auf den summierten Bildern (siehe Abschnitt 3.4) sehr wenige bzw. meist keine scharfen Partikel zu finden. Die Geschwindigkeiten resultieren vor allem aus den wenigen scharfen Partikeln, welche durch die Verschiebung des Schärfebereiches infolge der Wellen hier auftreten oder vielmehr Restfragmente von unscharfen Partikeln, welche aufgrund der fehlenden scharfen Partikel bei der Kreuzkorrelation an Bedeutung gewinnen. Die Identifizierung der ersten Filmebene ist einfach, da auf den aufsummierten Bildern ein schlagartiger Anstieg der Partikeldichte beobachtet werden kann. Alle darunter liegenden Filmebenen brauchen demzufolge nicht berücksichtigt werden. Allerdings würde das Profil dann scheinbar im unteren Drittel der Filmströmung beginnen bzw. bei einer reinen Verschiebung der ersten Positionen hin zur Plattenoberfläche zu einem Geschwindigkeitsprofil ähnlich wie in Abbildung 3.17 führen.

3.5. Korrektur der Messposition

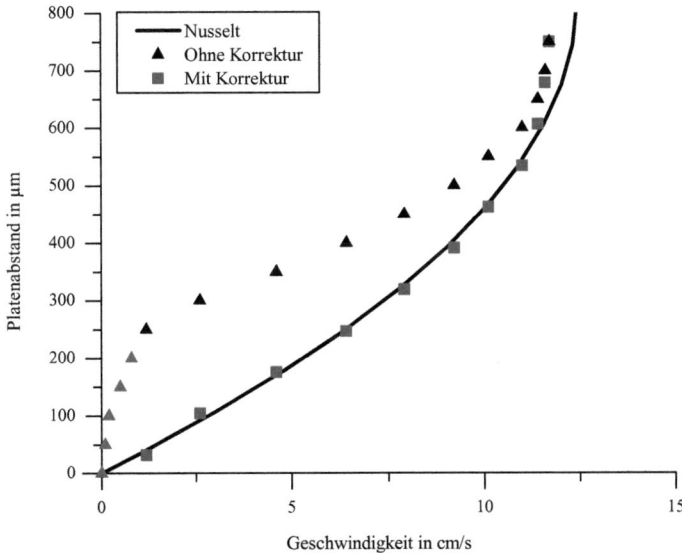

Abb. 3.16.: Vergleich der Geschwindigkeitsprofile mit und ohne Berücksichtigung der Korrektur der Messposition - Objektebene auf trockener Oberfläche (Glasplatte, Überlaufwehr, $Re = 3,6$, $d_P = 3,23\,\mu m$, $\xi_G = 0,7$).

Werden nur die vermessenen Filmebenen herangezogen, in denen sich scharfe Partikel befinden und wird die effektive Schrittweite für das gegebene Stoffsystem und Temperatur verwendet so ergibt sich in Abbildung 3.16 das korrigierte bzw. wirkliche Geschwindigkeitsprofil. Die Form ist wie beim Nusselt-Profil parabolisch vom Beginn der Plattenoberfläche bis hin zur gemessene Filmdicke.

Bei der zweiten Variante wird die Oberfläche erst mit der Flüssigkeit benetzt und anschließend die Objektebene auf die Plattenoberfläche ausgerichtet. Im Vergleich zur ersten Methode ist die Fokussierung durch die auftretenden Brechungseffekte meist etwas ungenauer, allerdings werden auch weniger Filmebenen aufgenommen. Nach dem Abtasten über unterschiedliche Filmtiefen und der Auswertung der Bilddaten resultiert daraus das in Abbildung 3.17 visualisierte mittlere Geschwindigkeitsprofil. Ohne Korrektur wird die Filmtiefe unterschätzt und die Geschwindigkeiten werden in der jeweiligen Filmtiefe

Kapitel 3. Versuchsaufbau und Durchführung

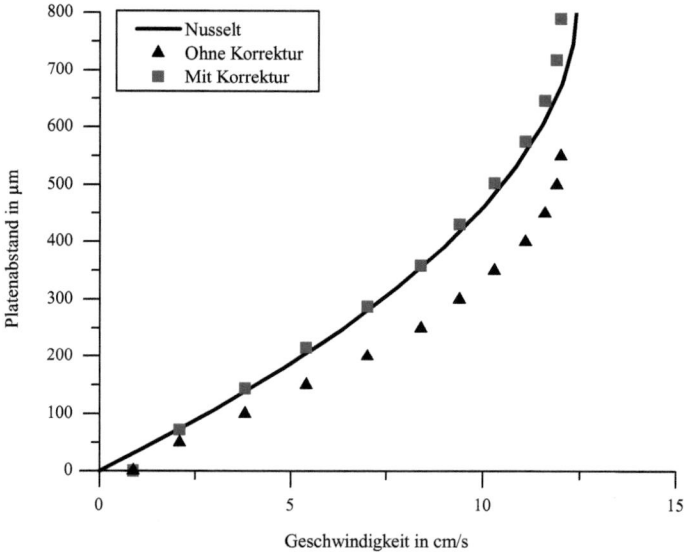

Abb. 3.17.: Vergleich der Geschwindigkeitsprofile mit und ohne Berücksichtigung der Korrektur der Messposition - Objektebene auf benetzter Oberfläche (Glasplatte, Überlaufwehr, $Re = 3,6$, $d_P = 3,23\,\mu m$, $\xi_G = 0,7$).

überschätzt. Allerdings ist das Geschwindigkeitsprofil bereits parabolisch. Auch in diesem Fall ergibt sich nach der Korrektur das richtige Geschwindigkeitsprofil. Die mittlere Filmdicke ergibt sich bei dieser Variante aus der Anzahl der Positionen unter Einbeziehung der Korrektur.

Für die im späteren Verlauf der Arbeit dargestellten Ergebnisse wird auf die erste Prozedur zurückgegriffen, da sich einerseits der Fokus sehr genau auf die unbenetzte Plattenoberfläche einstellen lässt und anderseits die exakte Kenntnis der Filmdicke ebenfalls von Vorteil ist.

Für die konventionelle Messmethode bei der Validierung, also Beobachtung rückwärtig durch eine transparente Wand, sind die beiden Varianten gleich, da es nach der Benetzung der Platte zu keiner Verschiebung der Schärfeebene kommen kann. Nichtsdestotrotz muss auch in diesem Fall die relative Änderung der Schrittweite mit berücksichtigt wer-

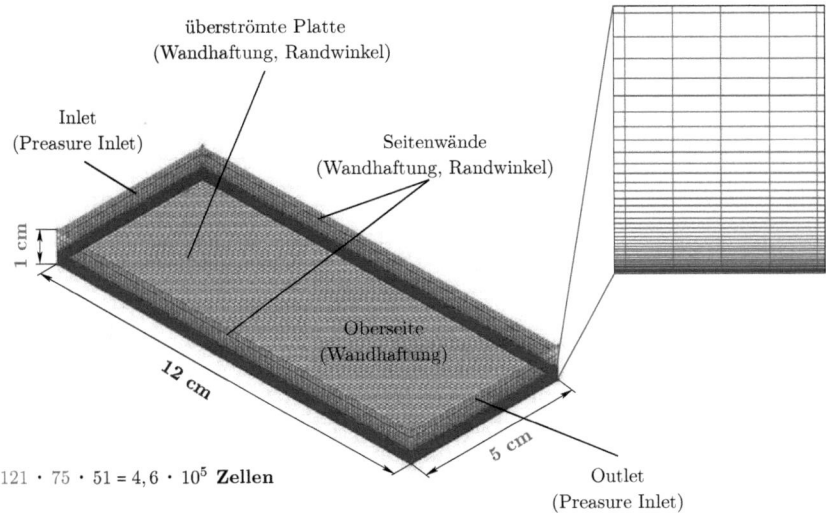

Abb. 3.18.: Geometie, Berechnungsgitter und Randbedingungen des verwendeten CFD Modells.

den.

3.6. Numerische Strömungsanalyse

Wie in der Einleitung beschrieben, ist eines der Ziele dieser Arbeit unter anderem die Bereitstellung geeigneter experimenteller Daten zur Validierung der numerischen Modelle. Im Kapitel 4 in dem die Ergebnisse aus den einzelnen Versuchsreihen präsentiert werden, erfolgt teilweise ein erster Vergleich mit Ergebnissen aus äquivalenten CFD-Simulationen. Für die Simulation und Modellentwicklung wird die kommerzielle Software Fluent 6.3 von ANSYS Inc. verwendet. Passend zu den beschriebenen experimentellen Versuchsaufbauten ist von Xu u. a. (2008, 2009) und Subramanian u. a. (2009) ein Modell einer geneigten glatten Platte mit den entsprechenden Randbedingungen entwickelt worden (siehe Abbildung 3.18). In Anlehnung an die Empfehlung für Mehrphasenströmung von Michele (2001) und Joshi und Ranade (2003) ist dieses Modell laminar, dreidimensional und instationär. Die unterschiedlichen Materialien der verwendeten Platten und Seitenbereiche werden über die Angabe des Randwinkels berücksichtigt. Für die flüssige Phase wird als

Kapitel 3. Versuchsaufbau und Durchführung

Eintrittsbedingung das Geschwindigkeitsprofil nach Nusselt und für den Gasgegenstrom ein Kolbenprofil vorgegeben.

In Anbetracht der höheren Geschwindigkeitsgradienten in der Nähe der überströmten Plattenoberfläche und an der Gas-Flüssig-PGF muss für den Strömungsbereich der Flüssigkeit das Gitter für die Diskretisierung besonders fein aufgelöst werden. Basierend auf dem Euler-Euler Ansatz, bei dem alle Phasen als sich durchdringend angesehen werden, wird für die Berechnung der bewegten PGF die Volume-of-Fluid (VOF) Methode von Hirt und Nichols (1981) mit zusätzlichem Oberflächenrekonstruktionsalgorithmus verwendet. Dieses Modell zeichnet sich dadurch aus, dass für die Gas- und die Flüssigphase dieselben Gleichungen verwendet werden. Beide Phasen sind nicht mischbar und werden in der jeweiligen Gitterzelle mit Hilfe eines Volumenanteils gewichtet. Die Phasengrenze wird dabei meist bei einem Volumenanteil von 0,5 festgelegt.

Die Oberflächenspannung, welche ebenfalls bei der Rekonstruktion der PGF berücksichtigt wird, kann mit Hilfe der von Brackbill u. a. (1992) entwickelten Methode eingebunden werden.

Für die Analysen des Einflusses der Gasgegenströmung auf das Geschwindigkeitsfeld der flüssigen Phase muss ein geeignetes Modell verwendet werden, welches die Reibung zwischen beiden Phasen berechnet. Mit Hilfe von Userroutinen wird das Druckverlustmodell von Woerlee u. a. (2001) in den CFD-Algorithmus implementiert.

Bei den Simulationen kann eine ähnliche Besonderheit wie in den Experimenten (siehe Nicolaiewsky u. a. 1999) beobachtet werden. Für eine bessere Reproduzierbarkeit der Ergebnisse ist der Volumenstrom von einem hohen Wert auf den gewünschten niedrigeren Wert zu senken, da es sonst unter Umständen im Bereich der Benetzungshysterese zu unterschiedlichen Ergebnissen führen kann. Der Gasstrom kann problemlos schrittweise erhöht werden.

3.7. Messung des Randwinkels

Wie in Abschnitt 2.2 erläutert, ist eine gute Benetzungseigenschaft von Flüssigkeiten auf festen Oberflächen unerlässlich, da eine schlechte Benetzung gleichbedeutend mit einer verringerten Gas-Flüssig-PGF und somit Effizienz des Trennapparates einhergeht. Auch im Vorfeld bei der Planung der Versuche und vor allem bei der Bestimmung der Eingangsdaten für die CFD-Modelle ist die Kenntnis des Randwinkels sehr wichtig. Hoffmann u. a. (2004) zeigen, dass bei den CFD-Simulationen schon geringe Änderungen einen erheblichen Einfluss auf das Benetzungsverhalten haben können. Aus diesem Grund wird der in

3.7. Messung des Randwinkels

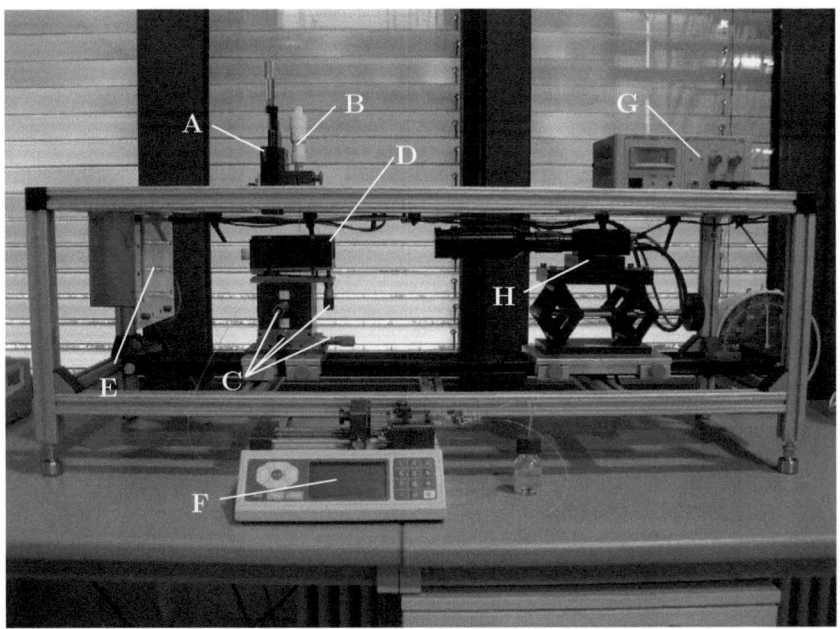

Abb. 3.19.: Versuchsstand zur Bewertung der Benetzbarkeit: A: Spritzenpositioniersystem, B: Mikroliterspritze, C: Plattenpositioniersystem, D: Sichtkanal, E: Leuchtschirm, F: Dosierpumpe, G: Steuerungseinheit, H: höhenverstellbares Kamerasystem.

Abbildung 3.19 aufgebaute Randwinkelversuchstand verwendet, welcher nach dem Prinzip des liegenden Tropfens arbeitet. Die zu untersuchende Flüssigkeit wird auf die Oberfläche mit Hilfe der Mikroliterspritze (B) und dem Positioniersystems (A) aufgegeben. Zur Erhöhung des Kontrastes und zur Vermeidung von Lichtreflexionen aus der Umgebung befinden sich Oberfläche und Tropfen in einem Kanal (D), welcher nur das homogene Licht vom Leuchtschirm (E) durchlässt. Die Helligkeit des Bildhintergrundes kann mit der Steuerungseinheit (G) eingestellt werden. Durch Verwendung einer Kamera und einem Objektiv mit nur geringem Verstärkungsfaktor (H) kann der Tropfen nach optimaler Bildpositionierung (C) aufgenommen und ausgewertet werden. Für die Auswertung der Bilddaten und die Bestimmung der Randwinkel wird auf die frei verfügbare Software ImageJ mit der Erweiterung Drop Shape Analysis zurückgegriffen.

Bei Bedarf kann der Tropfen auch von unten mittels einer Dosierpumpe (F) und einer kleinen in der Platte befindlichen Bohrung aufgegeben werden, so dass Untersuchungen

Kapitel 3. Versuchsaufbau und Durchführung

des dynamischen Randwinkels ermöglicht werden. Die Genauigkeit bzw. Reproduzierbarkeit dieses Messprinzips liegt bei normalen (technisch glatten) Oberflächen nach Kwok und Neumann (1999) bei etwa 2 % und für behandelte (sehr homogene) Oberflächen bei etwa 0,3 %.

3.8. Fehlerbetrachtung

Zum Abschluss des Kapitels soll diskutiert werden, welche Fehlerquellen bei der entwickelten Messmethodik und den experimentellen Untersuchungen auftreten, und inwieweit diese die Genauigkeit bzw. die Gegenüberstellung der experimentellen Ergebnisse beeinträchtigen. Der Fehler kann hierbei unterteilt werden in die systematischen und zufälligen Abweichungen hervorgerufen durch

- die entwickelte Messmethodik,
- dem verwendeten Partikelsystem
- sowie den fluiddynamisch relevanten Messgrößen.

Eine getrennte Betrachtung dieser drei Fehlerbereiche ist an diese Stelle sinnvoll, da diese weitestgehend unabhängig voneinander sind. Die Angabe eines absoluten Gesamtfehlers, der alle drei Bereiche berücksichtigt, ist allerdings sehr schwierig, da sich speziell für den ersten Fehlerbereich eine starke Abhängigkeit von der Messposition, dem Stoffsystem und den Versuchsbedingungen zeigt.

3.8.1. Fehler der entwickelten Messmethodik

Wie im vorherigen Abschnitt beschrieben, können die auftretenden Brechungen an der Gas-Flüssig-PGF für eine glatte Filmströmung berechnet und die wahre Messposition theoretisch exakt bestimmt werden. Treten hingegen Wellen auf der Filmoberfläche auf, ist dies nicht mehr möglich, da die Wellenform und somit die Lichteintrittswinkel unbekannt sind. Bei Messungen durch eine Welle hindurch kann es in Abhängigkeit der Messposition zu einer starken Verschiebung der Schärfeebene in Richtung der überströmten Oberfläche kommen. Wie in Abbildung 3.15 exemplarisch gezeigt, würde dieses bei einem sinusförmigen Wellenverlauf zu einem ähnlichen Verlauf des Schärfebereiches führen, falls die Lichteintrittswinkel nicht in der Nähe des Winkels der Totalreflexion liegen.

3.8. Fehlerbetrachtung

Die Verschiebung der Schärfeebene hat zur Folge, dass im Bereich einer Welle tiefere und somit langsamere Filmebenen beobachtet werden. Je nach örtlichem Geschwindigkeitsgradienten führt dieses zu einer starken Unterschätzung der Geschwindigkeit. Einzig die Oberflächengeschwindigkeiten sind davon unbeeinflusst, da hier die Gas-Flüssig-PGF genau im Schärfebereich liegt und es zu keiner Verschiebung mehr kommen kann.

Von diesem Hintergrund könnte vermutet werden, dass die entwickelte Messmethodik zu sehr hohen Fehlern führt und somit nicht auf den Rieselfilm anwendbar ist. Das die Methode dennoch zu sehr guten Ergebnissen führt lässt sich im Wesentlichen zurückführen auf:

- Anordnung der bildnehmenden Komponenten
- Arbeitsweise der Ensemble Kreuzkorrelation
- Einlauflänge bis zur vollständig ausgebildeten Filmströmung
- Totalreflexionen an der PGF

Wie bereits oben diskutiert wird durch die orthogonale Anordnung des Kamerasystems die auftretende Brechung um eine Dimension reduziert, was sehr vorteilhaft für die nötige Korrektur und den verbleibenden Fehler ist.

Ein weiterer wichtiger Aspekt ist die Arbeitsweise der in dieser Arbeit verwendeten Ensemble Kreuzkorrelation. Das Ergebnis der Kreuzkorrelation ist immer der wahrscheinlichste Geschwindigkeitsvektor, welcher in der Korrelationsebene durch ein Maximum dargestellt ist. Treten nun aufgrund der Verschiebung der Schärfebene Partikel aus tieferen Filmbereichen, also "falsche" Partikel, auf den aufsummierten Bildern auf, bildet sich in der Korrelationsebene eine Nebenmaxima aus. Erst wenn in einem Auswertebereich mehr falsche Partikel vorhanden sind, führt dieses zu einem fehlerhaften Geschwindigkeitsvektor. Bei der normalen Kreuzkorrelation erfolgt die Mittelwertbildung der Vektorfelder, so dass einzelne fehlerhafte Vektoren das Endergebnis beeinflussen. Daher wird auf die Ensemble Kreuzkorrelation zurückgegriffen, da hier die Mittelwertbildung in dem Korrelationsraum stattfindet. Ein Fehler tritt hier erst auf, wenn in einem Auswertebereich über alle Bilddaten mehr falsche Partikel vorhanden sind. Sollte der Abstand zwischen zwei Wellen größer als die Wellenbreite sein, so werden im Mittel mehr richtige Partikel als Falsche detektiert und die Wellen haben keinen bzw. so gut wie keinen Einfluss auf das Ergebnis.

Für **momentane** Strömungsuntersuchungen, wie in Kapitel 6, folgt aus dieser Betrachtung allerdings, dass einzelne momentane Geschwindigkeitsprofile einen großen Fehler

Kapitel 3. Versuchsaufbau und Durchführung

aufweisen können, falls es zur Ausbildung von Wellen kommt. Bei der Versuchsplanung muss im Vorfeld darauf geachtet werden, dass nach Möglichkeit nur Strömungsregime bzw. Strömungsbereiche auf der Platte vermessen werden, bei denen die Wellenhäufigkeit und Ausprägung moderat ist. Hierbei ist der Fehler proportional dem Verhältnis Wellenhöhe zu Wellenbreite.

Ein weiterer vorteilhafter Gesichtspunkt für die Genauigkeit der Messtechnik ist die Position des Messpunktes, welcher sich in einem Bereich zwischen 6-12 cm stromabwärts von der Flüssigkeitsaufgabe befindet. Wie in Abschnitt 2.1 beschrieben, ist die Länge bis zur vollständigen Ausbildung einer Filmströmung weitaus größer. In einem Messbereich kurz hinter der Flüssigkeitsaufgabe können im Allgemeinen nur glatte Filme oder zweidimensionale Wellen beobachtet werden. Es sollte allerdings auch nicht zu nahe an der Flüssigkeitsaufgabe gemessen werden, da ansonsten geringe Strömungsunterschiede bedingt durch die Ausrichtung des Überlaufwehrs zwischen unterschiedlichen Experimenten an Einfluss gewinnen.

In Anbetracht, dass die Lichtinformationen vom optisch dichten in ein optisch dünnes Medium übergehen, kann es wie in Abschnitt 2.4.4 beschrieben unter Umständen zu Totalreflexionen an der Gas-Flüssig-PGF kommen. Beim Auftreten von sehr steilen Wellen, was gleichbedeutend mit einem hohen Lichteintrittswinkel ist, werden demzufolge aufgrund der Reflexionen alle lokalen Partikelinformationen diffus in die Filmströmung zurückreflektiert und nicht von der Kamera erfasst. Das heißt, dass diese Wellen keinen Einfluss auf das mittlere Geschwindigkeitsprofil haben können, da auf den Bildern im Bereich der Welle weder scharfe noch unscharfe Partikel vorhanden sind.

Selbiges gilt auch, wenn die Objekt- bzw. Schärfeebene soweit verschoben wird, dass diese hinter der Plattenoberfläche liegt. In diesem Fall werden nur unscharfe Partikel aufgenommen und bei der Bildbearbeitung gelöscht. Dies tritt vor allem bei Messebenen in der Nähe der Plattenoberfläche auf.

Zusammenfassend kann festgehalten werden, dass der Einfluss der bewegten welligen Oberfläche aufgrund der diskutierten Arbeitsweise der Ensemble Kreuzkorrelation sowie der Messposition wenige Zentimeter stromabwärts der Flüssigkeitsaufgabe nur einen geringen bis keinen Einfluss auf die Genauigkeit bei der Bestimmung der mittleren Geschwindigkeiten hat.

Erst bei sehr hohen Flüssigkeitsbelastungen treten Fehler infolge der Brechung an der Gas-Flüssig-PGF auf, da die Einlauflänge und demzufolge der Punkt bis zur ersten Wel-

3.8. Fehlerbetrachtung

lenausbildung in Richtung der Flüssigkeitsaufgabe verschoben werden. Für den in Abschnitt 3.1.4 in Tabelle 3.1 dargestellten Versuchsplan mit den angestrebten Messungen über einen typischen Belastungsbereich ist demnach nur ein geringer Fehler infolge der welligen PGF zu erwarten. Sollten der Einfluss der welligen Oberfläche überwiegen, so können die erzielten Strömungsfelder nur noch qualitativ verwertet werden, respektive die Strömungsstrukturen und Richtungen.

Neben den systematischen Fehlern, bedingt durch die entwickelte Messmethodik können auch Abbildungsfehler, wie z. B. Bildfeldwölbungen, durch die verwendete Optik auftreten. Im Normalfall können diese wie von in Seeger (2002) gezeigt mit Hilfe eines Gitters herausgerechnet werden. Bei der µPIV ist dieses allerdings sehr kompliziert, da äußerst feine Gitter im Mikrometerbereich benötigt werden. Solche Fehler sind somit kaum vermeidbar, allerdings wird an dieser Stelle davon ausgegangen, dass der Einfluss bei der hier verwendeten Optik im Vergleich zu den anderen Fehlerquellen gering ist. Zudem treten solche Abbildungsfehler nur an den Rändern optischer Linsen und somit den Bilder auf, so dass bei der Bestimmung der Geschwindigkeitsprofile diese Bereiche nicht mit ausgewertet werden.

Zufällige Fehler lassen sich einerseits während der Experimente aber auch bei der Auswertung der Bilddaten lokalisieren. Zur Minimierung des Einflusses fluiddynamischer Schwankungen werden wie in Abschnitt 3.3 diskutiert in jeder Messebene mindestens 300 Doppelbilder aufgenommen, so dass diese Schwankungen aufgrund der oben diskutierten Arbeitsweise der Ensemble Kreuzkorrelation keinen bzw. bei der normalen Kreuzkorrelation nur ein sehr geringen Einfluss haben.

Im Zuge der Auswertung treten zufällige Fehler in erster Linie bei der Längenkalibrierung, Bestimmung der Schärfentiefe sowie bei der Kreuzkorrelation auf.

Die Unsicherheit bei der Messung der Schärfentiefe ist vor allem darauf zurückzuführen, dass Schärfe individuell unterschiedlich bewertet werden kann. Wie in Abschnitt 3.1.3 diskutiert ist die gemessene Schärfentiefe in Luft bei Verwendung des MX-6 Mikroobjektivaufsatzes 72 ± 8 µm und die Ungenauigkeit somit bei etwa 10 %. Diesem Messwert liegen 25 Einzelmessungen zugrunde. Eine direkte Auswirkung auf die Geschwindigkeit hat diese Unsicherheit nicht, da die Schärfentiefe für einen Brechungsindex konstant ist. Im Vergleich zur Schärfentiefe kann der Fehler, welcher durch die Positionierung des Kamerasystems mit Hilfe des Linearverschiebers verursacht wird, vernachlässigt werden, da dieser mit ±1 µm um den Faktor 40 kleiner ist.

Das für die Längenkalibrierung hergestellte Gitter weist aufgrund der Größe eines Quadrates von nur 300 µm · 300 µm bei der Vergrößerung im Rahmen der Kalibrierung herstel-

Kapitel 3. Versuchsaufbau und Durchführung

lungsbedingte Unregelmäßigkeiten auf, welche sich an den punktförmigen Eckbereichen und den Ungleichmäßigkeiten im Linienverlauf ausmachen lassen. Somit ist eine exakte Festlegung der für die Längenkalibrierung benötigten Gittereckpunkte nicht möglich. Im Rahmen der Auswertung wird dieser Fehler minimiert, indem einerseits die maximale Anzahl an Gitterzellen und anderseits eine Auswertungsvorlage, welche bereits die Längenkalibrierung für das verwendete optische System enthält, verwendet wird. Durch die Erstellung einer Auswertungsvorlage kann der Fehler zwar nicht vermieden bzw. verringert werden, allerdings ist er bei allen Auswertungen gleich groß, so dass eine bessere Vergleichbarkeit der Ergebnisse untereinander gewährleistet wird. Die Kantenlänge des in Abbildung 3.5 dargestellten Quadrates beträgt 825 ± 15 Pixel und die Unsicherheit der Längenkalibrierung $\Delta C/C$ demzufolge 1,2 %.

Weitere zufällige Abweichungen werden direkt durch die Auswertung mit der Kreuzkorrelation hervorgerufen. Hierbei wird die Genauigkeit durch den Pulsabstand des Lasers bestimmt. Einerseits sollte dieser möglichst groß sein, so dass die Partikel einen gewissen Weg zurücklegen, anderseits zur Erhöhung der lokalen Auflösung möglichst klein. Bedingt durch die diskrete Aufbauweise eines Fotosensors ist der absolute Fehler konstant und der relative Fehler nimmt mit steigendem Pulsabstand ab. Nach Westerweel (1997) liegt der absolute Fehler bei der in dieser Arbeit verwendeten gängigen Kreuzkorrelationsalgorithmen bei ±0,05−0,1 Pixel, lässt sich aber wie von Nobach u. a. (2005) gezeigt unter Verwendung von Subpixel Interpolationsverfahren auf bis zu ±0,01 Pixel reduzieren. Der mittlere Pixelversatz in den Experimenten liegt bei mindestens 10 Pixel, so dass bei einer Ungenauigkeit von ±0,1 Pixel der Maximalfehler des Pixelversatzes $\Delta l/l$ 1 % beträgt.

Im Hinblick auf die Genauigkeit der Lasersteuerungseinheit kann davon ausgegangen werden, dass die Zeitschrittweite fehlerfrei bestimmt werden kann. Somit setzt sich der Fehler der Geschwindigkeit,

$$w = \frac{L}{\Delta t} = \frac{lC}{\Delta t} \tag{3.5}$$

welcher sich aus der Auswertung der Bilddaten ergibt, zusammen aus dem Fehler der Kreuzkorrelation sowie der Längenkalibrierung. Gemäß der Fehlerfortpflanzung zur Bestimmung des maximal auftretenden Fehlers werden die Beträge der k Einzelfehler addiert,

$$\frac{\Delta y_{max}}{y} = \frac{1}{y}\sum_{i=1}^{k}\left|\frac{\partial y}{\partial x_i}\right|\Delta x_i \tag{3.6}$$

3.8. Fehlerbetrachtung

so dass sich für den relativen Fehler der Geschwindigkeit,

$$\frac{\Delta w_{max}}{w} = \frac{\Delta l}{l} + \frac{\Delta C}{C} \tag{3.7}$$

welcher bei der Auswertung der Bilddaten auftritt, ein Wert von 2,2 % ergibt.

3.8.2. Einfluss der Versuchsparameter und Stoffeigenschaften

Neben den Unsicherheiten, welche direkt durch die entwickelte Messmethodik hervorgerufen werden, treten zusätzlich Fehler auf der Seite des fluiddynamischen Versuchsstandes infolge der Ungenauigkeit der Messgeräte zur Bestimmung der Versuchsparameter und Stoffeigenschaften auf. Für die spätere Gegenüberstellung der einzelnen Experimente untereinander aber auch mit analytischen Lösungen und Ergebnissen aus CFD-Simulationen müssen diese Unsicherheiten mit berücksichtigt werden. Im Wesentlichen handelt es sich hierbei um die Messung

- der Volumenströme (Gas und Flüssigkeit),
- der Temperatur,
- der Wasser-Glycerin Zusammensetzung,
- des Neigungswinkels
- und des Drucks,

welche sich letztlich auf

- die dynamische Viskosität,
- die Dichte,
- die Oberflächenspannung und
- den Brechungsindex

auswirken.
Die Messung der Volumenströme der Gas- und Flüssigphasen sollte möglichst präzise sein, da ansonsten der Fehlerbereich zu groß wird. Während die Genauigkeit bei der Volumenstrombestimmung der Flüssigkeiten durch eine Nachkalibrierung auf größer gleich 99,5 % erhöht werden kann, ist diese bei der Bestimmung der Gasvolumenströme und somit auch

Kapitel 3. Versuchsaufbau und Durchführung

der F-Faktoren mit einem Fehler von ±2 % vom Skalenendwert behaftet. Bei der Verwendung von einem Schwebekörper-Durchflussmesser (bis $F = 1,5 \sqrt{Pa}$) ist die Abweichung der Leerrohrgeschwindigkeit ±0,03 m/s und bei zwei Schwebekörper-Durchflussmessern (ab $F = 1,5 \sqrt{Pa}$) ±0,06 m/s. Der Einfluss von Schwankungen des Umgebungsdruckes sind im Hinblick auf die Genauigkeit der Durchflussmesser vernachlässigbar.

Eine weitere bedeutende Einflussgröße ist die Temperatur. Da die Versuche bei Umgebungsbedingungen und ohne Temperaturregelung durchgeführt werden, können zwischen verschiedenen Experimenten leichte Abweichungen auftreten. Zudem führt der Energieeintrag des Lasers während eines Experimentes mit fortschreitender Versuchsdauer zu einer leichten Erhöhung der Temperatur. Die Schwankungen liegen bei maximal ±2 K. Demzufolge variieren auch die Stoffdaten, insbesondere die Viskosität.

Die Herstellung der einzelnen Glyceringemische und die Bestimmung der Stoffdaten sind hingegen sehr genau, da das Stoffsystem von DOW ausführlich vermessen ist. Zusätzlich erfolgt eine Überprüfung der Konzentrationen mit Hilfe eines temperierten Refraktometers, welches den Brechungsindex mit einer Genauigkeit von ±0,00002 bestimmen kann. Für den Temperaturbereich von 20 – 30 °C und einem maximalen in den Experimenten verwendeten Glycerinanteil von 0,7 kg/kg ergibt sich eine mittlere Ungenauigkeit der dynamischen Viskosität von 2,8 % pro Kelvin und bei einer Schwankung der Temperatur um 2 Kelvin dementsprechend von 5,6 %. Im Vergleich dazu ist der Einfluss auf die Dichte und des Brechungsindex mit einer mittleren Schwankung von 0,08 % und 0,02 % pro zwei Kelvin zu vernachlässigen. Als Folge der Abweichungen der Viskosität nimmt der Volumenstrom bei gleicher Ablesemarke am Schwebekörper-Durchflussmesser zu. Mit Hilfe einer Kräftebilanz um den Schwebekörper lassen sich hierbei zwei Grenzbereiche abschätzen (siehe Abschnitt 3.8.3). Wird der Schwebekörper sehr langsam umströmt (Stokesscher Bereich), so ist die Änderung des Volumenstroms gleich der Änderung der Viskosität (siehe Gleichung 3.19). Bei sehr hohen Umströmungsgeschwindigkeiten (Newtonscher Bereich) hat die Viskosität keinen Einfluss mehr, da der Widerstandsbeiwert konstant ist. Da im Rahmen der Fehlerbetrachtung die maximale Ungenauigkeit bestimmt werden soll, wird davon ausgegangen, dass die Schwankungen des Volumenstroms ebenfalls 5,6 % für 2 Kelvin betragen.

Weitere Einflussgrößen sind der Neigungswinkel und die Breite der überströmten Platten, welche allerdings im Vergleich zur Viskosität nur eine sehr geringe Auswirkung haben. Der Neigungswinkel der Platte kann mit einer Genauigkeit von ±1 Grad gemessen werden. Für die Abweichung bei der Bestimmung der Plattenbreite wird die Auflösung des verwendeten Messschiebers zugrunde gelegt, so dass bei ±0,1 mm die Ungenauigkeit bei

3.8. Fehlerbetrachtung

der Bestimmung der Plattenbreite 0,2 % beträgt.

Alle Fehler haben letztlich einen direkten Einfluss auf die Reynolds-Zahl und somit auch auf das Geschwindigkeitsprofil und die Filmdicke und müssen bei der Gegenüberstellung der Ergebnisse berücksichtigt werden. Nach der Fehlerfortpflanzung und Gleichung 2.3 setzt sich die Ungenauigkeit der Reynolds-Zahl

$$\frac{\Delta Re}{Re} = \frac{\Delta \dot{V}}{\dot{V}} + \frac{\Delta \rho}{\rho} + \frac{\Delta \eta}{\eta} + \frac{\Delta b}{b} \tag{3.8}$$

aus der Summe der Einzelungenauigkeiten zusammen und es ergibt sich ein **Maximalfehler der Reynolds-Zahl** von 11,5 %. Unter Verwendung von Gleichung 2.6 und 2.7 folgt der Maximalfehler der mittleren Geschwindigkeit

$$\frac{\Delta \bar{w}_{max}}{\bar{w}} = \frac{2}{3}\frac{\Delta Re}{Re} + \frac{1}{3}\left(\frac{\Delta \rho}{\rho} + \frac{\Delta \eta}{\eta}\right) + \frac{1}{3}\frac{cos(\alpha)}{sin(\alpha)}\Delta\alpha \tag{3.9}$$

mit 9,6 % und der Maximalfehler der Filmdicke

$$\frac{\Delta \delta_{max}}{\delta} = \frac{1}{3}\frac{\Delta Re}{Re} + \frac{2}{3}\left(\frac{\Delta \rho}{\rho} + \frac{\Delta \eta}{\eta}\right) + \frac{1}{3}\frac{cos(\alpha)}{sin(\alpha)}\Delta\alpha \tag{3.10}$$

mit 7,7 %. Der Neigungswinkel α wurde dabei auf 45° gesetzt, da bei kleineren Neigungswinkeln die Abweichungen zunehmen. Bei 45° ist diese mit 0,09 % allerdings noch sehr gering.

Werden die Ungenauigkeiten der Geschwindigkeit bedingt durch die Versuchsparameter sowie der Auswertung der Bilddaten aufsummiert, so folgt, dass der **Maximalfehler der Geschwindigkeit** für einen **glatten Film** bei 11,8 % liegt.

Zusätzlich muss bei allen Messungen berücksichtigt werden, dass die Randgeometrien einen großen Einfluss auf die Strömung haben können (siehe Scholle (2004)). Je nach Stoffsystem kann eine Randgängigkeit unterschiedlich stark ausgeprägt sein. Vor allem bei geringen Plattenbreiten kann die Randgängigkeit dazu führen, dass die lokale Flüssigkeitsbelastung in der Plattenmitte etwas geringer ist. Solche zufälligen Unregelmäßigkeiten lassen sich im Rahmen der Fehleranalyse nicht quantitativ erfassen.

Kapitel 3. Versuchsaufbau und Durchführung

3.8.3. Einfluss des Partikelsystems

Die Wahl der Partikel, primär des Partikeldurchmessers, erfolgt nach unterschiedlichen Gesichtspunkten. Zum einen sollen die Partikel der Bewegung der Strömung möglichst gut folgen. Das heißt, dass diese möglichst klein sein müssen, um Fehler aufgrund der Trägheit oder Sedimentation zu vermeiden (siehe unten). Zum anderen müssen die Partikel ausreichend Licht bei der Anregung emittieren also möglichst groß sein.
Bezüglich der verwendeten Optik und Kameraauflösung sollen wie in Abschnitt 2.3.2 dargestellt die Partikel für die Auswertung der Bilddaten nur wenige Pixel groß sein. Für die im Kapitel 6 beschriebene weiterentwickelte Bildbearbeitungsmethode hingegen sollte der Partikel möglichst gut aufgelöst werden. Es muss also für den jeweiligen Anwendungsfall der optimale Partikeldurchmesser gewählt werden.
Bei der PIV werden meist Partikel mit einem Durchmesser von 10-100 µm und bei der µPIV je nach optischer Auflösung teilweise von nur wenigen Nanometern verwendet. Im letzteren Fall treten auch Fehler auf, welche durch die Brownsche Molekularbewegung verursacht werden.
Für die hier entwickelte Messtechnik eigenen sich je nach Mikroobjektivaufsatz Partikel zwischen 1-50 µm. An dieser Stelle soll diskutiert werden, inwieweit die Partikel einen Einfluss auf den Fehler des gemessenen Geschwindigkeitsfeldes haben. Bei einer Änderung der Geschwindigkeit (also Beschleunigung) folgt ein Partikel nur bedingt den Fluidpfadlinien und beschreibt seine eigene Partikelbahn. Auch falls keine Geschwindigkeitsgradienten in der Flüssigkeit auftreten, wirkt auf die Partikel die Erdbeschleunigungskraft, welche zu einem Sedimentieren der Partikel führen kann. Um zu beurteilen, wie stark sich die Partikel in Richtung der angreifenden Beschleunigungskraft bewegen, ist die stationäre Sinkgeschwindigkeit eines Partikels abzuschätzen. Nach Brauer und Mewes (1972) muss hierfür das Kräftegleichgewicht aufgestellt werden, indem die Reibungskraft gleich der Gewichtskraft minus der Auftriebskraft sein muss.

$$F_R = F_G - F_A = (\rho_p V_p \mathbf{g}) - (\rho_f V_p \mathbf{g}) = \frac{1}{6}\pi \mathbf{g} d_p^3 (\rho_p - \rho_f) \tag{3.11}$$

Die Reibungskraft ist nach dem Newtonschen Reibungsgesetz für runde Partikel definiert als

$$F_R = \frac{1}{8} \rho_f c_W \pi d_p^2 w_p^2, \tag{3.12}$$

3.8. Fehlerbetrachtung

so dass sich für die Partikelgeschwindigkeit folgender Zusammenhang ergibt:

$$\mathbf{w_p} = \sqrt{\frac{4}{3}\frac{|\rho_p - \rho_f|}{\rho_f}\mathbf{g}\,d_p\frac{1}{c_W}} \tag{3.13}$$

Der Widerstandsbeiwert c_W berechnet sich je nach Strömungsbereich unterschiedlich. Nach Brauer und Mewes (1972) gilt für den Reynoldsbereich kleiner 10^5

$$c_W = \frac{24}{Re_p} + \frac{4}{Re_p^{1/2}} + 0,4 \tag{3.14}$$

welcher im rein Newtonschen Bereich (10^3 bis $3 \cdot 10^5$) einen konstanten Wert aufweist

$$c_W = 0,44 \tag{3.15}$$

Hierbei ist Re_p die Partikel-Reyolds-Zahl, welche mit dem Partikeldurchmesser als charakteristische Länge definiert ist durch:

$$Re_p = \frac{w_p\,d_p}{\nu_f} \tag{3.16}$$

Bei kleinen Partikeln im Bereich der schleichenden Strömung, was in Anbetracht der geringen Geschwindigkeitsgradienten hier der Fall ist, ist die Trägheit vernachlässigbar, so dass der Newtonsche Ansatz in das Stokessche Reibungsgesetz übergeht

$$c_W = \frac{24}{Re_p} \tag{3.17}$$

und eine quadratische Abhängigkeit der Partikelgeschwindigkeit vom Partikelradius existiert,

$$F_R = 3\,\pi\,d_p\,\eta_f\,w_p \tag{3.18}$$

so dass gilt:

$$\mathbf{w_p} = \frac{1}{18}\frac{(\rho_p - \rho_f)}{\eta_f}\mathbf{g}\,d_p^2 \tag{3.19}$$

Dieser Ansatz besitzt nach Kraume (2003) eine exakte Übereinstimmung mit den experimentell beobachtetet Verhalten, wenn Re_p kleiner als 0,25 ist.

Kapitel 3. Versuchsaufbau und Durchführung

Nach Raffel u. a. (2007) kann anstelle der Erdbeschleunigung **g** auch allgemein die Beschleunigung **a**, die auf die Partikel wirkt, eingesetzt werden, so dass der Geschwindigkeitsunterschied bestimmt werden kann.

Die Analysen zeigen, dass während der Zeitschrittweite eines Doppelbildes (30-600 µs) der Sedimentationsweg und somit der Einfluss auf die Out-of-Plane Verschiebung sehr gering ist, so dass aus dieser Betrachtung theoretisch auch größere Partikel infrage kommen. Primär muss allerdings darauf geachtet werden, dass der Sedimentationsweg entlang der überströmten Platte im Vergleich zur Filmdicke zu vernachlässigen ist. Je nach Flüssigkeitsbelastung und Stoffsystem können anderenfalls die Filmdicken am Messpunkt unterschätzt werden oder es kann speziell bei den Mikrostrukturen zu einer Anhäufung und/oder Ablagerung im Bereich der Strukturvertiefungen kommen. Aus diesem Grund werden nur Partikel mit einem Durchmesser kleiner oder gleich 10 µm verwendet, so dass das Partikelsystem keinen Einfluss auf die Ungenauigkeit der Messtechnik hat.

KAPITEL 4

Auswertung und Gegenüberstellung der Ergebnisse

Nachdem im vorherigen Kapitel die Versuchsaufbauten sowie die Mess- und Auswertemethodik detailliert beschrieben wurden, kann die Messtechnik auf die unterschiedlichen Strömungsformen angewandt werden. Im Folgenden werden die daraus resultierenden Untersuchungsergebnisse vorgestellt und diskutiert.

Zu Beginn werden gemäß des Versuchsplans zur Validierung der Messmethodik verschiedene mittlere Geschwindigkeitsprofile nach der neuen und konventionellen Messmethode präsentiert und auftretende Unterschiede zwischen den beiden Messungen analysiert, um eindeutig die Fragestellung nach der Anwendbarkeit der entwickelten Messmethodik zu beantworten.

Im Anschluss werden einige Untersuchungen einphasig überströmter nicht transparenter Oberflächen gezeigt. Neben dem Einfluss des Plattenneigungswinkels wird insbesondere auch auf die unterschiedlichen Flüssigkeitsaufgabevarianten eingegangen und im Hinblick auf die Untersuchung der heterogenen Filmströmung bewertet.

Darauf folgend werden erstmals Geschwindigkeitsfelder um und über mikrostrukturierten Oberflächen wie sie auf gängigen Packungstypen zu finden sind vorgestellt. Mit Hilfe der Geschwindigkeitsfelder, der Isoliniendiagramme sowie der lokalen und mittleren Geschwindigkeitsprofile soll der Einfluss der Strukturen auf die Fluiddynamik nachvollzogen und ihre möglichen Auswirkungen auf den Stofftransport erörtert werden. Zusätzlich wird diskutiert, ob sich die meist bessere Benetzbarkeit strukturierter Oberflächen aus dem beobachteten Strömungsverhalten ableiten lässt.

Abschließend werden die Wechselwirkungen an einer Flüssig-Flüssig-Phasengrenzfläche

Kapitel 4. Auswertung und Gegenüberstellung der Ergebnisse

für verschiedene heterogene flüssige Stoffsysteme in Form von Isoliniendiagrammen vorgestellt und analysiert.

4.1. Validierung der entwickelten Messtechnik

In den Abbildungen 4.1 und 4.2 sind die Ergebnisse gemäß der in Tabelle 3.1 beschriebenen Versuche zur Validierung der entwickelten Messmethodik dargestellt. Auf der Abszisse ist die Geschwindigkeit in cm/s und auf der Ordinate der Plattenabstand in μm von der überströmten Oberfläche mit ihren jeweiligen Fehlern dargestellt. Die Fehler der Geschwindigkeiten entsprechen der Standardabweichung und werden aus allen auftretenden Geschwindigkeitsvektoren in dem jeweiligen Vektorfeld berechnet. Dieser beinhaltet somit nicht den Fehler infolge der Lichtbrechung an der PGF oder der anderer in Abschnitt 3.8 diskutierten Effekte. Zur Minimierung des Einflusses der sphärischen Aberration werden die Randbereiche der Strömungsbilder bei der Auswertung mit der Kreuzkorrelation nicht mitberücksichtigt.

Für den Fehler in Richtung der überströmten Oberfläche wird angenommen, dass dieser maximal so groß sein kann wie die Schärfentiefe in dem beobachteten Medium (siehe Abschnitt 3.4). Dieser Fehler ist allerdings meist geringer, da in den jeweiligen Experimenten das Scharfstellen der überströmten Platte nach Möglichkeit so erfolgt, dass die Position mittig zwischen dem Nah- und Fernpunkt der verwendeten Optik liegt.

Die Versuche nach der neu entwickelten Messmethodik, also durch die bewegte Oberfläche, sind in den Diagrammen in Form von Kreisen und die des konventionellen Vergleichsfalls, also rückwärtig durch eine transparente Wand, in Form von Dreiecken abgebildet. Als zusätzlicher Vergleich ist für jede untersuchte Reynolds-Zahl das Geschwindigkeitsprofil nach Nusselt mit aufgetragen.

Unabhängig von der Messmethode ist zu erkennen, dass alle gemessenen Geschwindigkeitsprofile eine parabolische Form aufweisen mit der höchsten Geschwindigkeit an der Filmoberfläche. Im plattennahen Bereich stimmen die gemessenen Geschwindigkeiten sehr gut mit dem jeweiligen Nusselt-Profil überein, nur im oberflächenahen Bereich treten teilweise kleine Abweichungen auf. Auch ist die Filmdicke nach Nusselt meist etwas geringer. Die Ursache hierfür liegt zum einen an den getroffenen Annahmen, welche bei der Herleitung des Nusselt-Profils eingehen und zum anderen auf den in Abschnitt 3.8.1 diskutierten Fehlerbereich der Reynolds-Zahl.

Weiterhin ist in den Abbildungen gut zu erkennen, dass die Geschwindigkeiten mit steigender Reynolds-Zahl wie erwartet ebenfalls zunehmen. Im Fall konstanter Stoffdaten

4.1. Validierung der entwickelten Messtechnik

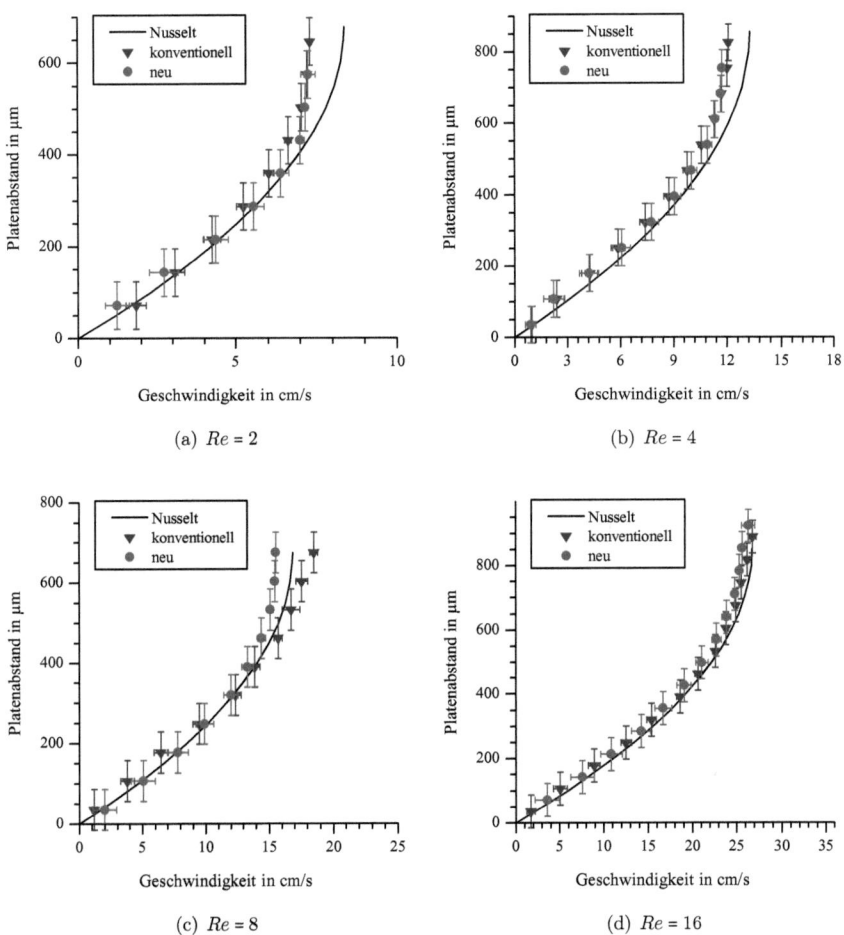

Abb. 4.1.: Vergleich der mittleren Geschwindigkeitsprofile einer Wasser-Glycerin Filmströmung auf einer geneigten Glasplatte. Aufnahme nach der neuen Messmethode durch die bewegte Phasengrenzfläche sowie nach der konventionellen Methode von hinten; Überlaufwehr; $Re = 2 - 16$, $\alpha = 45°$, $d_P = 3,23$ µm, siehe auch Tabelle 3.1.

und einer Erhöhung der Reynolds-Zahl, wie z. B. in Abbildung 4.1(a) und 4.1(b), erhöht sich ebenfalls die Dicke des Films. Bei einem Wechsel des Stoffsystems (Reduzierung der Viskosität) und einer Erhöhung der Reynolds-Zahl nehmen die Filmdicken meist ab und

Kapitel 4. Auswertung und Gegenüberstellung der Ergebnisse

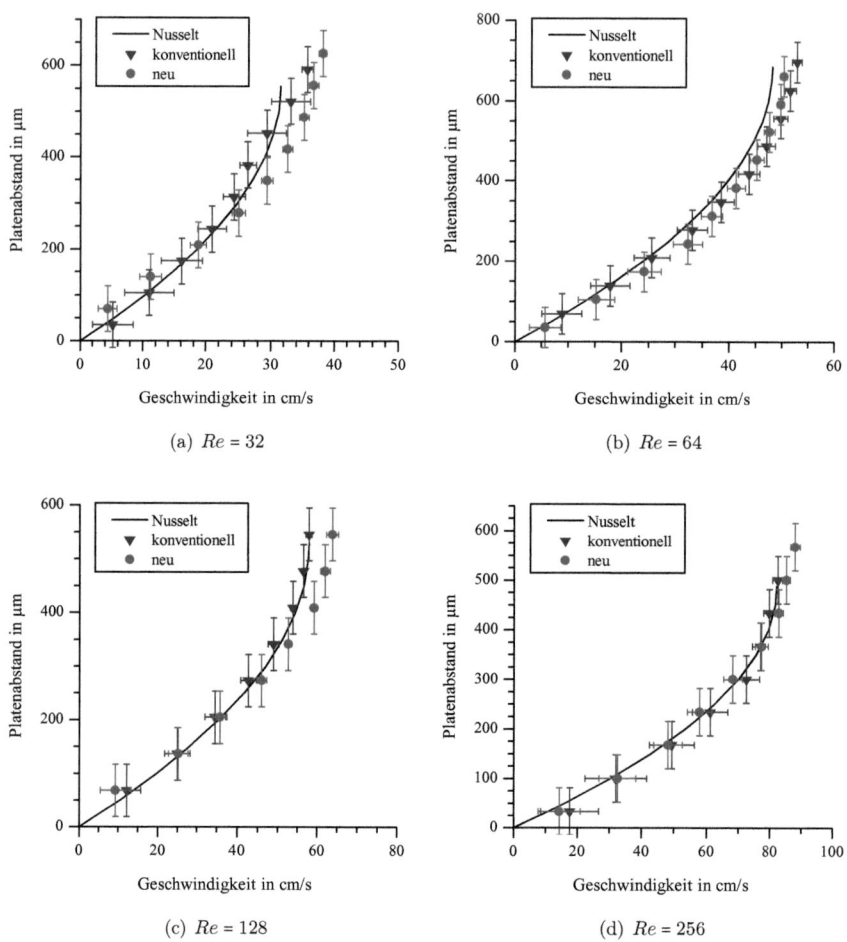

Abb. 4.2.: Vergleich der mittleren Geschwindigkeitsprofile einer Wasser-Glycerin Filmströmung auf einer geneigten Glasplatte. Aufnahme nach der neuen Messmethode durch die bewegte Phasengrenzfläche sowie nach der konventionellen Methode von hinten; Überlaufwehr; $Re = 32 - 256$, $\alpha = 45°$, $d_P = 3,23\,\mu m$, siehe auch Tabelle 3.1.

die Geschwindigkeiten gemäß der Massenerhaltung stärker zu.

Die Analysen der Standardabweichungen der Geschwindigkeiten für die neue und konventionelle Messmethode zeigen, dass diese in der Nähe der überströmten Oberfläche weitaus

4.1. Validierung der entwickelten Messtechnik

größer als in der Nähe der Filmoberfläche sind. Die Ursache hierfür lässt sich im Wesentlichen auf die höheren Geschwindigkeitsgradienten in der Nähe der überströmten Oberfläche zurückführen. Je nachdem ob der Großteil der Partikel des betrachteten Auswertefensters vor oder hinter der Objektebene liegen werden durch den Kreuzkorrelationsalgorithmus schnelle oder langsame Geschwindigkeitsvektoren bestimmt.

Zum anderen muss berücksichtigt werden, dass es aufgrund der flexiblen Plattenhalterung nicht ohne größeren messtechnischen Aufwand möglich ist den Plattenneigungswinkel so einzustellen, dass die Objektebene exakt parallel zur überströmten Platte ist. Aufgrund der Ungenauigkeit des digitalen Winkelmessgerätes (siehe Abschnitt 3.8) können geringe Winkelunterschiede zwischen der Kamera- und Plattenaufhängung vorhanden sein, so dass die Schärfeebene nicht exakt parallel zur überströmten Platte ist. Es können somit leichte Abweichungen auftreten, die im Bereich von einem Grad liegen. Dies macht sich auf den Vektorfeldern einer Messposition in der Filmströmung dadurch bemerkbar, dass die Geschwindigkeiten vor allem bei höheren Geschwindigkeitsgradienten im oberen Messbereich größer (bzw. kleiner) als im unteren Messbereich sind und stetig ineinander übergehen. Dieser Fehler kann bei den einzelnen Experimenten unterschiedlich ausfallen, da aufgrund der nötigen Versuchsumbauten zwischen den Experimenten der Neigungswinkel jedes Mal neu eingestellt werden muss.

Der Vergleich der Geschwindigkeitsprofile nach der neuen und konventionellen Messmethodik untereinander zeigt eine sehr gute Übereinstimmung für den kompletten Belastungsbereich. Es treten nur sehr kleine Abweichungen zwischen den beiden gemessenen Geschwindigkeitsprofilen vor allem in der Nähe der Gas-Flüssig-PGF auf. Die Abweichungen stehen allerdings in keinem Zusammenhang mit der Flüssigkeitsbelastung und den damit verbundenen Strömungsregimen, da diese wie in den Abbildungen 4.1 und 4.2 zu sehen ist nicht mit steigender Reynolds-Zahl zunehmen. Vielmehr lassen sich die Abweichungen auf die versuchsbedingten Schwankungen zurückführen. Bei einer Wiederholung der Versuche ohne einen zwischenzeitlichen Umbau des Versuchsstandes und einem Wechsel des Flüssigkeits- und Partikelsystems lassen sich die Ergebnisse nahezu ohne Abweichungen reproduzieren. Nach einem Umbau hingegen können, wie in Abbildung 4.3(a) und 4.3(b) zu sehen ist, Abweichungen sowohl bei der konventionellen als auch bei der neu entwickelten Messmethodik beobachtet werden. Insbesondere die Neuausrichtung der überströmten Platte und der Flüssigkeitsaufgabe können eine leicht variierende lokale Flüssigkeitsbelastung zur Folge haben.

Abschließend kann zusammengefasst werden, dass die entwickelte μPIV-Messmethodik zur Bestimmung der mittleren Geschwindigkeitsfelder für den

Kapitel 4. Auswertung und Gegenüberstellung der Ergebnisse

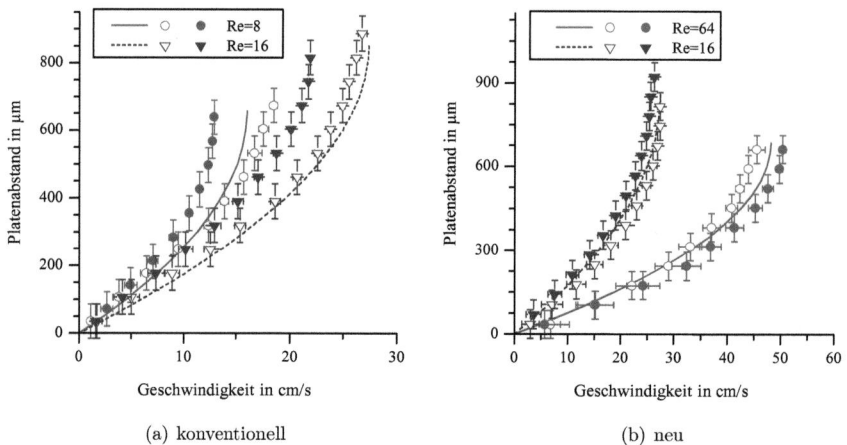

(a) konventionell (b) neu

Abb. 4.3.: Einfluss der Neuausrichtung der Platte und Flüssigkeitsaufgabe auf das mittlere Geschwindigkeitsprofil.; Überlaufwehr; $\alpha = 45°$, $d_P = 3,23\ \mu m$, siehe auch Tabelle 3.1.

vorgestellten experimentellen Versuchsaufbau für den laminaren sowie den quasi laminaren Strömungsbereich validiert werden konnte. Der Einfluss der Gas-Flüssig-Phasengrenzfläche fällt aufgrund der messpositionsbedingten geringen Wellenausbildung nicht ins Gewicht.

4.2. Untersuchung einphasiger Filmströmungen

Nach dem die Anwendbarkeit der entwickelten µPIV-Messmethodik demonstriert werden konnte, können die verschiedenen Strömungsformen auf nicht transparenten überströmten Oberflächen untersucht werden. Für den Fall der homogenen Filmströmung kann neben unterschiedlich überströmten Platten vor allem untersucht werden, ob bei einer Variation des Plattenneigungswinkels, der Unterschied in Filmdicke und Geschwindigkeit ebenfalls von der Messtechnik gut erfasst werden können. Zusätzlich muss geprüft werden, ob die für die heterogene Filmströmung vorgesehene Flüssigkeitsaufgabe für die Analyse der Wechselwirkungen an der Flüssig-Flüssig-PGF geeignet ist.

4.2. Untersuchung einphasiger Filmströmungen

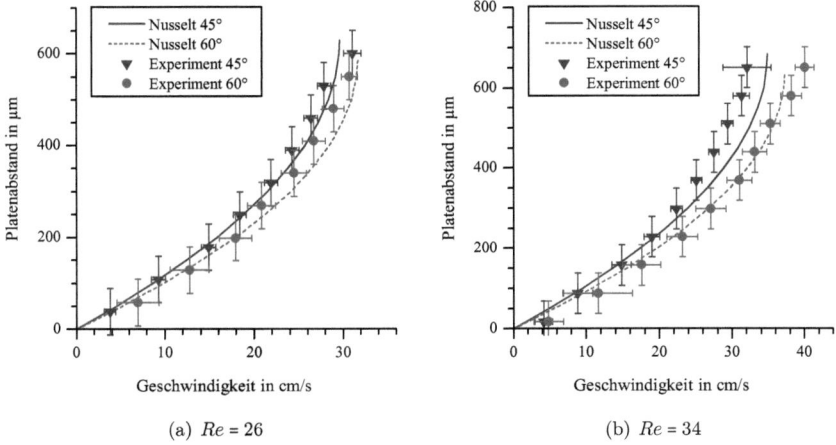

Abb. 4.4.: Einfluss des Neigungswinkels auf das mittlere Geschwindigkeitsprofil einer Wasser-Glycerin Strömung auf einer Edelstahlplatte; Überlaufwehr; $d_P = 3,23$ μm, $\xi_G = 0,5$.

Einfluss des Plattenneigungswinkels

Wie oben beschrieben, erfolgen die Untersuchungen der einzelnen Flüssigkeitsströmungen auf unterschiedlich geneigten Platten mit einem Winkel zwischen 45° und 60° zur Horizontalen. Die Änderung der mittleren Geschwindigkeit und der mittleren Filmdicke liegt bei einer Erhöhung des Plattenneigungswinkels von 45° auf 60° bei etwa 7 %. Wie aus den Gleichungen 2.5 und 2.6 für die Berechnung des Nusselt-Profiles ersichtlich ist, nimmt die mittlere Geschwindigkeit um diesen Wert zu und die Filmdicke um diesen Wert ab. Dass diese geringen Änderungen auch mit der entwickelten μPIV-Messmethodik sehr gut experimentell nachgewiesen werden können zeigt Abbildung 4.4. In Abbildung 4.4(a) sind die mittleren Geschwindigkeitsprofile einer Wasser-Glycerin Strömung auf einer überströmten glatten Stahlplatte für zwei unterschiedliche Neigungswinkel bei einer Reynolds-Zahl von 26 und in Abbildung 4.4(b) von 34 aufgetragen. Hierbei werden jeweils der minimale und maximale Plattenneigungswinkel, also 45° und 60°, gegenübergestellt. Es ist gut zu erkennen, wie bei den experimentell ermittelten Geschwindigkeitsprofilen die gleichen Unterschiede bezüglich der Filmdicken und der Geschwindigkeiten wie bei den Nusselt-Profilen auftreten. In Abbildung 4.4(b) weisen allerdings die beiden gemessenen Geschwindigkeitsprofile augenscheinlich die gleiche Filmdicke auf. Hier muss aber

Kapitel 4. Auswertung und Gegenüberstellung der Ergebnisse

zusätzlich berücksichtigt werden, dass aufgrund der Ausdehnung der Schärfentiefe noch scharfe Partikel detektiert werden können, obwohl sich die Objektebene bereits über der Filmoberfläche befindet. Auf den aufsummierten Bildern macht sich dieser Effekt durch eine im Vergleich zu den Messebenen in der Filmmitte geringeren Gesamtpartikeldichte bemerkbar. In dem diskutierten Fall liegt die Partikeldichte verglichen mit einer mittleren Messposition bei etwa 50 %. Folglich ist die Filmdicke bei einem Neigungswinkel von 60° geringer als bei 45°, da beim letzteren eine hohe Partikeldichte in der letzten Messebene beobachtet werden kann.

Einziger Ausreißer in den Messungen scheint die Oberflächengeschwindigkeit in Abbildung 4.4(a) für die um 45° geneigte Stahlplatte. Diese ist auch unter Berücksichtigung der Standardabweichung etwas zu hoch und im Vergleich zur vorherigen Messposition steigt der Geschwindigkeitsgradient an. Ursache hierfür sind wahrscheinlich oberflächennahe Fluktuationen oder leichte Änderungen im Strömungsbild.

Auf eine Packungskolonne bezogen bedeutet dieses Ergebniss, dass bei einer Zunahme des Neigungswinkels die Verweilzeit der Flüssigkeit in der Kolonne sowie der Flüssigkeitsinhalt abnehmen. Die Abnahme des Flüssigkeitsinhaltes bewirkt einen geringeren Druckverlust über die Packungskolonne und kann sich unter Umständen aufgrund der geringeren Filmdicken positiv auf den Stoffübergang auswirken. Die Verringerung der Verweilzeit wird eher einen negativen Beitrag auf den Stofftransport haben. Allerdings ist dieses Verhalten stark abhängig davon, ob der Hauptwiderstand bezüglich des Stoffdurchgangs in der Flüssig- oder Gasphase liegt. Da gängige Packungen für einen großen Anwendungsbereich ausgelegt sind, werden demzufolge für unterschiedliche Stoffsysteme die gleichen Neigungswinkel verwendet. Zukünftig sollte darüber nachgedacht werden, ob je nach Stoffsystem größere oder kleinere Neigungswinkel von Vorteil sein können. Denkbar wäre z. B. für niedrigviskose Medien ein geringer Neigungswinkel, falls der Hauptwiderstand beim Stofftransport auf der Flüssigkeitsseite liegt.

Je nach Stoffsystem bzw. Dichte und Viskosität könnte es bezüglich einer gegebenen Packungsstruktur einen optimalen Neigungswinkel geben. Dieser Einfluss sollte funktionell über den üblichen Winkelbereich gängiger Packungstypen hinaus untersucht werden.

Einfluss der Aufgaberohrs

Wie in Abschnitt 3.1 beschrieben steht für die Flüssigkeitsaufgabe ein spezielles Aufgaberohr und ein Überlaufwehr zur Verfügung. Die Anstaugeschwindigkeit hinter dem

4.2. Untersuchung einphasiger Filmströmungen

Überlaufwehr ist im Allgemeinen viel geringer als die mittlere Fliessgeschwindigkeit, so dass die Triebkraft der Filmströmung an der Aufgabestelle nur die Schwerkraft ist. Je nach Stoffeigenschaften der Flüssigkeit und überströmten Oberfläche bildet sich ein vollständig geschlossener Film auf der Platte aus oder der Film reißt kurz nach der Aufgabestelle auf und es bildet sich eine Rinnsalströmung aus. Dieses Verhalten ist wie in Abschnitt 2.2 dargelegt vor allem abhängig vom Randwinkel der Flüssigkeit auf dem Plattenmaterial. Für die Untersuchung einphasiger Filmströmungen mit und ohne Gasgegenströmung wird aufgrund der homogenen freien Flüssigkeitsaufgabe dem Überlaufwehr Vorzug gegeben. Zusätzlich lassen sich homogene Randbedingungen leichter in CFD-Modelle implementieren. Nachteil des Überlaufwehrs ist, dass eine kontrollierte zweiphasige Flüssigkeitsaufgabe nicht möglich ist.

Für die Aufgabe einer zweiphasigen Flüssigkeitsströmung auf einer geneigten Platte werden wie z. B. von Ausner (2006) und Siegert (1999) zwei übereinander liegende Aufgaberohre verwendet. Die Aufgaberohre werden dabei quer zur überströmten Platte angeordnet und die Flüssigkeit wird über n homogen verteilten Auslassbohrungen auf die Platte aufgegeben. Um eine gleichmäßige Flüssigkeitsverteilung zu gewährleisten, muss die Fläche A_i der Austrittsöffnungen sehr klein gewählt werden. Zwar lassen sich mit dieser Aufgabeart zweiphasige Filmströmungen ohne größeren Aufwand erzeugen und die Strömungsstrukturen analysieren, allerdings ergeben sich auch einige Nachteile. Neben der erschwerten Modellierung muss vor allem berücksichtigt werden, dass die gesamte Austrittsfläche A am Aufgaberohr wesentlich kleiner als die benötigte freie Querschnittsfläche der Filmströmung ist.

$$\sum_{i=0}^{n} A_i \ll b\,\delta \tag{4.1}$$

Demzufolge ist die Filmströmung an der Aufgabenstelle nicht nur schwerkraftgetrieben, sondern durch die Strahlaufgabe vielmehr druckgetrieben. Ausner (2006) untersucht dieses Verhalten mit Hilfe der PTV und zeigt, dass die Oberflächengeschwindigkeit im Fall des Aufgaberohrs viel größer als bei Verwendung eines Überlaufwehres ist. Daraus lässt sich auch das von Ausner (2006) beobachtete bessere Benetzungsverhalten des Überlaufwehres erklären, da die höheren Geschwindigkeiten bei der Verwendung eines Aufgaberohres die dynamische Randwinkelhysterese beeinflusst.

Dieses Verhalten kann mit Hilfe der entwickelten µPIV-Messmethodik bestätigt und detaillierter untersucht werden. In Abbildung 4.5(a) sind für eine Filmströmung von Wasser auf einer Edelstahlplatte die experimentellen Geschwindigkeitsprofile für unterschiedliche

Kapitel 4. Auswertung und Gegenüberstellung der Ergebnisse

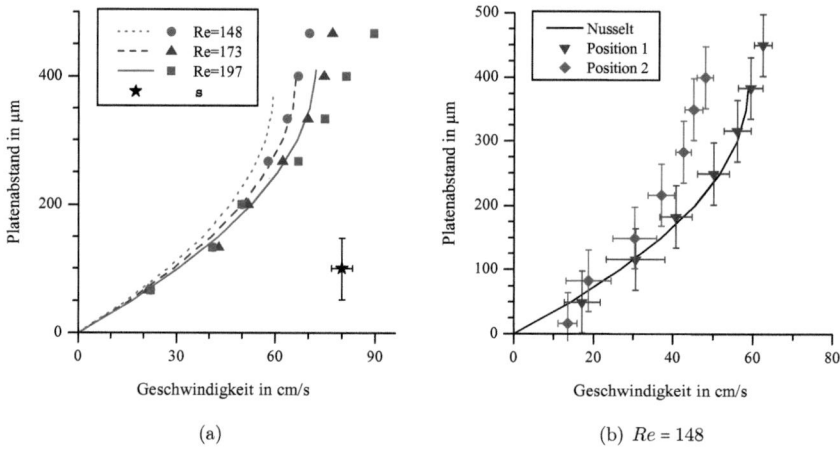

(a) (b) $Re = 148$

Abb. 4.5.: Einfluss der Rohraufgabe auf das mittlere Geschwindigkeitsprofil (a) Vergleich Nusselt-Profil und Experiment für unterschiedliche Reynolds-Zahlen (b) Vergleich zwei mittlerer Geschwindigkeitsprofile an unterschiedlichen Messpositionen; a Stahlplatte; b Polyvinylchlorid; $\alpha = 60°$, $d_P = 10,2$ μm, $\xi_G = 0,0$; ■, ▲, ●▼, ♦, Experimente; —, - - -, ······ —, Nusselt-Profile; ★ mittlere Standardabweichung.

Reynolds-Zahlen dargestellt. Das Wasser wird mit Hilfe eines Aufgaberohres auf die Platte aufgegeben. Um eine gute Vergleichbarkeit zu gewährleisten, werden alle Profile hintereinander an derselben Messposition auf der Platte aufgenommen. Als zusätzlicher Vergleich ist das Geschwindigkeitsprofil nach Nusselt ebenfalls mit eingezeichnet. Für eine bessere Übersichtlichkeit ist die mittlere Standardabweichung aller Messpunkte aufgetragen, wobei wie oben gezeigt gilt, dass die Standardabweichung der Geschwindigkeit in der Nähe der überströmten Platte am größten sind und zur Filmoberfläche hin abnehmen.

Es ist eindeutig zu erkennen, dass alle experimentell bestimmten Geschwindigkeitsprofile eine im Vergleich zu Nusselt höhere Filmdicke, vor allem aber eine sehr viel größere Oberflächengeschwindigkeit aufweisen, welche gut mit den Beobachtungen von Ausner (2006) übereinstimmen. Selbstverständlich muss berücksichtigt werden, dass aufgrund der Ausdehnung der Schärfentiefe eine exakte Bestimmung der Filmdicke nicht möglich ist. Aus diesem Grund weisen die drei Geschwindigkeitsprofile die gleiche Filmdicke auf. Allerdings kann mit Hilfe der Partikeldichte auf den Bilddaten darauf zurück geschlossen werden, welches experimentelle Geschwindigkeitsprofil eine im Vergleich höhere bzw. geringere Filmdicke aufweist. So ist die Partikeldichte für $Re = 148$ und $Re = 173$ in der oberen Messebene kleiner als für $Re = 197$, wohingegen alle anderen Messpunkte etwa die gleiche

4.2. Untersuchung einphasiger Filmströmungen

Partikeldichte aufweisen. Unter Berücksichtigung der Massenbilanz müssen demzufolge auf der überströmten Platte Bereiche mit einer im Vergleich zum Nusselt-Profil geringen Filmdicke und/oder geringeren mittleren Geschwindigkeit vorhanden sein.

Im Hinblick auf die Untersuchung zweiphasiger Filmströmungen ist diese Charakteristik vorerst nicht problematisch, allerdings lassen sich in den Ergebnisse von Ausner (2006) und in den eigenen Messungen große Schwankungen bezüglich der Oberflächengeschwindigkeiten erkennen. Werden z. B. die in Abbildung 4.5(b) dargestellten mittleren Geschwindigkeitsprofile einer Wasserströmung auf einer Platte aus Polyvinylchlorid mit derselben Reynolds-Zahl aber an unterschiedlichen Messpositionen analysiert, so zeigen sich große Abweichung bezüglich Filmdicke und Geschwindigkeit. Während an der ersten Messposition der Verlauf des Geschwindigkeitsprofils sehr gut mit dem Nusselt-Profil übereinstimmt, sind die Geschwindigkeit und die Filmdicke bei der zweiten Messposition erheblich reduziert. Diese Abweichungen lassen sich nicht mit Hilfe der in Abschnitt 3.8.2 beschriebenen versuchsbedingten Schwankungen erklären, da beide Geschwindigkeitsprofile im selben Experiment aufgenommen sind. Einzig der Beobachtungsbereich ist um etwa 3-4 mm verschoben. Wie oben diskutiert, müssen solche Abweichungen auftreten, da anderenfalls die Massenbilanz nicht erfüllt wäre.

Bei der Analyse der Isolinien in Abbildung 4.6 oder des dazugehörigen Vektorfeldes im Anhang in Abbildung B.1 parallel zur überströmten Platte in der Mitte der Filmströmung kann ein starker Geschwindigkeitsgradient von links nach rechts beobachtet werden. Ausgehend von etwa 50 cm/s auf der linken Bildseite nimmt die Geschwindigkeit entlang einer Länge von 2,5 mm kontinuierlich ab und erreicht auf der rechten Seite einen Wert von etwa 20 cm/s. Der Mittelwert über den Bildbereich ausschließlich der Kantenbereiche beträgt 30,5±7,4 cm/s und ist damit sehr nahe an der Nusselt-Lösung von 30,7 cm/s.

Mit diesem Strömungsverhalten lassen sich die Unterschiede in den mittleren Geschwindigkeitsprofilen erklären. Die Ursache hierfür ist die durch die Auslassbohrungen verursachte Strahlströmung, welche zwar mit der Lauflänge an Kraft verliert, allerdings bei der hier verwendeten Platte von nur 10 cm Länge noch einen großen Einfluss hat. In der Strahlmitte ist die Geschwindigkeit sehr groß und nimmt zum Rand hin ab, wobei die niedrigste Geschwindigkeit und Filmdicke genau zwischen zwei Strahlen vorzufinden ist. Beobachtungen zeigen auch, dass dieses Verhalten vor allem durch den Volumenstrom bestimmt wird und nicht durch die Reynolds-Zahl, da diese Abweichungen auch bei sehr geringen Reynolds-Zahlen im laminaren Strömungsbereich beobachtet werden können.

Als Konsequenz aus diesem Strömungsverhalten kann diese Art der Aufgabe nicht für die Untersuchung der Geschwindigkeitsfelder zweiphasiger Filmströmungen herangezo-

Kapitel 4. Auswertung und Gegenüberstellung der Ergebnisse

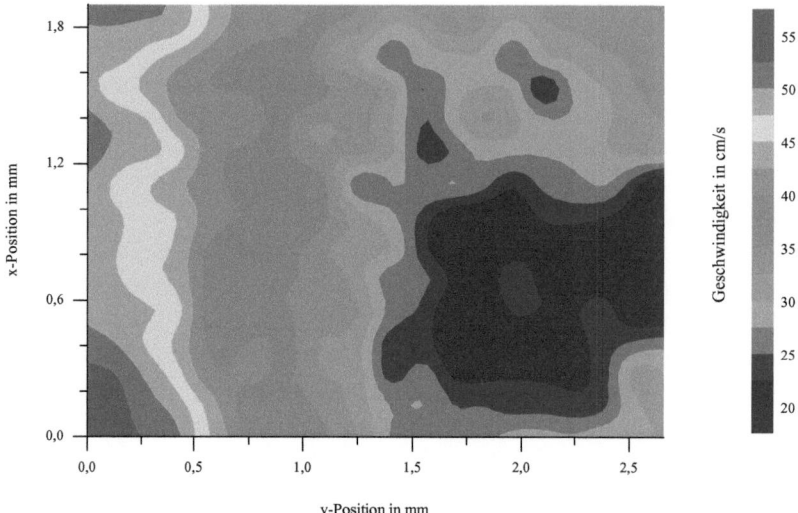

Abb. 4.6.: Isolinien der x-Geschwindigkeitskomponente in der x-y Ebene bei der Flüssigkeitsaufgabe mittels Aufgaberohr; $Re = 148$; $\alpha = 60°$, $d_P = 10,2\ \mu m$, $\xi_G = 0,0$; $z = 116 \pm 48\ \mu m$ aus Abbildung 4.5(b) - Position 1.

gen werden, da es bei einer Beeinflussung der Geschwindigkeiten an der Flüssig-Flüssig-Phasengrenzfläche nicht möglich ist, die auftretenden Änderungen im Geschwindigkeitsfeld eindeutig einer Ursache zuzuordnen. Daher wird wie in Abschnitt 3.2 vorweggenommen eine spezielle Messzelle verwendet, die es ermöglicht ein Rinnsal unter einer Filmströmung zu platzieren. Die Austrittsöffnung für die Rinnsalströmung ist hierbei größer oder gleich der Rinnsalquerschnittsfläche, so dass die Rinnsal- und Filmströmung rein schwerkraftgetrieben sind.

Untersuchung unterschiedlicher Oberflächen

Für den hier vorgestellten experimentellen Versuchsaufbau zeigt eine Vielzahl der Messergebnisse einphasiger Filmströmungen auf unterschiedlich überströmten Oberflächen eine gute bis sehr gute Übereinstimmung mit dem von Nusselt berechneten Geschwindigkeitsprofil. Erst bei sehr hohen Reynolds-Zahlen können teilweise etwas größere Abweichungen beobachtet werden, welche aber auf die Annahmen bei der Herleitung des Nusselt-Profiles zurückführen sind. Dieses Verhalten lässt sich vor allem auf die Messposition zurückführen, welche nur wenige Zentimeter stromabwärts von der Flüssigkeitsaufgabe entfernt ist. Die Annahme in CFD-Simulationen, dass für die Randbedingung am Flüssigkeitseintritt das Nusselt-Profil für alle Reynolds-Zahlen vorgegeben wird, ist demnach gerechtfertigt.

Für ein tiefergehendes Prozessverständnis muss die Frage beantwortet werden, ob sich die packungsspezifischen Umlenkstellen ähnlich wie ein Überlaufwehr verhalten, oder ob Strömungscharakteristika wie z. B. Wellen oder Inhomogenitäten im Geschwindigkeitsfeld über diese Umlenkpunkte weitergeleitet werden.

Sollten die Umlenkstellen eine ähnliche Auswirkung auf das Geschwindigkeitsfeld wie ein Überlaufwehr haben, so sind im Zuge der CFD-Simulationen nur kleine Packungssegmente zu untersuchen. Anderenfalls müssen mehrere Segmente, welche in Reihe zueinander angeordnet sind, modelliert werden, um den Einfluss der Umlenkstellen ebenfalls mit zu berücksichtigen.

4.3. Untersuchung des Einflusses einer Gasgegenströmung

Für die Untersuchungen des Einflusses einer Gasgegenströmung wird auf die in Abschnitt 3.1.5 vorgestellte Messzelle zurückgegriffen, bei der die Gegenströmung auf einer glatten um den Winkel α geneigten Edelstahlplatte realisiert wird. In Abbildung 4.7(a) sind die Ergebnisse einer Wasserfilmströmung mit und ohne Gasgegenströmung dargestellt, wobei als Gasphase synthetische Luft unter Umgebungsbedingung verwendet wird. Für eine bessere Übersichtlichkeit ist wieder nur die mittlere Standardabweichung σ, welche sich aus den Standardabweichungen aller aufgetragenen Messpunkte berechnet, eingezeichnet. Zusätzlich zu den experimentellen Ergebnissen finden sich erste Simulationsergebnisse aus den in Abschnitt 3.6 vorgestellten CFD-Modell.
Bei den Untersuchungen der reinen Wasserströmung ist zu erkennen, dass trotz eines F-Faktors von $1,5\sqrt{Pa}$ sowohl bei den Experimenten als auch den Simulationen so gut

Kapitel 4. Auswertung und Gegenüberstellung der Ergebnisse

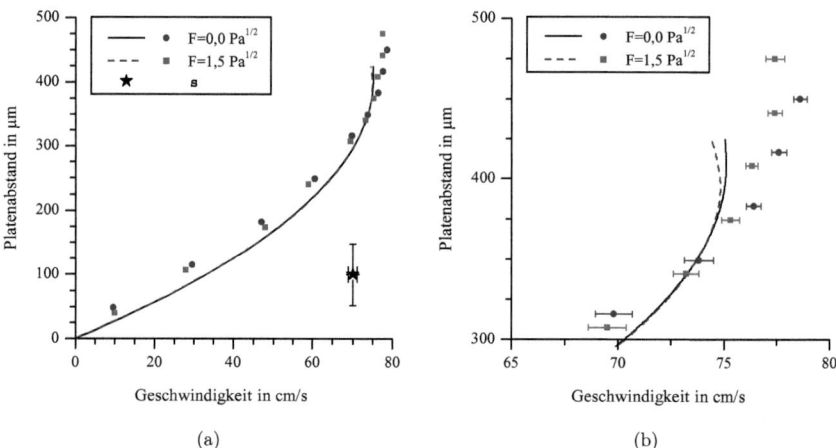

Abb. 4.7.: Geschwindigkeitsprofile einer Wasser Strömung auf einer Edelstahlplatte für unterschiedliche Gasbelastungen F; (a) ξ_G = 0; Re = 224; α = 60°; d_P = 3,23 µm ■, ● Experimente; ——, - - -, CFD-Simulation; ★ mittlere Standardabweichung (b) Teilausschnitt von (a).

wie keinen Einfluss der Gasgegenströmung auf das Geschwindigkeitsprofil der Flüssigkeit festgestellt werden kann. Die Ergebnisse aus Experiment und Simulation, welche an einer zu den Experimenten äquivalenten Messposition auf der Plattenmitte entnommen sind, zeigen eine sehr gute Übereinstimmung. Die scheinbar höheren Filmdicken bei den Experimenten verschwinden, wenn die Schärfentiefe der mikroskopischen Optik mitberücksichtigt wird.

Ein Einfluss der Gasgegenströmung auf das Geschwindigkeitsprofil wird erst sichtbar, wenn der Bereich nahe der Filmoberfläche vergrößert wird. In Abbildung 4.7(b) kann ein minimaler Geschwindigkeitsunterschied und eine leicht erhöhte Filmdicke beim Vorhandensein einer Gasgegenströmung beobachtet werden. Da die Versuche direkt hintereinander durchgeführt werden und die Standardabweichung kleiner als der Geschwindigkeitsunterschied ist, sind diese wenn auch kleinen Änderungen eindeutig auf die Gasgegenströmung zurückzuführen. Beeinflussungen, wie sie teilweise in der Literatur beobachtet werden, können mit dem gegebenen Stoffsystem nicht nachvollzogen werden. Yu u. a. (2006) untersuchen z. B. die mittleren Geschwindigkeitsprofile für eine Gegenströmung von Ethanol und Stickstoff und weisen bereits bei sehr geringen Gasbelastungen eine Abbremsung an der Flüssigkeitsoberfläche um etwa 10 % unabhängig von der Flüssigkeitsbelastung nach.

4.3. Untersuchung des Einflusses einer Gasgegenströmung

Mit einer reinen Wasserströmung sind weitere Untersuchungen mit dem hier verwendeten experimentellen Setup sehr schwierig, da eine Steigerung der Gasbelastung, welche seitlich über Eingangsöffnungen in die Messzelle geleitet wird, ein Aufreißen der Filmströmung zur Folge hat. Eine Erhöhung der Flüssigkeitsbelastung würde dem Aufreißen zwar entgegenwirken, allerdings erfordert die damit einhergehende steigende kinetische Energie eines flüssigen Fluidteilchens an der Filmoberfläche wiederum eine größere Gasbelastung. Um einen größeren Einfluss der Gasgegenströmung analysieren zu können, muss daher sowohl die Reynolds-Zahl stark reduziert als auch die Kontaktzeit zwischen Gas und Flüssigkeit erhöht werden. Die längere Kontaktzeit ist gleichbedeutend mit einer längeren Platte bzw. einer Messposition weiter stromabwärts. Auf diese Weise wird gewährleistet, dass sich die Flüssigkeit entlang der Platte leicht anstauen kann.

In den Abbildungen 4.8(a) bis 4.8(c) sind experimentelle sowie numerische Untersuchungen für unterschiedliche Reynolds-Zahlen und Gasbelastungen dargestellt. Bei allen Reynolds-Zahlen kann eine Reduzierung der mittleren Geschwindigkeit und eine Erhöhung der Filmdicke beobachtet werden, vor allem bei einer Erhöhung der Gasbelastung auf $F = 2,5 \sqrt{Pa}$. Mit einer Abnahme der Flüssigkeitsbelastung nimmt der Einfluss des Gasgegenstroms weiter zu. Die experimentell bestimmten Geschwindigkeitsprofile weisen in der Nähe der Plattenoberfläche ein parabolisches Verhalten auf, welche unabhängig von der Flüssigkeitsbelastung in einen fast linearen Verlauf übergehen und das unabhängig von der Gasbelastung. Im Gegensatz dazu zeigen die stationären Ergebnisse aus den CFD-Simulationen ein parabolisches Geschwindigkeitsprofil mit einer Abbremsung an der Filmoberfläche bei Vorhandensein einer Gasgegenströmung.

Das die Form der experimentellen Geschwindigkeitsprofile in Abbildung 4.8(a) bis 4.8(c) trotzdem sinnvoll sind kann mit Hilfe von Abbildung 4.8(d) und nachfolgender Überlegung gezeigt werden. Aufgrund der längeren Stahlplatte und einem Messpunkt in der Mitte der Messzelle treten Wellen auf der Filmoberfläche auf. Adomeit und Renz (2000) untersuchen mit Hilfe der µPIV lokale Geschwindigkeitsprofile einer Dimethylsulfoxide Filmströmung ohne Gasgegenströmung in einem Glasrohr nach der konventionellen µPIV-Messmethode. Die Reynolds-Zahl wird dabei zwischen 27 und 200 variiert. Für eine Reynolds-Zahl von 30 schwanken die lokalen Filmdicken etwa um den Faktor zwei und die lokalen Oberflächengeschwindigkeiten etwa um den Faktor drei. Die lokale Reynolds-Zahl kann demzufolge stark von der mittleren Reynolds-Zahl abweichen.

Wird davon ausgegangen, dass sich dieses Verhalten auf die hier untersuchte Strömung anwenden lässt, so kann ohne Weiteres die Annahme getroffen werden, dass die Reynolds-Zahlen in dem Beobachtungsbereich bei der hier leicht welligen Strömung um 50 % schwan-

Kapitel 4. Auswertung und Gegenüberstellung der Ergebnisse

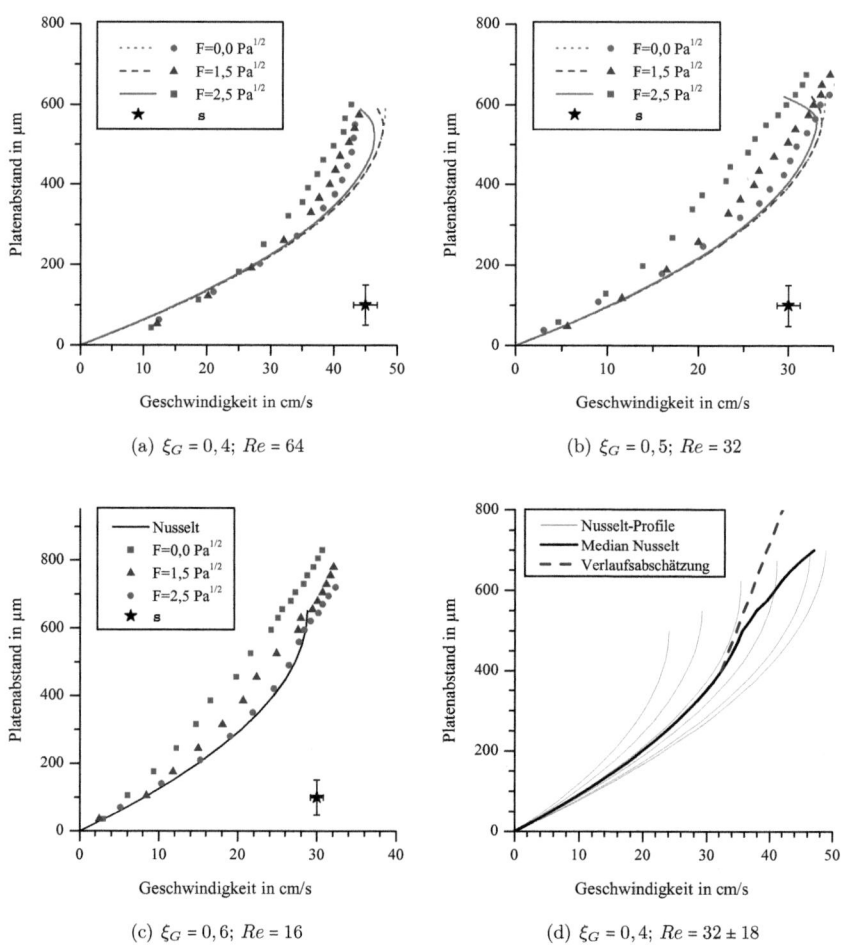

Abb. 4.8.: Geschwindigkeitsprofile einer Wasser-Glycerin Strömung auf einer Edelstahlplatte für unterschiedliche Gasbelastungen F; (a-c) Vergleich CFD-Simulation und Experiment; (d) Nusselt-Profile bei schwankender Flüssigkeitsbelastung; $\alpha = 60°$; $d_P = 3{,}23\,\mu m$ ■, ▲, ● Experimente; —, - - -, ······ CFD-Simulation; ★ mittlere Standardabweichung.

ken und demzufolge auch die momentanen Geschwindigkeitsprofile. In Abbildung 4.8(d) sind zu diesen Schwankungen exemplarisch einige Nusselt-Profile dargestellt. Wird aus den unterschiedlichen Nusselt-Profilen der Medianwert der Geschwindigkeit in der jeweiligen

4.3. Untersuchung des Einflusses einer Gasgegenströmung

Filmebene bestimmt und aufgetragen, so ergibt sich in Abbildung 4.8(d) ein rein analytisches mittleres Geschwindigkeitsprofil, wie es auch in den Experimenten beobachtet werden kann. Der Medianwert wird hier verwendet, da er ähnlich wie die Kreuzkorrelation unanfälliger gegen Ausreißer ist. Für die Bestimmung dieses mittleren Geschwindigkeitsprofiles sind 34 Nusselt-Profile, welche um die Reynolds-Zahl von 32 schwanken verwendet worden. Bei dem analytisch bestimmten Profil kann beobachtet werden, dass die Steigung des linearen Bereich etwas geringer ist als bei den Experimenten. Die Ursache hierfür ist die Medianwertbildung über mehrere Nusselt-Profile. Wie zusätzlich aus der Arbeit von Adomeit und Renz (2000) zu entnehmen ist, weichen die Geschwindigkeitsprofile in einer Welle von dem parabolischen Verlauf der Nusselt-Profile ab. Aufgrund der Wellenfront sind die Geschwindigkeiten im oberen Wellenbereich fast konstant. Weiterhin wird gezeigt, dass die Geschwindigkeit einer Welle geringer als die Geschwindigkeit eines äquivalenten Nusselt-Profils und die Wellendicke weitaus größer als die Nusselt-Filmdicke ist. Unter Berücksichtigung dieser Tatsachen wird der lineare Anstieg steiler und ist in Abbildung 4.8(d) exemplarisch durch die blau gestrichelte Verlaufsabschätzung dargestellt.

Zusammenfassen kann festgestellt werden, dass die entwickelte Messmethodik auf die Gas-Flüssig-Gegenströmung angewandt und die abweichende Profilform theoretisch nachvollzogen werden kann. Aufgrund der auftretenden Wellen sind die Ergebnisse ungeachtet dessen vor allem qualitativ zu verwenden. Für eine bessere Bewertung der CFD-Modelle insbesondere in der Nähe des Stau- und Flutpunktes sollte auf die konventionelle Messtechnik zurückgegriffen und die momentanen Geschwindigkeitsfelder bestimmt werden.

Mit der entwickelten Messzelle, welche die Untersuchungen des Einflusses der Gasgegenströmung in einem rechteckigen Kanal ermöglicht, ist es nicht möglich den Zustand des Flutens zu erreichen, auch nicht bei F-Faktoren die weit über $3\sqrt{Pa}$ liegen. Der im Vergleich zu Packungskolonnen geringere Einfluss der Gasgegenströmung auf die Flüssigkeit ist auf die Strömungsführung der beiden Phase zurückzuführen. Während aufgrund des geometrischen Aufbaus einer Packung stetig Umlenkungen der Gas- und Flüssigphase erzwungen werden, sind die Stromlinien von Gas und Flüssigkeit im Fall der überströmten Platte parallel zueinander. Die fortwährenden Umlenkungen und Querschnittsverengungen in einer Packung bewirken einen höheren gasseitigen Geschwindigkeitsgradienten und haben demzufolge eine Steigerung der Reibung an der Filmoberfläche zur Folge.

Untersuchungen des Einflusses der Gasgegenströmung auf die Strömungsstruktur einer heterogenen Filmströmung zeigen in dem vorhandenen Versuchsstand dementsprechend keine sichtbaren Veränderungen.

4.4. Fluiddynamik auf mikrostrukturierten Oberflächen

Bei der Untersuchung überströmter mikrostrukturierter Oberflächen werden wie in Abschnitt 3.1.6 diskutiert, die Lamellenstruktur und die Tetraederstruktur detailliert untersucht. Neben der Analyse der Vektorfelder werden auch lokale und mittlere Geschwindigkeitsprofile gegenübergestellt. Die Wahl der lokalen Positionen, welche in Abbildung 4.9 skizziert sind, erfolgt in diesem Fall nach rein geometrischen Betrachtungen. Für eine adäquate Gegenüberstellung der lokalen Geschwindigkeitsprofile müssen die Positionen auf der vertikalen Symmetrieebene liegen. Im Fall der Lamellenstruktur wird jeweils das Geschwindigkeitsprofil am höchsten und niedrigsten Punkt der Struktur betrachtet. Bei der Tetraederstruktur wird zusätzlich noch der Verbindungspunkt (Sattelpunkt) untersucht, indem drei Tetraeder zusammentreffen.

Wie bereits bei der Versuchsbeschreibung in Abschnitt 3.1.6 diskutiert, können die Tetraeder unterschiedlich zur Strömungsrichtung angeordnet sein. Von den möglichen Anströmrichtungen sollen im Folgenden zwei genauer analysiert werden. Die in Abbildung 4.9 abgebildete Tetraederstruktur mit einer Anströmrichtung von oben nach unten (unten nach oben) wird im weiteren Verlauf der Arbeit als Anströmrichtung 0° (180°) bezeichnet.

Für jede Mikrostruktur und Anströmrichtung werden zwei unterschiedliche Reynolds-Zahlen untersucht, von denen im Anschluss das Strömungsverhalten für Re = 32 detailliert vorgestellt und diskutiert werden soll. Die Strömungsbilder und Diagramme für Re = 64 sind im Anhang B.2 hinterlegt.

Als zusätzlicher Vergleichsfall bzw. für die Bewertung der Strukturen vor allem in Hinblick auf die Randgängigkeit in der verwendeten Messzelle wird ebenfalls die überströmte glatte Stahlplatte für beide Flüssigkeitsbelastungen mit aufgenommen.

Im Vorfeld der experimentellen Untersuchungen werden die beiden Mikrostrukturen optisch vermessen, um auftretende Unterschiede in den Strömungsverhältnissen besser diskutieren und analysieren zu können. Durch die Kenntnis der Schärfentiefe können alle auftretenden Höhenabmaße und durch die Längenkalibrierung alle weiteren Abstände bestimmt werden. Die Genauigkeit wird zum einen durch die Ausdehnung des Schärfebereiches limitiert und zum anderen durch die Güte der Längenkalibrierung (siehe Abschnitt 3.8).

Für die beiden Mikrostrukturen ergeben sich nachstehende geometrischen Abmaße:

4.4. Fluiddynamik auf mikrostrukturierten Oberflächen

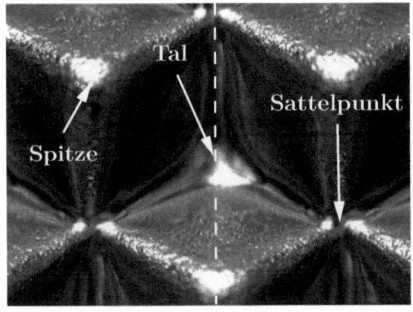
(a) Tetraederstruktur

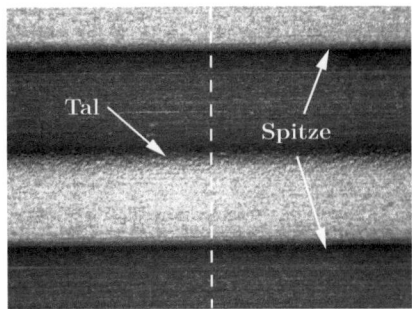
(b) Lamellenstruktur

Abb. 4.9.: Messpositionen auf den strukturierten Oberflächen für die Gegenüberstellung der lokalen Geschwindigkeitsprofile; - - - vertikale Symmetrieebene.

- Lamellenstruktur
    - Höhe einer Lamelle: ≅ 150 ± 36 µm
    - Abstand Lamellenspitze-Lamellental: ≅ 800 µm
    - Abstand zweier Lamellenspitzen (Täler): ≅ 1600 µm
    - Neigungswinkel: $\alpha \cong 10°$
- Tetraederstruktur
    - Höhe eines Tetraeders: 550 ± 36 µm
    - Höhe des Sattelpunktes: 275 ± 36 µm
    - Abstand Tal-Sattelpunkt, Tal-Spitze und Spitze-Sattelpunkt: ≅ 1050 µm
    - Neigungswinkel Tal-Sattelpunkt und Spitze-Sattelpunkt: $\alpha \cong 14°$
    - Neigungswinkel Tal-Spitze: $\alpha \cong 25°$
    - Länge einer Tetraederkante (Sattelpunkt-Sattelpunkt): ≅ 1850 µm

Dementsprechend ist die Tetraederstruktur mehr als dreimal so groß wie die Lamellenstruktur, so dass ihr Einfluss auf die Fluiddynamik wesentlich ausgeprägter sein wird. Weiterhin ist wie in Abschnitt 3.1.6 diskutiert bei der Lamellenstruktur und der gegebenen Anströmrichtung längs zur Lamelle keine Beeinflussung quer zur Struktur (also in

Kapitel 4. Auswertung und Gegenüberstellung der Ergebnisse

y-Richtung) zu erwartet.

Für eine hinreichend genaue Erfassung aller Strömungseffekte wird die Auflösung der Korrelationsauswertefenster auf 64 · 64 Pixel gesetzt, so dass unter Verwendung des Windows Shifting eine effektive Auflösung von 32 · 32 Pixel erreicht wird.

4.4.1. Tetraederstruktur - 0 Grad Anströmung

In Abbildung 4.10 sind die Vektorfelder der 0° angeströmten Tetraederstruktur für unterschiedliche Filmebenen und einer Reynolds-Zahl von 32 dargestellt. Die angegebenen z-Abstände (Plattenabstand) beziehen sich immer auf den tiefsten Punkt der Struktur, also dem Tal, und sind bereits um den Brechungsfaktor korrigiert. Für eine bessere Veranschaulichung der Ergebnisse sind die Vektorfelder mit den entsprechenden Bildern der Tetraederstruktur hinterlegt.

In der ersten Abbildung 4.10(a) finden sich keine Geschwindigkeitsvektoren, da sich die Schärfeebene exakt im Tal der Tetraederstruktur befindet. Zwar werden auch hier bei den Bilddaten erste scharfe Partikel aufgrund der Ausdehnung der Schärfentiefe detektiert, allerdings weisen diese auch bei sehr hohen Zeitschrittweiten keinen bzw. nur einen geringen Versatz auf. Die Analysen zeigen, dass die Anzahl an Haftpartikel sehr gering ist. Das heißt, die Strömungsgeschwindigkeit geht im Tal der Tetraederstruktur gegen null, was auf die Wandhaftung an den drei Tetraederseiten zurückzuführen ist.

Bei der Betrachtung des Vektorfeldes in Abbildung 4.10(b), welches etwa in der Höhe des Sattelpunktes liegt lassen sich kleine Geschwindigkeitsvektoren mit unterschiedlichem Betrag und Richtung erkennen. Die höchste Geschwindigkeit in dieser Filmebene tritt in der Mitte über dem Tal zwischen den drei Tetraedern auf. Zu den Seiten hin nimmt die Geschwindigkeit aufgrund der Wandhaftung ab. Ungeachtet dessen sind die auftretenden Geschwindigkeiten über dem Tal sehr gering, so dass die Verweilzeiten von Fluidelementen in diesem Bereich sehr hoch sind und an den Tetraederwänden eine quasi Haftflüssigkeit auftritt.

Erst beim Überschreiten des Sattelpunktes nimmt wie in Abbildung 4.10(c) zu sehen ist die Strömungsgeschwindigkeit signifikant zu. Die von oben kommende Flüssigkeit strömt zwischen den beiden Tetraederspitzen hindurch in Richtung des unteren Tetraeders. Da sich für die Flüssigkeit der Strömungskanal verbreitet, fließt ein Teil der Flüssigkeit nach links bzw. rechts. Nur in der Mitte entlang der vertikalen Symmetrieebene kann eine direkt nach unten gerichtete Strömung beobachtet werden. Kurz vor Erreichen der nächsten Tetraederstruktur, die bezüglich ihrer Ausrichtung zur Strömung einen starken Strömungs-

4.4. Fluiddynamik auf mikrostrukturierten Oberflächen

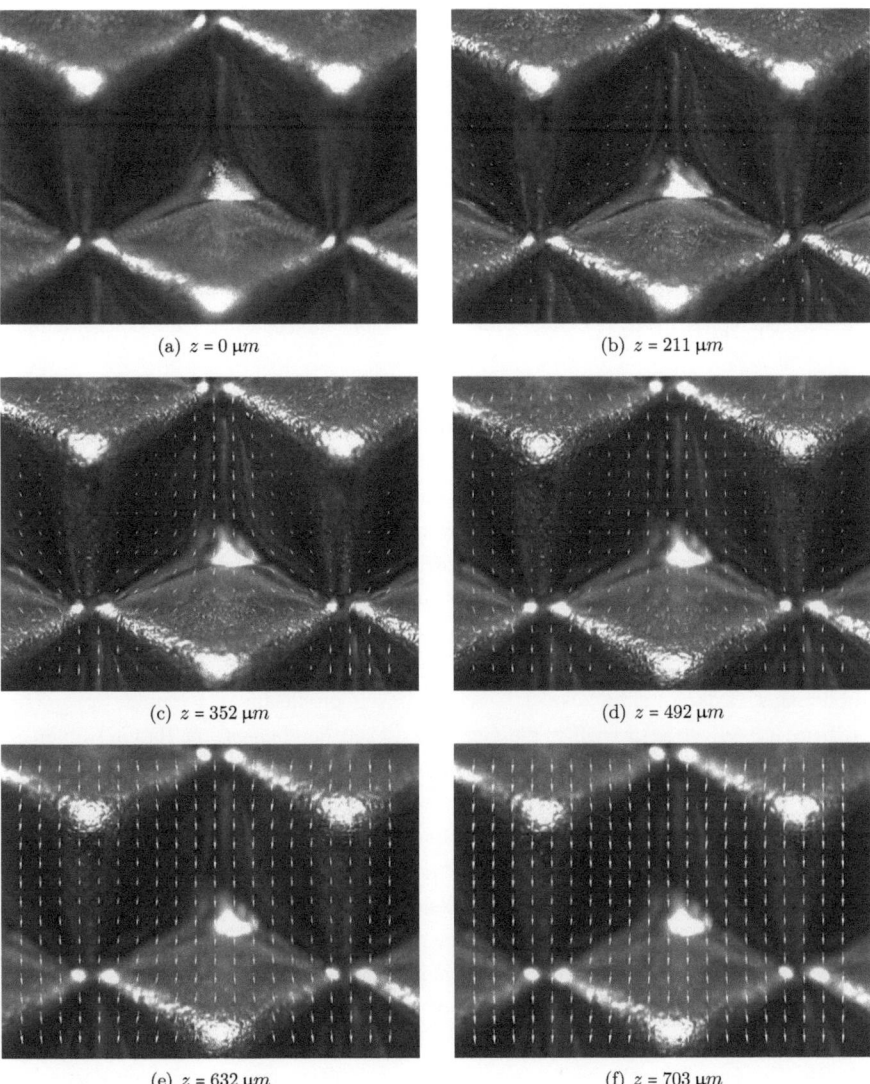

(a) $z = 0\,\mu m$ (b) $z = 211\,\mu m$

(c) $z = 352\,\mu m$ (d) $z = 492\,\mu m$

(e) $z = 632\,\mu m$ (f) $z = 703\,\mu m$

Abb. 4.10.: Vektorfelder um und über der Tetraederstruktur; Ausrichtung $0°$; Wasser-Glycerin $\xi_G = 0,5$; $Re = 32$; $\alpha = 60°$.

Kapitel 4. Auswertung und Gegenüberstellung der Ergebnisse

widerstand darstellt, wird die Flüssigkeit abgebremst und um die Struktur herumgeleitet bzw. wie nachfolgend gezeigt wird auch über diese hinweg. Am linken und rechten Rand treffen die jeweiligen Ströme am Sattelpunkt zusammen, um über die Engstelle wieder in das nächste Tetraedertal zu fließen. Vor der Engstelle wird die Geschwindigkeit leicht reduziert und nimmt erst wieder zu, wenn die Engstelle überschritten ist, da der Strömungswiderstand abnimmt.

Dieses Strömungsverhalten kann bis zur Höhe der Tetraederspitze beobachtet werden (siehe 4.10(d)). Die Strömungsgeschwindigkeiten[10] nehmen zu und die Umlenkungen sind aufgrund des größeren Strömungsquerschnittes nicht mehr ganz so ausgeprägt. Direkt an den Tetraederspitzen geht die Geschwindigkeit erneut aufgrund der Wandhaftbedingung gegen null.

Werden Strömungsebenen untersucht, die auch unter Berücksichtigung der Schärfentiefe oberhalb der Tetraederstruktur liegen, so wird die Strömung wie in Abbildung 4.10(e) und 4.10(f) zu sehen weiterhin durch die Tetraeder beeinflusst. Die Umlenkungen um die Tetraederspitzen in den darunter liegenden Strömungsebenen sind noch gut zu erkennen und ebenfalls ihr Einfluss auf die Geschwindigkeit. Im Bereich höherer Filmebenen nimmt dieser Effekt zwar ab und die Geschwindigkeitsvektoren sind annähernd parallel zueinander, allerdings lassen sich noch bis zur Filmoberfläche hin Regionen mit leicht unterschiedlichen Geschwindigkeiten beobachten.

Diese verschiedenen Strömungsbereiche auf der Struktur lassen sich sehr gut über die in Abbildung 4.11 dargestellten lokalen Geschwindigkeitsprofile am Sattelpunkt, Spitze und Tal belegen. Aufgetragen ist hier die Geschwindigkeitskomponente in Hauptströmungsrichtung, welche aufgrund der Symmetriebedingung an den Messpunkten in der Regel mit der gemessenen absoluten Geschwindigkeit übereinstimmt. Zusätzlich sind die Fehler in Richtung der Filmoberfläche und die Standardabweichungen der Geschwindigkeiten angegeben. Erster ergibt sich wie bereits bei den anderen Untersuchungen aus der Schärfentiefe des optischen Systems. Für ein lokales Profil können bei der Verwendung der gemittelten Kreuzkorrelation im eigentlichen Sinne keine Fehler angegeben werden. An dieser Stelle wird allerdings für die Bestimmung der Geschwindigkeitswerte in der jeweiligen Strömungsebene der Mittelwert und die Standardabweichung aus dem direkt auf dem Messpunkt liegenden Geschwindigkeitsvektor sowie seinen unmittelbaren Nachbarn gebildet. Der Grund hierfür liegt in der inhomogenen Verteilung der scharfen Partikel in

---

[10]Die Länge der Geschwindigkeitsvektoren sind zwischen zwei Bildern nur bedingt direkt vergleichbar, da dass verwendete Programm VidPIV eine leichte Autoskalierung der Vektoren unter Berücksichtigung aller Bilder in dem Projekt durchführt. In den jeweiligen Filmebenen zur PIV-Optimierung werden unterschiedliche Zeitschrittweiten verwendet. Für jede Zeitschrittweite muss allerdings ein eigenes VidPIV Projekt erstellt werden.

4.4. Fluiddynamik auf mikrostrukturierten Oberflächen

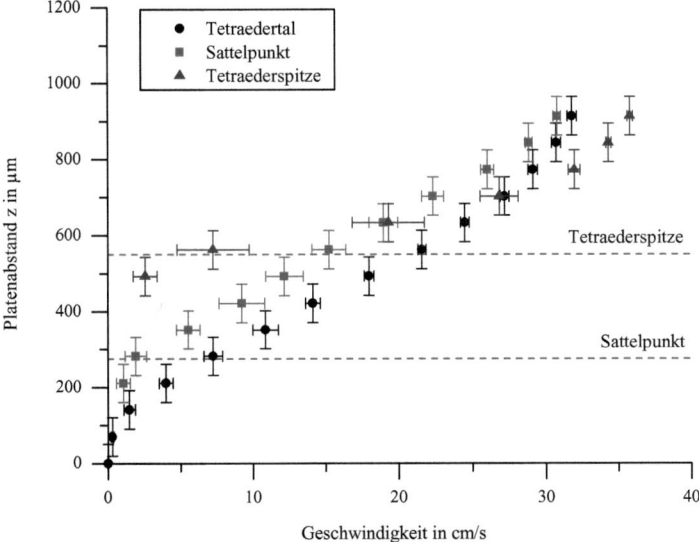

Abb. 4.11.: Vergleich der lokalen x-Geschwindigkeitsprofile auf der Tetraederstruktur; Ausrichtung 0°; Wasser-Glycerin $\xi_G = 0,5$; $Re = 32$; $\alpha = 60°$; $d_P = 3,23$ µm.

diesem kleinen Beobachtungsbereich. Weiterhin sind in dem Diagramm die Höhenpositionen von Tetraederspitze und Sattelpunkt skizziert.

Zur Minimierung der Fehler infolge des optischen Linsensystems wird für jeden Messpunkt ein eigener Versuch durchgeführt, so dass der aktuell betrachtete Messpunkt sehr Nahe der optischen Achse liegt.

Die lokalen Geschwindigkeitsprofile bestätigen das oben diskutierte Strömungsverhalten. Bei der Analyse der Geschwindigkeitsprofile am Sattelpunkt und Tal kann eine stark vom parabolischen Geschwindigkeitsprofil abweichende Form festgestellt werden. Demnach kann die Filmströmung in einen strukturnahen Bereich und einen oberflächennahen Bereich unterteilen werden. Infolge der Wandhaftung finden sich im Bereich vom Messpunkt Tal verschwindend geringe Geschwindigkeiten wieder. Erst auf Höhe des Sattelpunktes steigt die Geschwindigkeit bis zur Filmoberfläche stetig an. Dabei ist zu beobachten, dass das Geschwindigkeitsprofil Tal und Sattelpunkt zu Beginn einen größeren

Kapitel 4. Auswertung und Gegenüberstellung der Ergebnisse

Abstand aufweisen und dann aufeinander Zulaufen und an der Filmoberfläche fast den gleichen Geschwindigkeitswert aufweisen. Der Unterschied lässt sich eindeutig auf die Wandhaftung zurückführen, da der Messpunkt Tal im Vergleich zum Sattelpunkt in derselben Messebene weiter von den Tetraederwänden entfernt liegt und folglich der Einfluss der Wandhaftung geringer ist. Dies spiegelt auch das oben beschrieben Verhalten wieder, dass es kurz vor dem Überströmen des Sattelpunktes aufgrund der damit verbunden Engstelle zu einer Abbremsung der dortigen Flüssigkeitselemente kommt.

Das die Unterschiede (bzw. Gleichheit) in den lokalen Geschwindigkeitsprofilen nicht auf Unregelmäßigkeiten zwischen den Messungen zurückzuführen sind kann mit den über den gesamten Bildausschnitt gemittelten Geschwindigkeitsprofilen in Abbildung B.2 belegt werden. Die Übereinstimmung zwischen den Profilen ist sehr gut was gleichbedeutend ist mit einem fast identischen Strömungsverhalten auf der überströmten Platte. Bedingt durch die verschiedenen Geschwindigkeitsvektoren infolge der Umlenkungen im strukturnahen Bereich sind die Standardabweichungen demzufolge wesentlich größer.

Das lokale Geschwindigkeitsprofil an der Messposition Spitze zeigt ein unerwartetes Verhalten. In der Nähe der überströmten Tetraederspitze sind die Geschwindigkeiten aufgrund der Wandhaftung sehr klein. Die größeren Standardabweichungen lassen sich an dieser Stelle auf die hohen Geschwindigkeitsgradienten zurückführen. Mit größerer Entfernung nimmt die Geschwindigkeit schnell zu und zeichnet dabei einen parabolischen Verlauf. In der Nähe der Filmoberfläche sind die Geschwindigkeiten größer als im Fall des Sattelpunktes und des Tals. Zwar zeigen bereits die Analysen der Vektorbilder, dass auf der Filmoberfläche lokal unterschiedliche Geschwindigkeiten auftreten, allerdings hätte man erwartet, dass das Tal die höchste Oberflächengeschwindigkeiten aufweist, da der Messpunkt am weitesten von den Tetraederwänden entfernt ist.

Dieses Verhalten kann sehr gut mir Hilfe von Isolinien[11] der Geschwindigkeit entlang der in Abbildung 4.9 eingezeichneten vertikalen Symmetrieebene analysiert werden. Da in dieser Ebene nur x-Geschwindigkeiten vorliegen, bedeutet eine Abnahme der x-Geschwindigkeit aufgrund der Impulserhaltung eine Zunahme der Geschwindigkeit in z-Richtung, also in Richtung der Filmoberfläche.

Abbildung 4.12 zeigt die Isolinien der x-Geschwindigkeit über die Filmhöhe z und die Hauptströmungsrichtung x. Der Messmittelpunkt liegt im Tal der Tetraederstruktur. Die Mikrostrukturen sind in der Abbildung schematisch durch die weißen Bereiche gekennzeichnet. Beginnend vom Sattelpunkt fließt das Wasser-Glycerin leicht in Richtung des Tals, aufgrund der oben beschriebene Verbreiterung und Vertiefung des Strömungsquer-

---

[11]Weil bei der Auswertung mit Hilfe der Kreuzkorrelation die Randbereiche der Bilder nicht mit ausgewertet werden können, beträgt die x-Länge nicht ganz die wie in Abschnitt 3.4 dargestellten 2300 μm

4.4. Fluiddynamik auf mikrostrukturierten Oberflächen

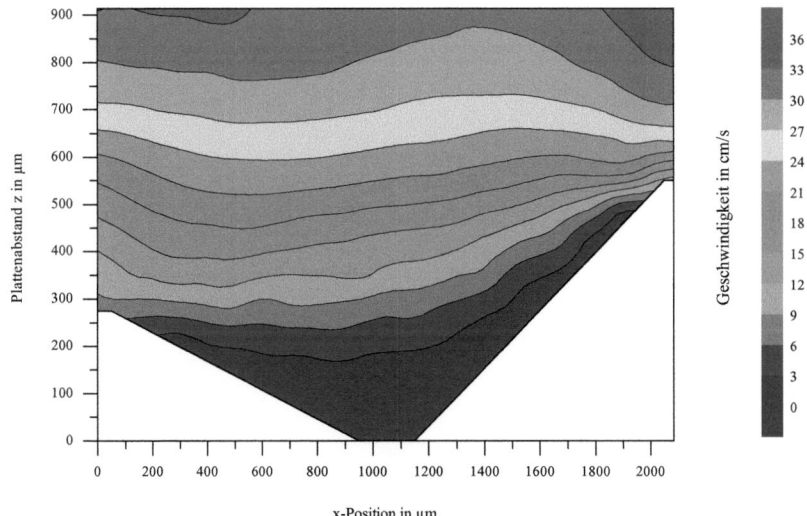

Abb. 4.12.: Isolinien der x-Geschwindigkeitskomponente entlang der Tetraederstruktur in x-z Ebene; Ausrichtung 0°; Messmittelpunkt Tal; Wasser-Glycerin $\xi_G = 0,5$; $Re = 32$; $\alpha = 60°$.

schnittes. Es ist gut zu sehen, dass im gesamten Talbereich die Strömungsgeschwindigkeiten sehr klein sind. Kurz vor Erreichen der nächsten Tetraederspitze wird die Flüssigkeit nicht nur wie oben gezeigt um diese herumgeleitet sondern wie an den Isolinien zu sehen ist auch über diese hinüber. Es wird also eine Strömung induziert, die zur Filmoberfläche hin gerichtet ist. Der Einfluss der entstehenden z-Geschwindigkeitskomponente wirkt sich bis zur Filmoberfläche aus und ist kurz vor der Tetraederspitze am größten. Der Strömungsbereich direkt über der Tetraederspitze stellt bezüglich dieses Verhaltens einen Wendepunkt dar. Der Strömungswiderstand ist überwunden und die z-Geschwindigkeitskomponente wird wieder in die x-Komponente umgewandelt, so dass wie bereits mit Hilfe von Abbildung 4.11 diskutiert die höchste Oberflächengeschwindigkeit genau über der Tetraederspitze auftritt. Direkt an der Tetraederspitze sind die Isolinien sehr dicht, was den diskutierten Punkt belegt, dass die höchsten Geschwindigkeitsgradienten an der Tetraederspitze vorhanden sind.

Kapitel 4. Auswertung und Gegenüberstellung der Ergebnisse

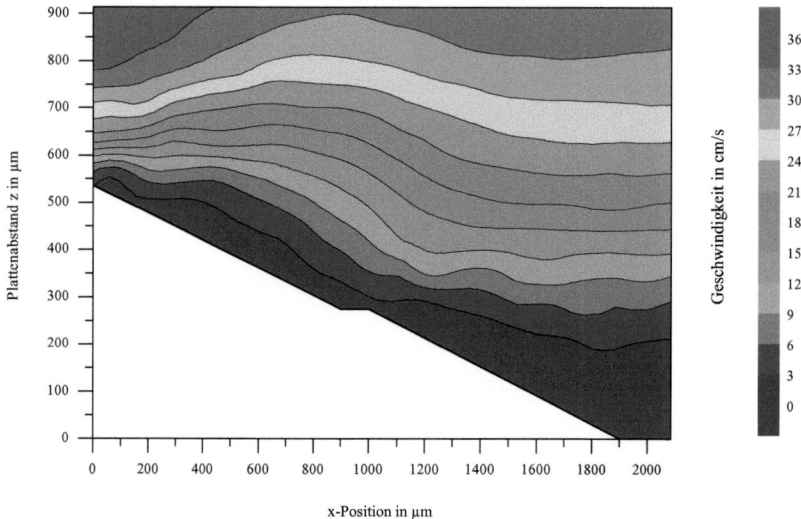

Abb. 4.13.: Isolinien der x-Geschwindigkeitskomponente entlang der Tetraederstruktur in x-z Ebene; Ausrichtung 0°; Messmittelpunkt Sattelpunkt; Wasser-Glycerin $\xi_G = 0,5$; $Re = 32$; $\alpha = 60°$.

Nachdem Überschreiten der Spitze (siehe Abbildung 4.13) fließt die Flüssigkeit nicht wie eventuell zu erwarten in Richtung des Sattelpunktes, sondern wird teilweise erneut leicht zur Filmoberfläche abgelenkt, so dass die Oberflächengeschwindigkeit wieder abnimmt. In diesem Fall resultiert die z-Geschwindigkeit aus den links und rechtsseitigen Umlenkungen der Flüssigkeit der benachbarten Tetraeder (siehe Abbildung 4.10(c)). Wie oben erläutert, stellt der Sattelpunkt ebenfalls einen Strömungswiderstand dar, so dass aufgrund des auftretenden Staudrucks die Flüssigkeit in Richtung der Filmoberfläche beschleunigt wird. Erst wenn dieser Punkt überschritten ist, fließt die Flüssigkeit ungehindert in das Tal und der Kreislauf schließt sich.

4.4.2. Tetraederstruktur - 180 Grad Anströmung

Wird die Tetraederstruktur um 180° gedreht, kann im strukturnahen Bereich im Vergleich zur Anströmung von 0° ein stark abweichendes Strömungsverhalten beobachtet werden. In Abbildung 4.14 sind die Vektorbilder für unterschiedliche Filmebenen bei gleicher Reynolds-Zahl und Abstand wie im Fall der 0° angeströmten Tetraederstruktur dargestellt.

Ausgehend vom Tal der Tetraederstruktur in Abbildung 4.14(a) können wie bereits in Abbildung 4.10(a) keine Geschwindigkeitsvektoren aufgrund der Wandhaftung beobachtet werden. Auch auf Höhe der Sattelpunkte in Abbildung 4.14(b) zeigt sich noch kein ausgeprägtes Vektorfeld. Zwar treten vereinzelte Geschwindigkeitsvektoren auf allerdings sind diese im Vergleich zu Abbildung 4.10(b) trotz der gleichen Beobachtungstiefe sehr klein. Die höchsten Geschwindigkeiten können dabei kurz vor Erreichen des Sattelpunktes ausgemacht werden. Erst bei einer Messebene, welche oberhalb des Sattelpunktes liegt (siehe Abbildung 4.14(c)), kann ein ausgeprägtes Vektorfeld beobachtet werden. Die Flüssigkeit strömt über den Sattelpunkt hinweg in Richtung der Tetraederspitze und wird durch die angeströmte Kante nach links und rechts in ein Tetraedertal weitergeleitet. Die Geschwindigkeitsvektoren sind weiterhin sehr gering, vor allem im Bereich über dem Tal. Die Ursache ist an dieser Stelle allerdings nicht nur auf die Wandhaftung, sondern auch auf die Strömungsführung der Mikrostruktur zurückzuführen, da bei umgekehrter Anströmrichtung in Abbildung 4.10(c) über dem Tal die höchsten Geschwindigkeiten in dieser Filmebene beobachtet werden können. Das Tal wird hier also bis zur Höhe der Sattelpunkt nur überströmt.

Solche Strömungsphänomene können oftmals bei symmetrisch umströmten Körpern (z. B. Zylinder oder Kugel) beobachtete werden. Aufgrund des durch den Körper verursachten Strömungswiderstandes bewegt sich die Flüssigkeit gleichmäßig um diesen herum, indem sich die Strömung kurz vor dem Staupunkt aufteilt. Nach der Umströmung des Köpers wird die Flüssigkeit hinter diesem wieder zusammengeführt. An den Seiten kann dabei aufgrund der höheren Gradienten eine Verengung der Stromlinien beobachtet werden. Der Punkt (Grenzpunkt), an dem die Strömung wieder zusammenfließt, ist dabei abhängig von der Flüssigkeitsbelastung und Körpergeometrie. Sind die Flüssigkeitsbelastungen gering, so folgen die Stromlinien der Körperform. Wird diese erhöht, so können im Nachlauf des Körpers Ablöseerscheinungen beobachtet werden. In Abhängigkeit der Stoff- und Strömungsparametern können Wirbelzonen oder ein strömungsfreier Raum beobachtet werden. Der Abstand des Punktes zum Körpermittelpunkt (hier die Tetraederspitze), an

Kapitel 4. Auswertung und Gegenüberstellung der Ergebnisse

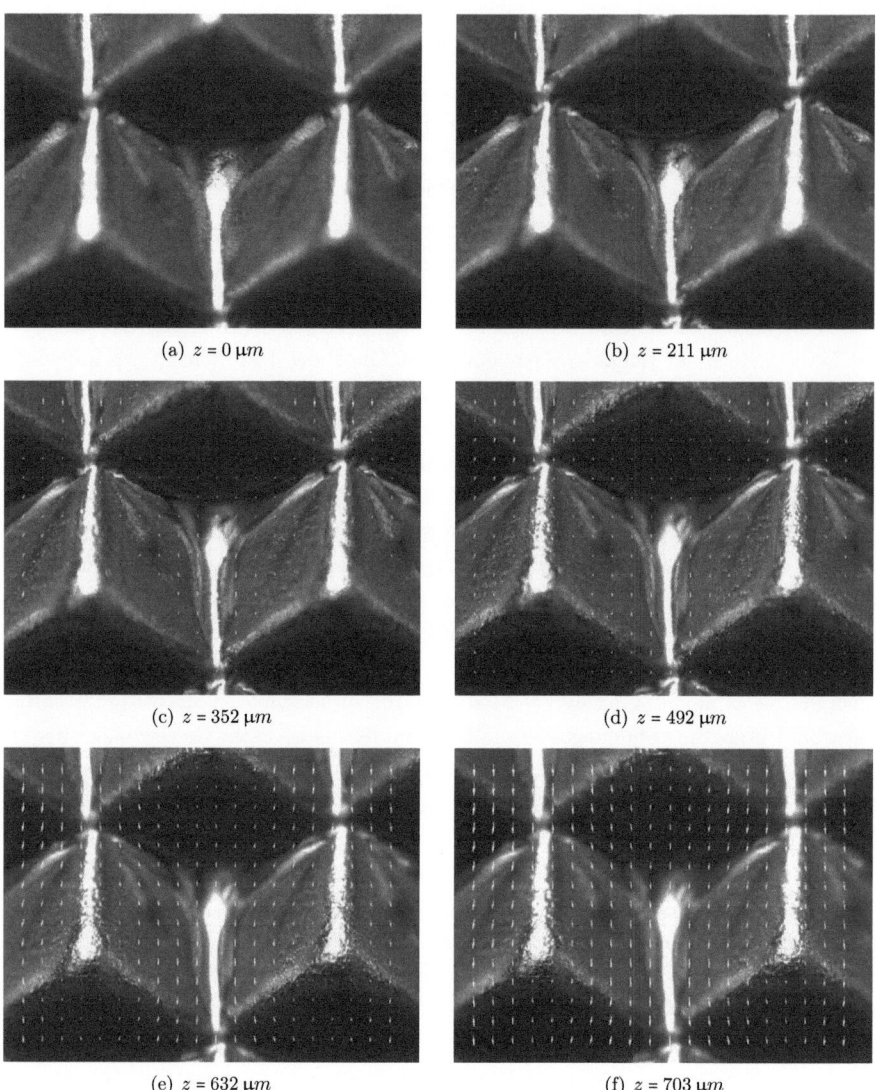

(a) $z = 0\,\mu m$ (b) $z = 211\,\mu m$

(c) $z = 352\,\mu m$ (d) $z = 492\,\mu m$

(e) $z = 632\,\mu m$ (f) $z = 703\,\mu m$

Abb. 4.14.: Vektorfelder um und über der Tetraederstruktur; Ausrichtung 180°; Wasser-Glycerin ξ_G = 0,5; Re = 32; α = 60°.

4.4. Fluiddynamik auf mikrostrukturierten Oberflächen

dem die Strömung wieder zusammenfließt, ist dabei abhängig von der Flüssigkeitsbelastung und den geometrischen Abmaßen des umströmten Körpers.

Der Grund, warum solch ein strömungsfreier Bereich nicht bei der 0° Anströmrichtung beobachtet werden kann, liegt darin, dass der Punkt, wo die Stromlinien wider aufeinander treffen, örtlich vor dem Ende der keilförmig zulaufenden Tetraederkante liegt. Das heißt, der strömungsfreie Raum wird hier durch die Struktur ausgefüllt und nicht wie bei der 180° Anströmrichtung durch die Flüssigkeit. Da sich die Tetraederstruktur zur Spitze hin verjüngt, bewegt sich demzufolge der Punkt in Richtung der Tetraederspitze.

Wie in Abbildung 4.14(d) zu erkennen ist, ändert sich demnach das Strömungsverhalten bis zum Erreichen der Messposition in Höhe der Tetraederspitze kaum. Zwar kann die Umströmung der Tetraederspitzen mit einer Abnahme der Geschwindigkeiten in Richtung der Spitzen gut erkannt werden, allerdings sind die Geschwindigkeiten über dem Tal immer noch verschwindend gering. Die höchsten Geschwindigkeiten treten weiterhin über dem Sattelpunkt auf, da der Strömungsquerschnitt zwischen zwei Tetraedern verengt und der Bereich über den Sattelpunkt am wenigsten durch die Wandhaftung beeinflusst wird.

Im Fall der Anströmrichtung von 180° ist, wie in den Abbildungen 4.14(e) und 4.14(f) gut zu erkennen, die Beeinflussung der Tetraeder auf das Strömungsverhalten oberhalb der Struktur wesentlich ausgeprägter als bei der Anströmrichtung von 0°. Die Geschwindigkeiten über den Tetraederspitzen sind wesentlich kleiner als im restlichen Strömungsfeld und auch die Strömungsumlenkungen im unteren Strömungsbereich, welche durch die Tetraederkanten verursacht werden, sind weiterhin erkennbar.

Bei der Analyse der lokalen x-Geschwindigkeitsprofile in Tal, Sattelpunkt und Spitze in Abbildung 4.15 kann dieses abweichende Strömungsverhalten weiter belegt werden. Wie an den Verläufen der Profile im Tal und Engstelle zu erkennen ist, sind im unteren Strukturbereich die Geschwindigkeiten verschwindend gering und nehmen erst kurz vor Erreichen der Tetraederspitze zu. Im Vergleich zur ersten Anströmrichtung in Abbildung 4.11 sind diese Geschwindigkeiten um ein Vielfaches kleiner, so dass dieser Bereich der Tetraederstruktur wie bereits diskutiert eine Strömungstotzone bzw. ein Bereich mit sehr hohen Verweilzeiten darstellt. Kurz vor Erreichen der Tetraederspitze nimmt die Geschwindigkeit vor allem am Sattelpunkt zu, was auf die verdrängende Wirkung der Tetraerdespitzen zurückzuführen ist.

Ähnlich wie bei der Anströmrichtung von 0° weist nur das Geschwindigkeitsprofil an der Tetraederspitze eine parabolische Form auf. Ferner scheinen alle lokalen Geschwindigkeitsprofile in der Nähe der Filmoberfläche den gleichen Verlauf und die gleiche Oberflächengeschwindigkeit aufzuweisen. Die Untersuchung der mittleren Geschwindigkeitsprofile

Kapitel 4. Auswertung und Gegenüberstellung der Ergebnisse

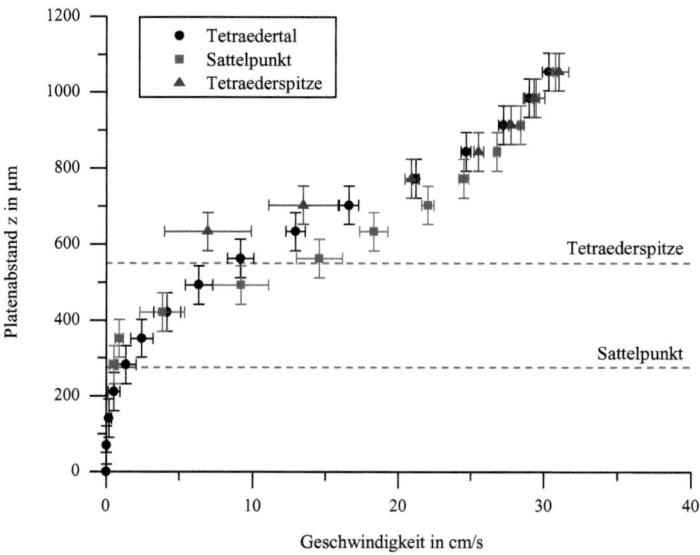

Abb. 4.15.: Vergleich der lokalen x-Geschwindigkeitsprofile auf der Tetraederstruktur; Ausrichtung 180°; Wasser-Glycerin $\xi_G = 0,5$; $Re = 32$; $\alpha = 60°$; $d_P = 3,23\,\mu m$.

in Abbildung B.3 zeigt jedoch, dass sich im Bereich des Tals eine etwas geringere Oberflächengeschwindigkeit ergibt, da das mittlere Profil im Vergleich zu den anderen Beiden eine etwas zu hohe mittlere Geschwindigkeit und somit Flüssigkeitsbelastung aufweist.
Die ausgeprägte Totzone im und über dem Bereich des Tales sowie die Geschwindigkeitsänderungen lassen sich ebenfalls sehr gut bei Analyse der Isolinien der x-Geschwindigkeit in Abbildung 4.16 und 4.17 erkennen. Der Geschwindigkeitsgradient ist, wie an dem Abstand der Isolinien zu sehen, ebenfalls sehr gering und in der Filmmitte am größten. Dieses steht im Kontrast zu der überströmten glatten Platte, da hier die größten Gradienten an der festen Oberfläche auftreten.
Ausgehend von der Tetraederspitze in Abbildung 4.16 nimmt der Abstand der untersten Isolinie von der Struktur bis zum Tal weiter zu. Dies ist wie oben diskutiert auf die Verschiebung des Grenzpunktes infolge der Verbreiterung des Tetraeders zurückzuführen. Anschließend folgen die oberflächennahen Isolinien etwa dem Verlauf der Struktur.

4.4. Fluiddynamik auf mikrostrukturierten Oberflächen

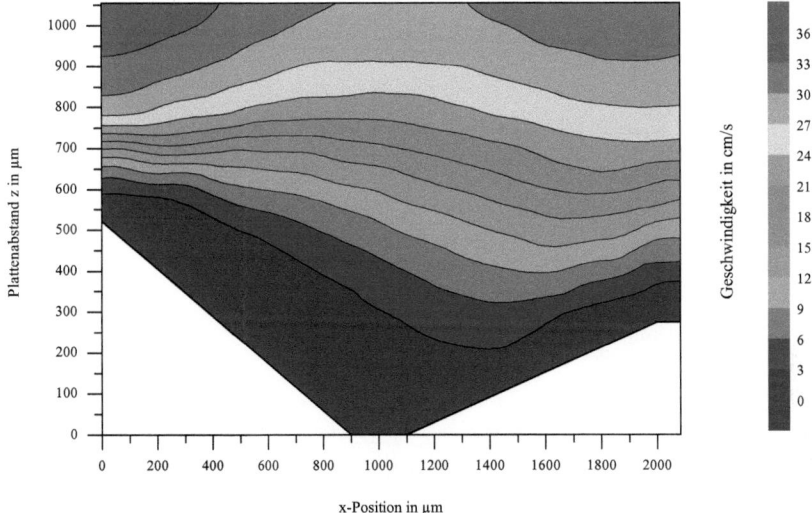

Abb. 4.16.: Isolinien der x-Geschwindigkeitskomponente entlang der Tetraederstruktur in x-z Ebene; Ausrichtung 180°; Messmittelpunkt Tal; Wasser-Glycerin $\xi_G = 0,5$; $Re = 32$; $\alpha = 60°$.

Weiterhin ist gut zu erkennen, wie ein Teil der Flüssigkeit kurz nach der Tetraederspitze in Richtung der Filmoberfläche geleitet wird. Hervorgerufen wird dies durch die leichte Querschnittsverengung im Bereich des Sattelpunktes, welche die Flüssigkeit kurz davor anstaut, so dass aufgrund des Staudruckes ein Teil nach oben geleitet wird. Infolge der Impulserhaltung nimmt dementsprechend die Strömungsgeschwindigkeit ab, so dass über dem Tetraedertal die geringste Geschwindigkeit beobachtet werden kann.

Eine weitere zur Oberfläche gerichtete Geschwindigkeitskomponente tritt in Abbildung 4.17 auf, kurz bevor die Flüssigkeit die Tetraederspitze um- und überströmt. Der Grund hierfür ist der erhöhte Strömungswiderstand, welcher durch die angeströmte Tetraederkante verursacht wird.

Im Vergleich zur Anströmrichtung von 0° kann beobachtet werden, dass die Flüssigkeit nicht so stark in die Strukturvertiefungen eintritt. Die Flüssigkeit wird hauptsächlich über die Struktur hinweg geleitet, was neben den Totzonen auch einen erheblichen Anstieg der

Kapitel 4. Auswertung und Gegenüberstellung der Ergebnisse

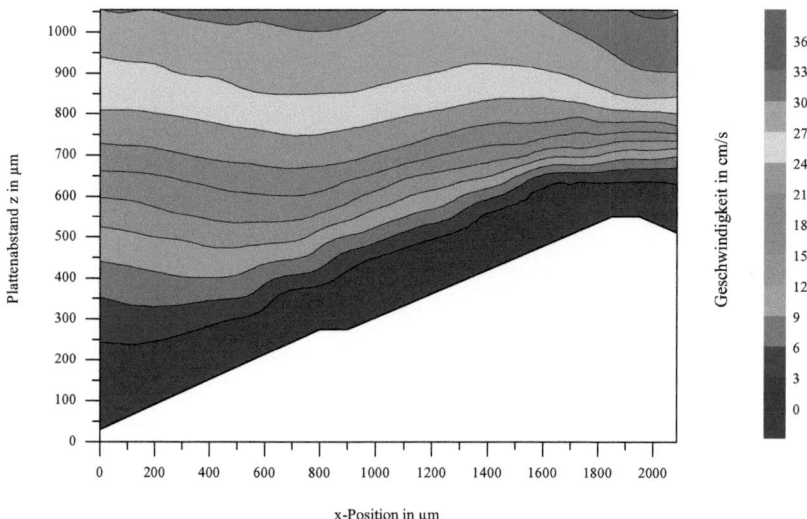

Abb. 4.17.: Isolinien der x-Geschwindigkeitskomponente entlang der Tetraederstruktur in x-z Ebene; Ausrichtung 180°; Messmittelpunkt Sattelpunkt; $\alpha = 60°$; Wasser-Glycerin $\xi_G = 0,5$; $Re = 32$; $\alpha = 60°$.

Filmdicke zur Folge hat.

Bei einer Erhöhung der Flüssigkeitsbelastung auf $Re = 64$ kann für die Anströmrichtung 0° in Abbildung B.4 bis B.8 und für die Anströmrichtung 180° in Abbildung B.9 bis B.13 ein ähnliches Strömungsverhalten beobachtet werden. Die 0° angeströmte Tetraederstruktur zeigt bereits im strukturnahen Bereich ein ausgeprägtes Vektorfeld um die Strukturen sowie den damit verbundenen induzierten Strom in Richtung der Filmoberfläche. Bei der Analyse der lokalen Geschwindigkeitsprofile scheint es zwar, dass die Oberflächengeschwindigkeiten an allen Messpositionen gleich sind und über der Tetraederspitze nicht mehr die höchste Geschwindigkeit beobachtet werden kann. Die Berücksichtigung der leichten Abweichungen in den Verläufen der mittleren Geschwindigkeitsprofile widerlegt allerdings diesen Punkt. Bei einem Wechsel der Anströmrichtung um 180° wird die Tetraederstruktur weiterhin vor allem überströmt, was an den Strömungstotzonen im Tal und der höheren Filmdicke belegt werden kann.

4.4. Fluiddynamik auf mikrostrukturierten Oberflächen

Weiterhin kann auf den Partikelbildern eine erhöhte Partikeldichte in der letzten Filmebene im Bereich niedriger Oberflächengeschwindigkeiten beobachtet werden. Das heißt, dass die induzierten z-Geschwindigkeiten die Filmoberfläche leicht aufrauen und somit die Stoffübergangsfläche leicht erhöhen.

4.4.3. Lamellenstruktur

Im Fall der Lamellenstruktur zeigt sich wie bereits oben angenommen aufgrund der geringeren Strukturhöhe und des geometrischen Aufbaus der Struktur eine nicht ganz so große Beeinflussung auf das Geschwindigkeitsfeld wie bei der Tetraederstruktur. Ausgehend vom Lamellental in Abbildung 4.18(a) ist die Geschwindigkeit sehr gering und nimmt in diesem aufgrund der Wandhaftbedingung nur geringfügig zu (siehe Abbildung 4.18(b)). Im Gegensatz zur Tetraederstruktur weisen alle Geschwindigkeitsvektoren die gleiche Richtung auf, da die Lamellenstruktur die Geschwindigkeitskomponente quer zur Strömungsrichtung nicht beeinflusst.
Erst beim Überschreiten der Lamellenspitze in Abbildung 4.18(c) und 4.18(d) treten größere Geschwindigkeitsvektoren auf. Die zu beobachtenden Zunahmen der Geschwindigkeiten in Richtung der Bildränder lassen sich auf die sphärische Aberration zurückzuführen. Wie in Abschnitt 3.8 diskutiert, bewirkt diese eine Krümmung der Schärfeebene am optischen Messrand. Demzufolge werden an den Rändern Partikel über der aktuellen Messebene scharf abgebildet und ausgewertet. Da in den plattennahen Strömungsbereichen die größten Gradienten auftreten, ist dieser Effekt demzufolge hier besonders ausgeprägt. Mit steigendem Abstand zur Lamellenstruktur nehmen wie in Abbildung 4.18(e) und 4.18(f) zu sehen die Geschwindigkeiten weiter zu. Ein Einfluss der Struktur auf die Flüssigkeit ist in den Strömungsbildern nur schwer zu erkennen.
Die Analyse der lokalen Geschwindigkeitsprofile im Tal und an der Spitze der Lamelle in Abbildung 4.19 bestätigen die Beobachtungen aus den Vektorfeldern. Im Bereich unterhalb des Lamellentals sind die Geschwindigkeiten sehr gering und steigen erst oberhalb der Lamellenspitzen signifikant an. Die Form des Geschwindigkeitsfeldes über der Lamellenspitze ist annähernd parabolisch und beide Profile weisen einen ähnlichen Verlauf auf. An der Lamellenspitze können allerdings im oberen Filmbereich leicht höhere Geschwindigkeiten festgestellt werden. Die mittleren Geschwindigkeitsprofile in Abbildung B.14 sind nahezu identisch, so dass die Unterschiede nicht auf ein verändertes Strömungsverhalten zwischen den Messungen zurückgeführt werden können.
Auch die Isolinien in Abbildung 4.20 und B.15 zeigen dieses Verhalten. Im und direkt

Kapitel 4. Auswertung und Gegenüberstellung der Ergebnisse

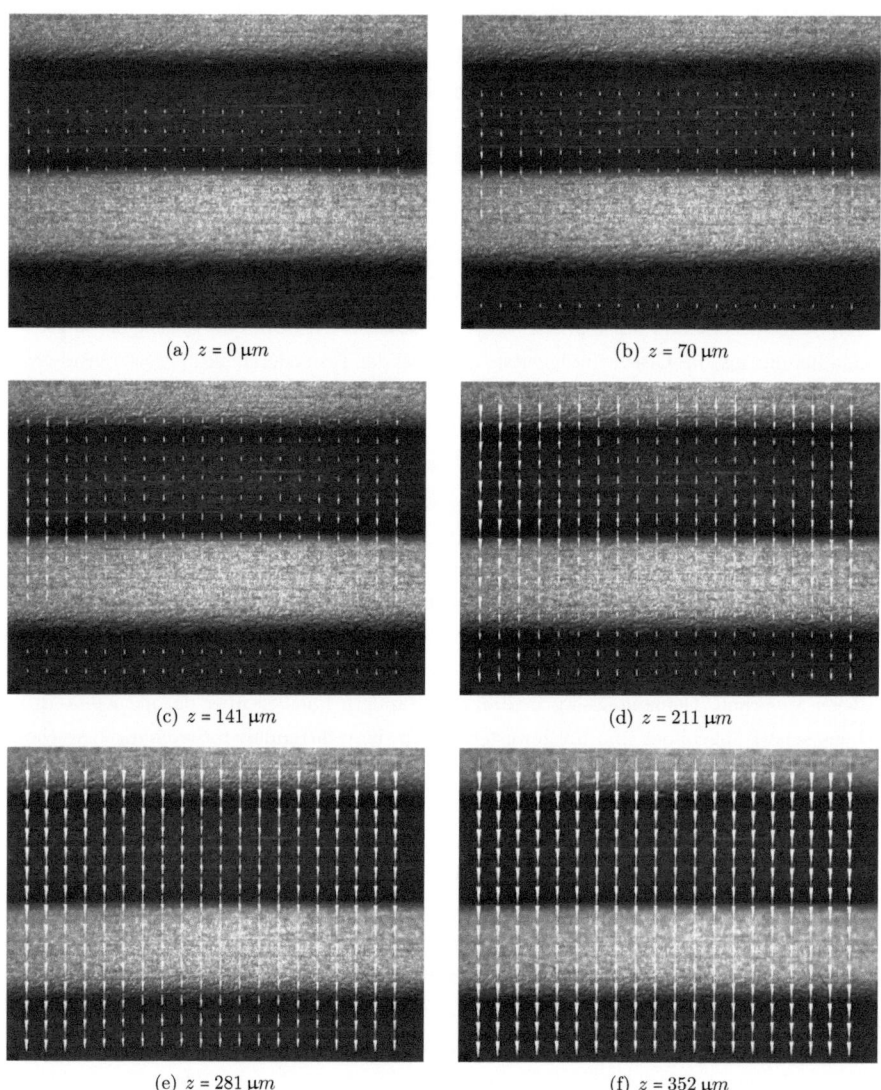

Abb. 4.18.: Vektorfelder um und über der Lamellenstruktur; Wasser-Glycerin $\xi_G = 0,5$; $Re = 32$.

4.4. Fluiddynamik auf mikrostrukturierten Oberflächen

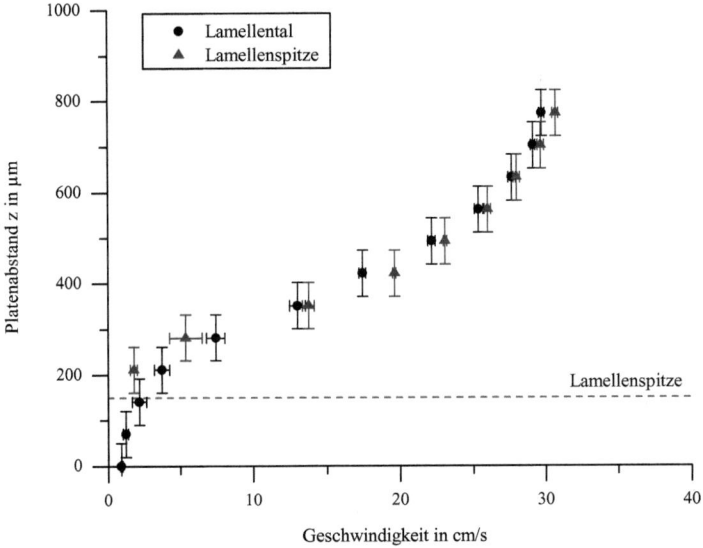

Abb. 4.19.: Vergleich der lokalen x-Geschwindigkeitsprofile auf der Lamellenstruktur; Wasser-Glycerin $\xi_G = 0,5$; $Re = 32$; $\alpha = 60°$.

über dem Bereich der Lamellen sind die Geschwindigkeiten sehr gering und nehmen dann zu. Die Isolinien liegen infolge der höheren Geschwindigkeitsgradienten kurz über der Struktur sehr dicht beieinander. Ein Großteil der Flüssigkeit fließt demnach, ohne von der Mikrostruktur signifikant beeinflusst zu werden, über die Lamellen hinweg.
Die gemessenen höheren Geschwindigkeiten an der Lamellenspitze lassen sich allerdings nur schwer nachvollziehen. Im mittleren Filmbereich verlaufen die Isolinien in guter Näherung parallel zueinander, während diese kurz vor der Filmoberfläche ein leicht sinusförmiges Verhalten aufweisen, wobei die Amplitude zur Oberfläche hin zunimmt. Im strukturnahen Bereich treten kleinere Schwankungen vor allem im Bereich der Spitzen auf.
Eine leichte Deformation der Filmoberfläche, also z. B. Beginn der Ausbildung sinusförmiger Wellen, kann als Ursache ausgeschlossen werden, da die konvexen Krümmungen nur über den Spitzen und die konkaven nur über den Tälern auftreten. Zudem wäre die Amplitude der Welle zu gering.

Kapitel 4. Auswertung und Gegenüberstellung der Ergebnisse

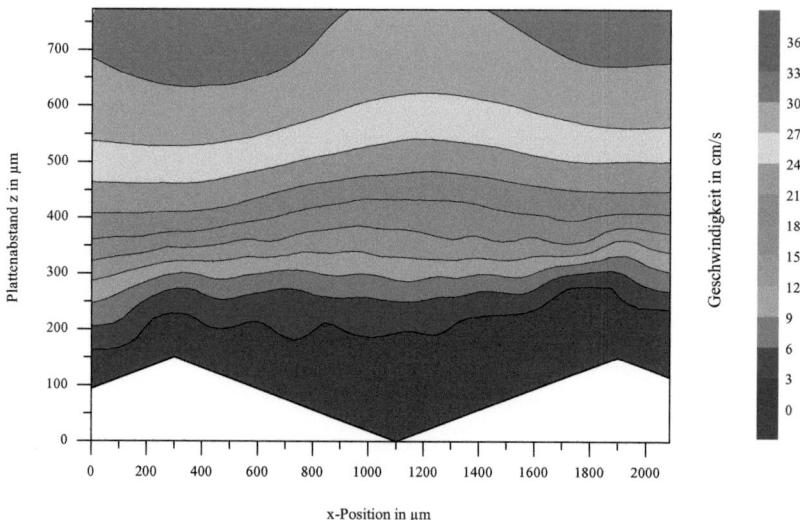

Abb. 4.20.: Isolinien der x-Geschwindigkeitskomponente entlang der Lamellenstruktur in x-z Ebene; Messmittelpunkt Tal; Wasser-Glycerin $\xi_G = 0,5$; $Re = 32$; $\alpha = 60°$.

Die Analyse der Partikelbilder bestätigt dieses Verhalten, da in der Messebene auf der Filmoberfläche eine homogene Verteilung der scharfen Partikel auf den aufsummierten Bildern beobachtete werden kann. Sollten demnach Oberflächenfluktuationen auftreten müssten diese sehr viel kleiner als die Schärfentiefe sein.

In Anbetracht dessen scheint es, dass die kleinen Schwankungen an den Tetraerderspitzen den Staudruck in diesem Bereich geringfügig erhöhen. Die damit verbunden minimalen Änderungen in der z-Geschwindigkeit pflanzen sich in Richtung der Filmoberfläche fort und verstärken sich dabei.

Bei der Analyse der Ergebnisse für $Re = 64$ in den Abbildungen B.16 bis B.20 kann das gleiche Verhalten beobachtet werden. Die Lamellen werden überwiegend nur überströmt und im Bereich der Lamellenspitze treten wieder etwas größere Geschwindigkeiten im Bereich der Filmoberfläche auf. Aufgrund der höheren Anströmgeschwindigkeit der Lamellen sind die induzierten z-Geschwindigkeiten etwas ausgeprägter, da bereits in der Filmmitte

4.4. Fluiddynamik auf mikrostrukturierten Oberflächen

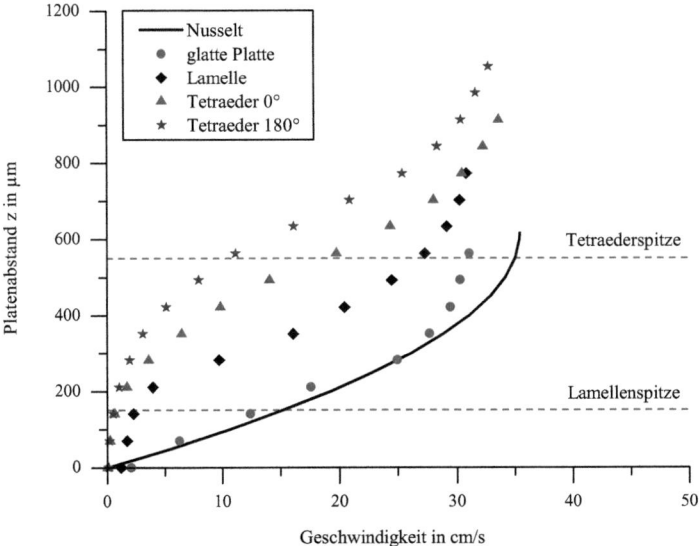

Abb. 4.21.: Vergleich der mittleren x-Geschwindigkeitsprofile auf glatten und mikrostrukturierten Oberflächen; Wasser-Glycerin $\xi_G = 0,5$; $Re = 32$; $\alpha = 60°$; $d_P = 3,23\,\mu m$.

eine Krümmung der Isolinien festzustellen ist.

Stationäre Wirbel in den Strukturvertiefungen, wie bei Wierschem u. a. (2003), können für die untersuchten Flüssigkeitsbelastungen und Stoffsysteme nicht beobachtet werden. Pozrikidis (2003) und Scholle (2004) zeigen allerdings in ihren Arbeiten, dass die Ausbildung von Wirbelstrukturen abhängig von den geometrischen Abmaßen der überströmten Struktur, der Flüssigkeitsbelastung und der Kapillarzahl ist. Die Frage ob solche Phänomene auch bei den in dieser Arbeit untersuchten sehr kleinskaligen Strukturen auftreten ist zukünftig zu klären.

Der abschließende Vergleich der über den gesamten Bildausschnitt bestimmten mittleren Geschwindigkeitsprofile der beiden Anströmrichtungen der Tetraederstruktur sowie der Lamellenstruktur ist in Abbildung 4.21 dargestellt ($Re = 64$ siehe Abbildung B.21). Zusätzlich finden sich die Informationen der Strukturhöhen, das Geschwindigkeitsprofil einer glatten überströmten Edelstahlplatte sowie das Nusselt-Profil als weiterer Vergleich. In

Kapitel 4. Auswertung und Gegenüberstellung der Ergebnisse

allen Fällen kann im Gegensatz zur glatten Platte ein starker Anstieg der Filmdicke beobachtet werden. Natürlich muss berücksichtigt werden, dass im unteren Teil der Struktur die Flüssigkeit verdrängt wird. Betrachtet man aber z. B. die Lamellenstruktur, so ist die mittlere Filmdicke unter Berücksichtigung der Schärfentiefe etwa so hoch wie die Höhe der Lamellenstruktur zuzüglich der Filmdicke der glatten Platte. Ab Höhe der Lamellenspitze sind Form und Geschwindigkeit etwa gleich wie bei der überströmten glatten Platte.

Im Fall der Tetraederstruktur ist dieses Verhalten noch ausgeprägter und wie bereits weiter oben diskutiert auch stark abhängig von der Anströmrichtung. Die Geschwindigkeiten sind im unteren Filmbereich sehr gering und steigen erst oberhalb der Struktur an. Für beide Anströmrichtungen kann etwa die gleiche Geschwindigkeitsprofilform beobachtete werden. Allerdings sind bei der 180° gedrehten Ausrichtung die Oberflächengeschwindigkeiten etwas geringer und die Filmdicke wesentlich größer. Während die Geschwindigkeiten im strukturnahen Bereich aufgrund der höheren Wandhaftung noch geringer sind als bei der Lamellenstruktur sind die Oberflächengeschwindigkeiten bei beiden Tetraederanströmrichtungen größer als die der Lamellenstruktur. Im mittleren Bereich der Filmströmung sind die Geschwindigkeiten dann allerdings kontinuitätsbedingt langsamer.

Dieses Verhalten scheint auf den ersten Blick nicht korrekt, da bei gleichen Stoff- und Betriebsbedingungen (insbesondere der inneren Reibung) zu erwarten ist, dass eine höhere Oberflächengeschwindigkeit mit einer höheren Geschwindigkeit in den darunter liegenden Filmebenen gleichzusetzen ist. Die Ursache hierfür ist wie in Abschnitt 4.4.1 und 4.4.2 gezeigt, die durch die Tetraederstruktur induzierte Geschwindigkeitskomponente in Richtung der Filmoberfläche, welche vor allem in den mittleren Filmebenen einen großen Einfluss hat. Die lokalen zur Oberfläche gerichteten Ströme erhöhen dementsprechend nicht nur die mittlere Filmdicke, sondern reduzieren infolge der Impulserhaltung auch die mittlere Geschwindigkeit.

Als Resultat aus diesem Verhalten ist die in Gleichung 2.8 für eine glatte überströmte Platte gültige Beziehung, dass die mittlere Geschwindigkeit etwa 2/3 der maximalen Geschwindigkeit entspricht, bei strukturierten Oberflächen nur mit bedacht zu verwenden.

Zusammenfassend kann festgestellt werden, dass die Mikrostrukturen den Flüssigkeitsinhalt in Packungen sowie die mittlere Verweilzeit eines Fluidelementes erhöhen. Die Ursache hierfür ist die größere Fest-Flüssig-Oberfläche und die damit verbundene erhöhte Reibung. Ein zusätzlicher Effekt basiert auf durch die Strukturen induzierte Geschwindigkeit in Richtung der Filmoberfläche und von dieser weg, da in Anbetracht der Impulserhaltung die restlichen Geschwindigkeitskomponenten reduziert werden müssen. Bei

4.4. Fluiddynamik auf mikrostrukturierten Oberflächen

der Umströmung der Tetraeder treten zusätzlich noch höhere Geschwindigkeitsgradienten an den Spitzen auf.

Somit kann die Erhöhung der Filmdicke und die Veränderung der Verweilzeit den Stoffübergang unter Umständen sogar verschlechtern. Allerdings sind die zur Filmoberfläche gerichteten Ströme und die dadurch verursachten leichten Wölbungen wiederum positiv für den Stofftransport. Erste Untersuchungen des Einflusses unterschiedlicher Mikrostrukturen auf den Stofftransport sind nur von Kohrt u. a. (2010) bekannt. Für eine endgültige Bewertung müssen diese integralen Betrachtungen um simultane Messungen des zeitlich aufgelösten Konzentrations- und Geschwindigkeitsfeldes erweitert werden.

4.4.4. Folgerung auf das Benetzungsverhalten

Strukturierte Oberflächen zeigen im Vergleich zu glatten Oberflächen oftmals ein besseres Benetzungsverhalten. Dieses kann auch während der Versuche beobachtet werden, so wird im Vergleich zur glatten überströmten Platte für eine komplette Benetzung ein höherer Volumenstrom als bei einer strukturierten Platte benötigt.

Für die Tetraederstruktur kann das bessere Benetzungsverhalten mit Hilfe der Vektorfelder erklärt werden. Die Tetraeder ragen in die Strömung hinein und stellen ein Hindernis dar, welches von der Flüssigkeit um und überströmt wird. Wie oben gezeigt findet dies hauptsächlich im Bereich zwischen dem Sattelpunkt und der Tetraederspitze statt. Bei einer punktuellen Flüssigkeitsaufgabe fließt die Flüssigkeit in das Tetraedertal und wird vor Erreichen des nächsten Tetraeders links und rechts an diesem vorbeigelenkt. Im Idealfall könnte somit nach jeder Tetraederreihe nur aufgrund dieser Umlenkungen die Anzahl der um- und überströmten Tetraeder um eins zunehmen. Somit wird ungeachtet des Kontaktwinkels das Benetzungsverhalten durch die Strukturform verbessert.

Für die Lamellenstruktur kann diese Überlegung jedoch nicht herangezogen werden, da es zu keiner Querströmung infolge der Struktur kommt. Die Frage ist, warum eine Lamellenstruktur sich dennoch oftmals besser benetzen lässt als eine glatte Platte.

Mit Hilfe des in Abschnitt 3.7 beschrieben Versuchsstandes zur Analyse des statischen und dynamischen Randwinkels kann dieser Fragestellung nachgegangen werden. Dazu werden die Mikrostrukturen mit einem transparenten Material abgegossen. Das auf Silikonöl basierende Material (SYLGARD® 184) wird verwendet, da es aufgrund der Transparenz nicht nur optisch besser zugänglich ist, sondern durch die geringe Härte auch eine Tropfenaufgabe durch das Material und somit eine genauere Messung des dynamischen Kontaktwinkels ermöglicht.

Kapitel 4. Auswertung und Gegenüberstellung der Ergebnisse

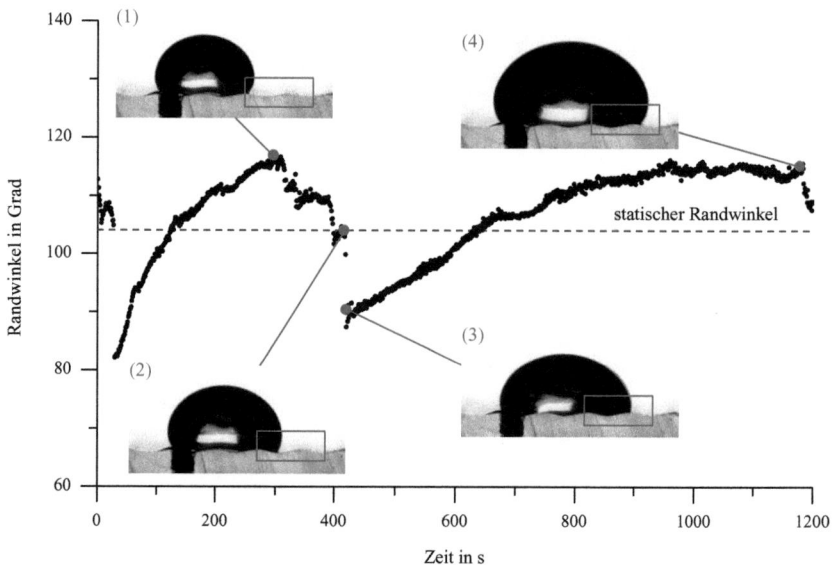

Abb. 4.22.: Dynamischer Randwinkel entlang der Lamellenstruktur; (1) - (4) Tropfenposition auf der Mikrostruktur zu unterschiedlichen Zeitpunkten.

Die Untersuchungen des statischen Randwinkels für Wasser auf der glatten Sylgardoberfläche ergeben für eine Tropfengröße von 0,03 ml eine Wert von $104,3 \pm 1,5°$. Der hohe Randwinkel lässt sich auf die Wechselwirkungen der Wasser und Silikonölmoleküle zurückführen. Die Standardabweichung ist für diesen Messaufbau wie in Abschnitt 2.2 und 3.7 diskutiert für unbehandelte Oberflächen typisch.

Bei Verwendung der Mikroliterspritze in Kombination mit dem Positioniersystem kann ein ähnlicher statischer Randwinkel beobachtet werden, allerdings ist die Standardabweichung aufgrund der Beeinflussung durch die Nadelspitze größer.

In Abbildung 4.22 sind die Untersuchungen des dynamischen Randwinkels entlang der Lamellenstruktur dargestellt. Der Volumenstrom ist für die Dauer des Versuches konstant bei 0,02 ml/min und der Randwinkel ist nicht um die Oberflächenneigung korrigiert.

Da bei sehr kleinen Tropfen eine starke Änderung des Randwinkels infolge der schnellen Tropfenausbreitung beobachtet werden kann, beginnt die Messung mit einem bereits

4.4. Fluiddynamik auf mikrostrukturierten Oberflächen

ausgebildeten Tropfen auf der Lamellenstruktur, so dass die mittlere Vorschubgeschwindigkeit der Kontaktlinie relativ gering ist.

Zu Beginn kann eine starke Zunahme des Randwinkels weit über den statischen Wert hinaus bis zum Erreichen der Tropfenform (1) beobachtet werden. An dieser Stelle liegt die Kontaktlinie exakt auf der Lamellenspitze und der dynamische Randwinkel weißt seinen maximalen Wert auf. Nach dem Überschreiten der Spitze nimmt der Randwinkel bis zum Erreichen des statischen Wertes (2) wieder ab. Die Abnahme ist darin begründet, dass immer mehr Flüssigkeit infolge der Schwerkraft auf die Kontaktlinien drückt. Dieses Verhalten ist ähnlich wie bei einem Tropfen auf einer geneigten Platte (siehe Abschnitt 2.2 Abbildung 2.2), wo sich in Richtung des Gefälles ein hoher und dem entgegen ein geringerer Randwinkel als der Statische ausbildet.

Im Tal der Lamelle wechselt die Steigung sprungartig von einem negativen zu einem positiven Wert, was nach Abbildung 2.2 gleichbedeutend mit einem Wechsel des statischen Randwinkels von einem hohen zu einem niedrigen Wert ist. Somit liegt kein Kräftegleichgewicht am Dreiphasenpunkt vor, wodurch sich die Kontaktlinie im Bruchteil einer Sekunde weiterbewegt (3) und bei der nächsten Lamellenspitze wieder zum Stillstand kommt.

An der Lamellenspitze tritt genau der gegenteilige Fall auf, da sich die Steigung von einem positiven Wert zu einem negativen Wert ändert. Die Spitze kann erst überwunden werden, bzw. die Kontaktlinie bewegt sich erst weiter, wenn der Randwinkel größer oder gleich dem statischen Vorrückrandwinkel ist. Demzufolge nimmt das Volumen des Tropfens bis zur Tropfenform (4) zu, ohne dass sich die Kontaktlinie bewegt.

Die Tropfenform im Bereich der Kontaktlinie und der Randwinkel an dieser Stelle entspricht wieder dem Ausgangspunkt (1). Aufgrund des konstanten Volumenstroms ist die Steigung zwischen dem minimalen (3) und maximalen Randwinkel (4) geringer als zu Beginn der Messung.

Mit Hilfe dieser Charakteristik kann auch das meist bessere Benetzungsverhalten der Lamellenstruktur erklärt werden. Wie in Abschnitt 2.2 diskutiert wird für die komplette Benetzung einer glatten Platte eine Flüssigkeitsbelastung größer als Re_{min}^V benötigt und für ein Aufreißen der Filmströmung eine Flüssigkeitsbelastung kleiner als Re_{min}^R. Infolge des stetigen Wechsels der Oberflächenneigung werden die Form und insbesondere die beiden Extrema ebenfalls verändert. Im Bereich negativer (positiver) Steigung verschieben sich diese minimalen Belastungen hin zu größeren (kleineren) Werten. Für eine bessere Benetzung der Lamellenstruktur müssen dementsprechend folgende Bedingungen erfüllt sein:

1. Die Flüssigkeitsbelastung muss am **Lamellengefälle** immer größer als die Flüssig-

Kapitel 4. Auswertung und Gegenüberstellung der Ergebnisse

keitsbelastung zur Aufrechterhaltung einer Filmströmung sein ($Re > Re_{min}^R(\alpha < 0)$).

2. Die Flüssigkeitsbelastung muss am **Lamellenanstieg** größer als die Flüssigkeitsbelastung sein, welche für eine komplette Benetzung benötigt wird ($Re > Re_{min}^V(\alpha > 0)$).

Folglich existiert nur ein kleiner Belastungsbereich in dem eine bessere Benetzung bei der Lamellenstruktur festgestellt werden kann. Im anderen Fall ist die Benetzung ähnlich dem der glatten überströmten Platte.

Bei der untersuchten Lamellenstruktur ist der Betrag des Neigungswinkels vom Gefälle und Anstieg gleich. Aufgrund des diskutierten Verhaltens sollte für eine weitere Verbesserung des Benetzungsverhaltens über eine Struktur nachgedacht werden, die sich durch einen steilen Anstieg und einem flachen Gefälle auszeichnet.

Das bessere Benetzungsverhalten von Flüssigkeiten auf mikrostrukturierten Oberflächen lässt sich zurückführen auf die veränderte Strömungsführung im Strukturbereich und/oder den periodischen Änderungen der Benetzungshysterese hervorgerufen durch den Wechsel der Mikrostrukturneigung.

4.5. Untersuchung der Wechselwirkung an Flüssig-Flüssig-Phasengrenzflächen

Nach den Untersuchungen verschiedener einphasiger Filmströmungen wird die entwickelte μPIV-Messmethodik abschließend auf die zweiphasige Filmströmung erweitert und angewandt. Wie in Abschnitt 3.2 diskutiert wird neben einem geeigneten Stoffsystem auch ein passendes Partikelsystem benötigt, um die beiden flüssigen Phasen optisch voneinander trennen zu können.

In Abbildung 4.23 ist ein invertiertes Partikelabbild aus den zweiphasigen Experimenten dargestellt. Auf der linken Bildseite fließt Isooktan und auf der rechten Bildseite ein Gemisch aus Wasser und Glycerin. Es ist gut zu erkennen, wie sich die hydrophoben kleineren Partikel ausschließlich im Isooktan und die größeren hydrophilen Partikel (siehe Tabelle A.3 Melaminharzpartikel) nur im Wasser-Glycerin lösen. Durch den Wechsel der Partikeldurchmessers kann demzufolge die Flüssig-Flüssig-PGF eindeutig detektiert werden.

Die Auswertung dieser Bilddaten erfolgt äquivalent zur einphasigen Filmströmung mit dem in Abschnitt 3.4 beschriebene Bildbearbeitungsfilter. Je nach Partikelhelligkeit können für beide Partikelsorten dieselben Filterparameter verwendet werden oder es müssen

4.5. Untersuchung der Wechselwirkung an Flüssig-Flüssig-Phasengrenzflächen

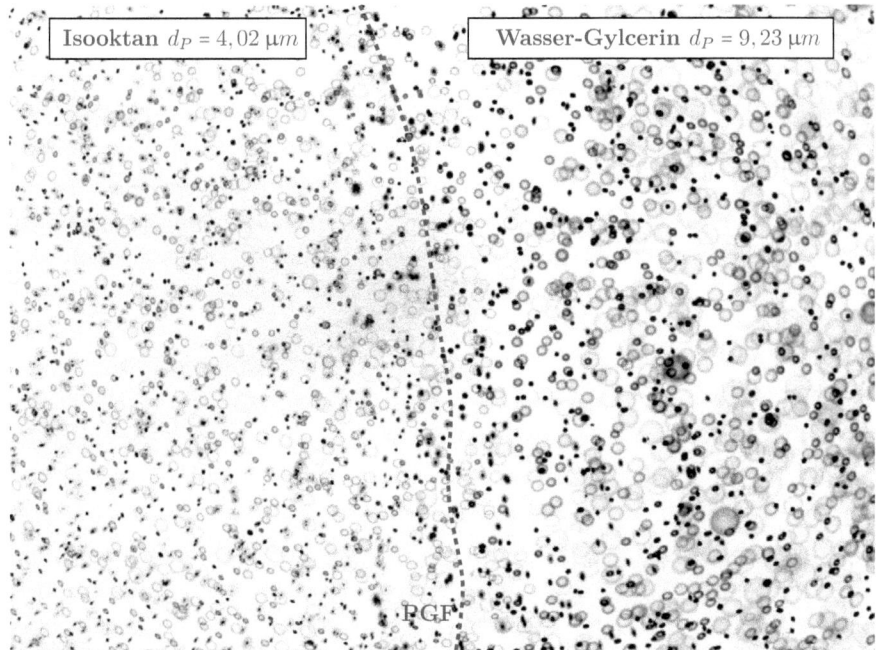

Abb. 4.23.: Partikelsystem bei der zweiphasigen Filmströmung (3,0 mm · 2,3 mm).

beide Teile separat ausgewertet und am Ende der Bildbearbeitung wieder zusammengeführt werden.

Mit Hilfe der Bilddaten über einen längeren Beobachtungszeitraum lässt sich zeigen, dass die Flüssig-Flüssig-PGF in der jeweiligen Filmtiefe ihre Position nicht verändert und nur kleinere Fluktuationen auftreten. Somit können problemlos die einzelnen Bilder aus der Bildbearbeitung aufsummiert (siehe Abbildung B.22) und das mittlere Geschwindigkeitsfeld berechnet werden.

Wie die Untersuchungen in Abschnitt 4.2 zeigen, ist die Verwendung von Aufgaberohren aufgrund der durch die Strahlaufgabe verursachten Geschwindigkeitsgradienten in der Filmströmung nicht zielführend. Daher wird für die heterogene Flüssigkeitsaufgabe auf ein paralleles Überlaufwehr oder ein Überlaufwehr mit integrierten sehr großen in der Platte befindlichen Aufgabebohrungen zurückgegriffen (siehe Abbildung 3.10 Abschnitt 3.2).

Kapitel 4. Auswertung und Gegenüberstellung der Ergebnisse

Die ersten Untersuchungen werden für das heterogene Stoffsystem Wasser-Glycerin (ξ_G = 0,52; ν = 5,21 mm²/s; ρ = 1129 kg/m³) und Silikonöl (ν = 10 mm²/s; ρ = 934 kg/m³) in der in Abschnitt 5.1 beschriebenen Testzelle durchgeführt. Das Wasser-Glycerin Gemisch wird dabei über eine Ausgangsbohrung (alle anderen sind verschlossen) als Rinnsal in der Mitte auf die Stahlplatte aufgegeben. Anschließend wird dieses von einer Silikonölfilmströmung überlagert, welche mit Hilfe des Überlaufwehrs erzeugt wird. Während der Versuche muss die Flüssigkeitsbelastung des Silikonöls so hoch gewählt werden, dass das Wasser-Glycerin Rinnsal komplett überdeckt ist und keine Wölbungen auf dem Silikonölfilm zu beobachten sind. Aufgrund der Anpassung der Brechungsindizes ist das Wasser-Glycerin Rinnsal optisch nicht mehr wahrnehmbar.

In Abbildung 4.24 sind die Ergebnisse dieser Untersuchungen in Form von Isolinen der x-Geschwindigkeit (Hauptströmungsrichtung) an der Flüssig-Flüssig-Phasengrenzfläche in unterschiedlichen Filmtiefen dargestellt. Zusätzlich ist die Position der PGF, welche sich aus der Analyse der Einzelbilder ergibt, ebenfalls mit skizziert. Diese verläuft wie bereits in Abbildung 4.23 zu sehen meist nicht ganz geradlinig. Die Messposition befindet sich etwa 9 cm stromabwärts vom Überlaufwehr.

Für das Silikonöl wurde eine Belastung von Re_{Sil} = 17 und für das Wasser-Glycerin eine von Re_{WG} = 51,2 (48 ml/min) gewählt. Die Reynolds-Zahlen beziehen sich dabei auf die in den Versuchen beobachtete spezifisch benetzte Plattenbreite und liegen für die Rinnsalströmung bei etwa 3 mm.

Ausgehend von Abbildung 4.24(a) in der Nähe der überströmten Oberfläche kann ein hoher Geschwindigkeitsgradient an der Flüssig-Flüssig-PGF beobachtet werden. Das Silikonöl fließt im Vergleich zum Wasser-Glycerin Rinnsal langsamer die Platte hinunter. An der Flüssig-Flüssig-PGF liegt ähnlich wie bei einer überströmten festen Oberfläche ein Haftbedingung vor, das heißt, dass zwischen den beiden flüssigen Phasen kein Geschwindigkeitssprung beobachtet werden kann und die Fluidelemente der beiden Flüssigkeiten an der PGF dieselbe Geschwindigkeit aufweisen. Wie an den Abständen der Isolinien zu sehen ist, sind die Geschwindigkeitsgradienten an und in der Nähe der PGF am größten. In den Bereichen der Kernströmung nehmen die Abstände zu und demzufolge die Gradienten ab. Der Verlauf der Geschwindigkeitsänderungen in einer flüssigen Phase entspricht somit dem parabolischen Verhalten, wie es auch bei der Fest-Flüssig-PGF beobachtet werden kann.

Die auszumachende leichte Zunahme der Geschwindigkeiten in x-Richtung auf beiden Flüssigkeitsseiten lässt sich auf die diskutierte Abweichung der Plattenneigung bzw. Kameraneigung zurückführen. In höheren Filmebenen wie in 4.24(b) und 4.24(c) nehmen

4.5. Untersuchung der Wechselwirkung an Flüssig-Flüssig-Phasengrenzflächen

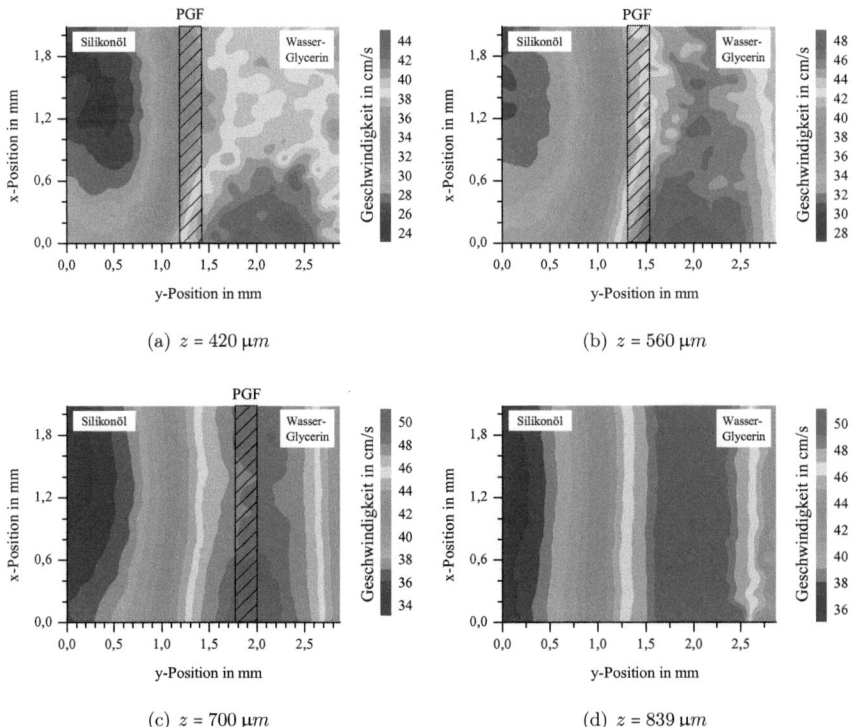

Abb. 4.24.: Geschwindigkeitsverteilung an einer Flüssig-Flüssig-Phasengrenzfläche in unterschiedlichen Filmhöhen auf einer überströmten Stahlplatte; $Re_{Sil} = 17$; $Re_{WG} = 51,2$; $n_{Sil} = n_{WG} = 1,40107$; $\alpha = 60°$.

diese Unterschiede infolge der geringeren Geschwindigkeitsgradienten in z-Richtung (also in Richtung der Filmoberfläche) ab.

Zudem kann in höheren Filmebenen beobachtet werden, dass sich die Flüssig-Flüssig-PGF weiter nach rechts verschiebt und in Abbildung 4.24(d) überhaupt nicht mehr wahrgenommen werden kann. Auf den Bilddaten können also keine großen scharfen Partikel detektiert werden. Die Ursache hierfür liegt daran, dass das Wasser-Glycerin Rinnsal unter dem Silikonöl ähnlich wie bei einer reinen Rinnsalströmung eine parabelförmige Form aufweist. Im plattennahen Bereich ist der Versatz der Flüssig-Flüssig-PGF zwischen den einzelnen Messpositionen sehr gering und nimmt kurz vor Erreichen der maximalen Rinnsaldicke stark zu.

Kapitel 4. Auswertung und Gegenüberstellung der Ergebnisse

Zusätzlich kann mit Hilfe der Rinnsalform erläutert werden, warum die Ausdehnung des Beeinflussungsbereiches in höheren Messpositionen leicht zunimmt. Es ist relativ gut zu sehen, dass der Kernbereich der Silikonölströmung im Gegensatz zur Flüssig-Flüssig-PGF nur geringfügig seine Position verändert. Das Silikonöl, welches in den unteren Filmebenen beschleunigt wird, beeinflusst aufgrund der Verschiebung der PGF zwangsläufig auch die Geschwindigkeiten in höher liegenden Filmebenen.

In Abbildung 4.24(d), welche die Oberflächengeschwindigkeitsverteilung der heterogenen Filmströmung repräsentiert, kann keine PGF festgestellt werden, da das Wasser-Glycerin Rinnsal unterhalb der Silikonölfilmströmung liegt. Der Einfluss des Rinnsals auf das Silikonöl ist an dieser Stelle am größten. Im Vergleich zur Kernströmung weist das Silikonöl direkt über dem Rinnsal eine viel größere Geschwindigkeit auf. Im Hinblick auf den Stofftransport bedeutet dies demzufolge eine Reduzierung der Verweilzeit von Fluidelementen, welche sich oberhalb der Rinnsalströmung befinden.

Infolge der Rinnsalwölbung kann in den oberen Filmbereichen bereits ein Einfluss auf das Geschwindigkeitsfeld durch das rechts vom Rinnsal befindliche Silikonöl festgestellt werden.

Wird angenommen, dass für die Film- und Rinnsalströmung die Oberflächengeschwindigkeit sowie die Film- bzw. Rinnsaldicke nach Nusselt berechnen lassen, so kann eine relativ gute Übereinstimmung festgestellt werden. Das Silikonöl weist nach Nusselt eine Filmdicke von 843 µm und eine Oberflächengeschwindigkeit von 30,2 cm/s auf. Die Rinnsalströmung etwa ein Dicke von 788 µm und eine Oberflächengeschwindigkeit von 50,8 cm/s. Die *Abschätzung der Größenordnung* der Oberflächengeschwindigkeit und Dicke der Rinnsalströmung nach Nusselt ist an dieser Stelle möglich, da das Rinnsal an den Seiten sehr steil zuläuft und stärkere Krümmungen erst im oberen Bereich des Rinnsales auftreten. Bedingt durch diese vereinfachte Abschätzung sind in der Realität die maximale Rinnsaldicke aufgrund der Krümmung sowie die Oberflächengeschwindigkeiten etwas größer. Die gemessen heterogene Filmdicke von 839 µm und einer maximalen Geschwindigkeit von etwas über 50 cm/s und einer minimalen von etwas unterhalb von 36 cm/s sind sehr nahe diesem theoretischen Bereich. Die auftretenden Abweichungen lassen sich vor allem auf die Wandhaftungsbedingungen an der PGF zurückführen. Das Rinnsal gibt einen Teil seiner kinetischen Energie an das Silikonöl ab und demzufolge reduziert sich seine Geschwindigkeit. Dieser Effekt kann besonders gut veranschaulicht werden, wenn die Flüssigkeitsbelastung des Wasser-Glycerins während der Versuche konstant gehalten und nur die Belastung des Silikonöls variiert wird.

In Abbildung 4.25 sind die Isoliniendiagramme für eine Reynolds-Zahl von 11 und 21 in

4.5. Untersuchung der Wechselwirkung an Flüssig-Flüssig-Phasengrenzflächen

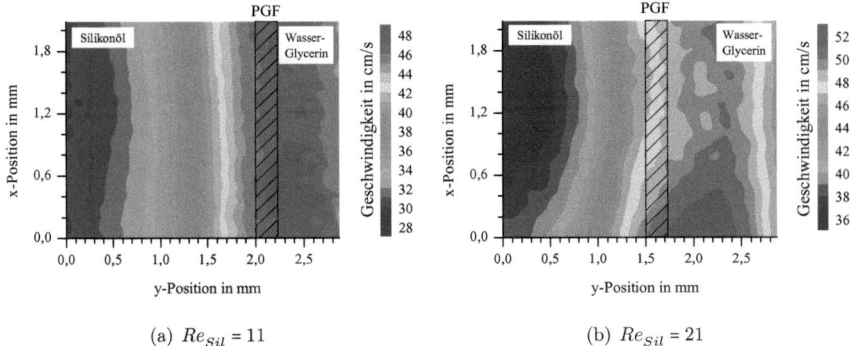

Abb. 4.25.: Geschwindigkeiten an einer Flüssig-Flüssig-PGF in Abhängigkeit des Verhältnisses der Flüssigkeitsbelastungen auf einer überströmten Stahlplatte; $z = 700$ μm; $Re_{WG} = 51,2$; $n_{Sil} = n_{WG} = 1,4012$; $\alpha = 60°$.

einer zu Abbildung 4.24(c) äquivalenten Messposition dargestellt. Für Erstere ist die entsprechende Filmdicke nach Nusselt 730 μm und die Oberflächengeschwindigkeit 22,6 cm/s und für letztere 905 μm und 34,8 cm/s. Da das Wasser-Glycerin Rinnsal bei einer Erhöhung der Flüssigkeitsbelastung des Silikonöls aufgrund des damit verbunden Anstieges der mittleren Silikonölgeschwindigkeit weniger kinetische Energie an das Silikonöl abgibt ist die Eigengeschwindigkeit trotz einer konstanten Flüssigkeitsbelastung größer.

Vergleicht man die Lage der Flüssig-Flüssig-PGF für alle drei Silikonölbelastungen, so kann eine scheinbare Verschiebung der PGF nach links beobachtet werden. Diese kann jedoch zurückgeführt werden auf die in diesem Stoffsystem sehr große Schärfentiefe von ±56 μm sowie den eingestellten Ebenenabstand von 100 μm.

Ferner kann in den Experimenten beobachtet werden, dass sich weiter stromabwärts der Messposition auf dem Silikonölfilm ähnlich wie bei der einphasigen Filmströmung zweidimensionale Wellen auf der Filmoberfläche ausbilden. Allerdings sind diese im Bereich um und über dem Rinnsal sehr abgeschwächt bzw. nicht vorhanden, hier kann vielmehr weiterhin ein glatter Film beobachtet werden. Da die Rinnsaldicke wie oben gezeigt nur etwas unterhalb der Filmoberfläche liegt, wird das Silikonöl über dem Rinnsal mitgerissen. Infolge dieses Mitreißens steigt die Geschwindigkeit an der Filmoberfläche weit über die Wellengeschwindigkeit an, so dass keine Wellen entstehen können bzw. eine ausgebildete Welle quasi auseinandergezogen wird und die Welle in diesem Bereich kollabiert. Störungen über dem Bereich des Rinnsals können demnach nur durch Fluktuationen auf der Rinnsaloberfläche verursacht werden, welche jedoch wie oben diskutiert sehr gering sind.

Kapitel 4. Auswertung und Gegenüberstellung der Ergebnisse

Für das Stoffsystem Silikonöl und Wasser-Glycerin lässt sich der gesamte Strömungsbereich, welcher durch das Rinnsal beeinflusst wird, abschätzen durch die Rinnsaldicke im plattennahen Bereich sowie der Geschwindigkeitsübergänge (Geschwindigkeitsgrenzschicht). Der Beeinflussungsbereich liegt unter diesen Versuchsbedingungen somit bei etwa 4 mm für ein Rinnsal.

Dieses Verhalten, insbesondere die Ausdehnung der Geschwindigkeitsgrenzschicht, wird allerdings sehr stark durch die Stoffeigenschaften der beiden Flüssigkeiten beeinflusst. Im Fall von Silikonöl und dem verwendeten Wasser-Glycerin-Gemisch sind die Massendichte und die kinematische Viskosität ähnlich. Wird z. B. anstelle von Silikonöl auf Isooktan als organische flüssige Phase zurückgegriffen und der Glycerinanteil gemäß der Gleichheit der Brechungsindizes angepasst, so kann eine starke Veränderung des fluiddynamischen Verhaltens an der Flüssig-Flüssig-PGF beobachtet werden. Mit einer Massendicht von 690 kg/m³ und einer kinematischen Viskosität von $0,74\,\text{mm}^2/\text{s}$ weist Isooktan im Vergleich zum Wasser-Glycerin ($\xi_G = 0,454$, $\rho = 1114\,\text{kg/m}^3$, $\nu = 4,5\,\text{mm}^2/\text{s}$) eine wesentlich bessere Fliessfähigkeit (geringe Filmdicken und hohe Strömungsgeschwindigkeiten) auf. Infolge des großen Viskositätsunterschiedes muss die Flüssigkeitsbelastung des Isooktans sehr hoch gewählt werden, da dieses sonst einen sehr (zu) dünnen Film ausbildet. Um in Anbetracht dieser hohen Reynolds-Zahlen sicherstellen zu können, dass sich keine Wellen auf der Filmoberfläche ausbilden, wird die Messposition auf 5 cm stromabwärts gelegt. Eine Filmdicke größer als die Rinnsaldicke ist allerdings mit dem vorhanden Versuchsaufbau schwer möglich, da nicht nur die maximale Isooktan- sonder ebenfalls die minimale Wasser-Glycerinbelastung begrenzt sind, weil verhindert werden muss, dass eine Tropfenströmung auf der Filmströmung ausgebildet wird.

Ferner weisen die Rinnsalseiten eine nicht ganz so große Steigung wie im Fall von Silikonöl auf, so dass die maximale Rinnsaldicke weitaus größer als die Filmdicke nach Nusselt ist. Die Rinnsalbreite beträgt etwa 4 mm. Aufgrund der unterschiedlichen Dicken nimmt der Fehler infolge der Lichtbrechung an der Gas-Flüssig-PGF leicht zu. Da allerdings in den Experimenten beobachtet werden kann, dass sich das Isooktan an das Wasser-Glycerin anschmiegt und auch teilweise überströmt, wird der Bereich, indem sich die Filmdicke ändert, von der Flüssig-Flüssig-PGF etwas in Richtung zur Seite des Isooktans verschoben. Demzufolge tritt der Fehler nicht direkt über der PGF, sondern daneben auf.

In Abbildung 4.26(a) ist die Geschwindigkeitsverteilung einer Isooktanfilmströmung, welche ein Wasser-Glycerin Rinnsal überströmt für eine Messposition herausgegriffen. Im Gegensatz zum ersten Stoffsystem ist die Geschwindigkeitsgrenzschicht, wie an den dicht beieinanderliegenden Isolinien zu sehen, sehr klein und vor allem auf der Isooktanseite

4.5. Untersuchung der Wechselwirkung an Flüssig-Flüssig-Phasengrenzflächen

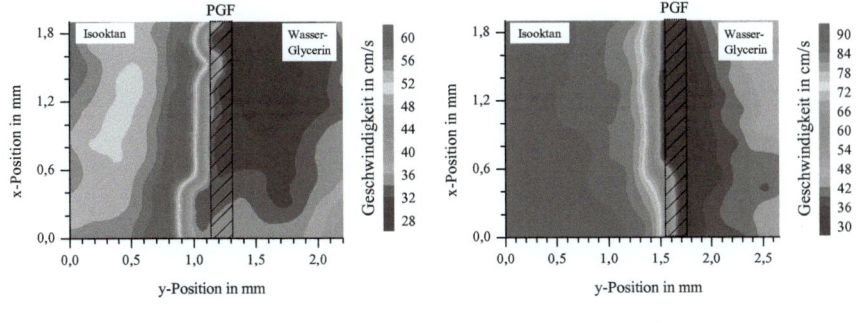

(a) Überlaufwehr und Aufgabebohrung   (b) paralleles Überlaufwehr

Abb. 4.26.: Geschwindigkeiten an einer Flüssig-Flüssig-PGF bei unterschiedlicher Flüssigkeitsaufgabe auf einer überströmten Stahlplatte; $z = 420\mu m$; $\alpha = 60°$; $\xi_G = 0,454$; $n_{Iso} = n_{WG} = 1,3991$; (a) $Re_{Iso} = 465$; $Re_{WG} = 120$; (b) $Re_{Iso} = 436$; $Re_{WG} = 55$; .

vorhanden. An der Flüssig-Flüssig-PGF gibt das sehr viel schneller fließende Isooktan zwar seine kinetische Energie an das Wasser-Glycerin ab, jedoch ist diese aufgrund der geringen Dichte sehr klein. Umgekehrt bremst das Wasser-Glycerin Rinnsal das Isooktan sehr gut ab, allerdings ist die Geschwindigkeitsgrenzschicht im Isooktan aufgrund der geringen inneren Reibung sehr dünn.

In Richtung der Kernströmung des Isooktans kann eine leichte Abnahme der Geschwindigkeit beobachtet werden. An dieser Stelle tritt der diskutierte Fehler infolge der Brechung auf. Der Eintrittswinkel des Lichtes nimmt zu und als Konsequenz verschiebt sich die Schärfeebene etwas weiter in Richtung der überströmten Oberfläche.

Bei der Flüssigkeitsaufgabe mit Hilfe der parallel angeordneten Überlaufwehre in Abbildung 4.26(b) zeigt sich bezüglich der Geschwindigkeitsgrenzschicht ein ähnliches Verhalten. Das heißt, die sich ausbildende Geschwindigkeitsgrenzschicht ist unabhängig von der Art der heterogenen Strömungsform (Film-Film, Film-Rinnsal...). Die kleinen Unterschiede in der Flüssigkeitsbelastung des Isooktans sind darin begründet, dass diese auf die real benetzten Plattenbreiten bezogen wird. Zu Beginn der Untersuchungen wird etwa die Hälfte der Platte mit dem Wasser-Glycerin benetzt. Demzufolge muss die Wasser-Glycerin Belastung höher gewählt werden als bei den Rinnsaluntersuchungen. Anschließend erfolgt die Aufgabe des Isooktans am zweiten Überlaufwehr. Die sich dabei einstellende spezifische Plattenbreite wird für die Berechnung der Reynolds-Zahl verwendet. Das Isooktan benetzt in den Versuchen etwa eine Breite von 3 cm und das Wasser-Glycerin von 2 cm. Infolge der hohen Randgängigkeit des Wasser-Glycerins (geringe lokale Belastung an der

Kapitel 4. Auswertung und Gegenüberstellung der Ergebnisse

Flüssig-Flüssig-PGF) und der stärkeren Überströmung des Isooktans sind die Änderungen im Filmdickenverhalten quer zur Strömungsrichtung geringer als beim überströmten Rinnsal. Ferner ist die Dicke der Filmströmung wesentlich geringer als die einer äquivalenten Rinnsalströmung. Im Beobachtungsbereich um die Flüssig-Flüssig-PGF herum weisen beide Phasen in den Untersuchungen etwa die gleiche Dicke auf. Demzufolge ist der Brechungsfehler hier sehr gering, so dass im Kernbereich des Isooktans eine konstant hohe Geschwindigkeit beobachtet werden kann.

Bei verschiedenen Isooktanbelastungen und konstanter Wasser-Glycerin Belastung kann keine Verschiebung des Benetzungsverhaltens zugunsten des Isooktans beobachtet werden. Allerdings zeigt sich an der Flüssig-Flüssig-PGF, dass bedingt durch den höheren Druck auf die PGF die Neigung in Richtung des Wasser-Glycerins geht. Bei der Rinnsalströmung tritt dieses Verhalten nicht auf, da diese Kräfte von beiden Seiten wirken und sich demzufolge aufheben.

Abschließend kann festgehalten werden, dass die entwickelte µPIV-Methodik erfolgreich auf die zweiphasige Filmströmung angewandt werden kann. Aufgrund der Haftbedingung an der Flüssig-Flüssig-PGF zeigt sich ein ähnliches Geschwindigkeitsverhalten, wie bei einer überströmten festen Oberfläche. Die Ausdehnung der sich ausbildenden Geschwindigkeitsgrenzschicht ist abhängig vom Unterschied der Dichte und Viskosität der beiden Flüssigkeiten.

Die in den Untersuchungen beobachtete Beschleunigung an der Flüssig-Flüssig-PGF bewirkt eine Reduzierung der Verweilzeit der Fluidelemente der ersten Phase und somit unter Umständen eine Verschlechterung des Stoffübergangs (im Fall der Abbremsung eine Verbesserung). Um zu Beurteilen, wie groß der Einfluss der Fluiddynamik der beiden flüssigen Phasen auf den Stofftransport ist, erfolgen im nächsten Kapitel detaillierte Untersuchungen des Stoffüberganges verschiedener heterogener Strömungsformen.

Zukünftig sind die hier erzielten Ergebnisse mit CFD-Simulationen zu vergleichen, so dass die verwendeten CFD-Modelle im Hinblick auf ihre Anwendbarkeit bewertet werden können.

KAPITEL 5

Einfluss einer heterogenen Filmströmung auf den Stoffübergang

Nachdem mit Hilfe der entwickelten μPIV-Messmethodik die fluiddynamischen Wechselwirkungen zwischen zwei flüssigen Phasen einer Filmströmung erstmals nachgewiesen und quantifiziert wurden, ist abschließend die Frage zu klären, inwieweit die dargelegten Wechselwirkungen an der Flüssig-Flüssig-PGF Auswirkungen auf den Stoffübergang haben bzw. ob sich mit diesen die auftretenden Unterschiede erklären lassen. Aus diesem Grund werden in diesem Kapitel Messungen des Stoffübergangs für unterschiedliche heterogene Strömungsformen in einem Fallfilmabsorber im Labormaßstab durchgeführt. Mit Hilfe des jeweiligen homogenen Referenzfalles lässt sich die Fragestellung nach der Beeinflussung auf den Stoffübergang eindeutig klären.

Neben der Untersuchung der Film-Rinnsalströmung und der Film-Tropfenströmung, welche in einer Packungskolonne und bei der glatten überströmten Platte beobachtet werden können, erfolgen zusätzlich Untersuchungen über das Stoffübergangsverhalten der Filmströmung einer Emulsion. Die Untersuchung der Emulsions-Filmströmung stellt hier einen Spezialfall dar, da es sich im makroskopischen Sinne nicht um einen heterogene Strömungsform handelt, sondern aufgrund der homogenen Verteilung der dispersen Phase in der kontinuierlichen Phase um eine homogene Strömungsform. Die im mikroskopischen Bereich weiterhin auftretenden Wechselwirkungen und Grenzflächeneffekte, welche zum Beispiel in einer Phasentrennung resultieren können, können auch den Stofftransport beeinflussen und müssen daher mit beachtet werden.

Kapitel 5. Einfluss einer heterogenen Filmströmung auf den Stoffübergang

Des Weiteren ist zu berücksichtigen, dass es sich im Gegensatz zu den ersten beiden Strömungsformen bei der Emulsion um einen erzwungenen Zustand handelt, da diese sich bei den hier betrachteten Stoffsystemen nicht selbstständig in einer Packungskolonne ausbilden wird. Die Emulsion muss somit vorher mit Hilfe noch zu spezifizierender Apparaten oder Maschinen erzeugt werden.

5.1. Versuchsaufbau und Messmethodik

Für die Untersuchungen wird ein heterogenes Stoffsystem benötigt, welches sich dadurch auszeichnet, dass sich eine flüssige Phase bezüglich der zu absorbierenden Komponente möglichst sensitiv und die zweite flüssige Phase sich bezüglich der Absorption möglichst neutral verhält. Aus diesem Grund wird das Stoffsystem Wasser, Toluol und Propan verwendet. Das Toluol stellt das Absorbens dar und das Wasser die dritte bezüglich des Stofftransports inerte Phase, was weitgehend erfüllt ist, da die Löslichkeit von Propan in Wasser etwa um den Faktor einhundert geringer als die Löslichkeit von Propan in Toluol ist. Aufgrund der sehr starken Wechselwirkungen zwischen Wasser und Toluol sind diese so gut wie nicht mischbar. Um einen möglichst kleinen Versuchsstand zu realisieren, muss eine hohe Triebkraft gewährleistet werden. Daher wird bei den Versuchen nahezu reines Propan mit einem Partialdruck von 1250 mbar verwendet. Hinzu kommt, dass durch die Verwendung eines reinen Propangasstroms der Stofftransportwiderstand auf der Flüssigkeitsseite liegt und Effekte auf den übergehenden Stoffstrom hervorgerufen durch die veränderte Hydrodynamik besser erfasst werden können.

Für die Untersuchungen des Stoffüberganges wird auf die Gegenstrommesszelle in Abbildung 5.1 zurückgegriffen und um die nötigen Flüssigkeitsaufgaben erweitert (siehe auch technische Zeichnungen und Verfahrensfließbild in Abschnitt A.3). Durch einen schnellen Wechsel der 5 cm breiten Platte lassen sich alle Plattenlängen kleiner 30 cm realisieren. Für die Untersuchungen ist die Plattelänge so gewählt, dass die Austrittskonzentration nicht zu Nahe an der Sättigungskonzentration liegt, da sich anderenfalls Änderungen im Stoffübergangsverhalten schwer erfassen lassen. Bei dem oben gegebenen Partialdruck von Propan und einer Temperatur der eintretenden Stoffströme von ca. $25\,°C$ ist nach eigenen Untersuchungen eine Plattenlänge von 10 cm bei einer senkrechten Ausrichtung ($\alpha = 90°$) für die Untersuchungen ausreichend.

Um ein Entweichen des Propans über den Toluolauslaß zu vermeiden muss die Flüssigkeit in der Messzelle leicht angestaut werden. Während der Versuche darf sich der Flüssigkeitsfüllstand nicht ändern, da dies gleichbedeutend mit einer veränderten Stoffübergangsfläche

5.1. Versuchsaufbau und Messmethodik

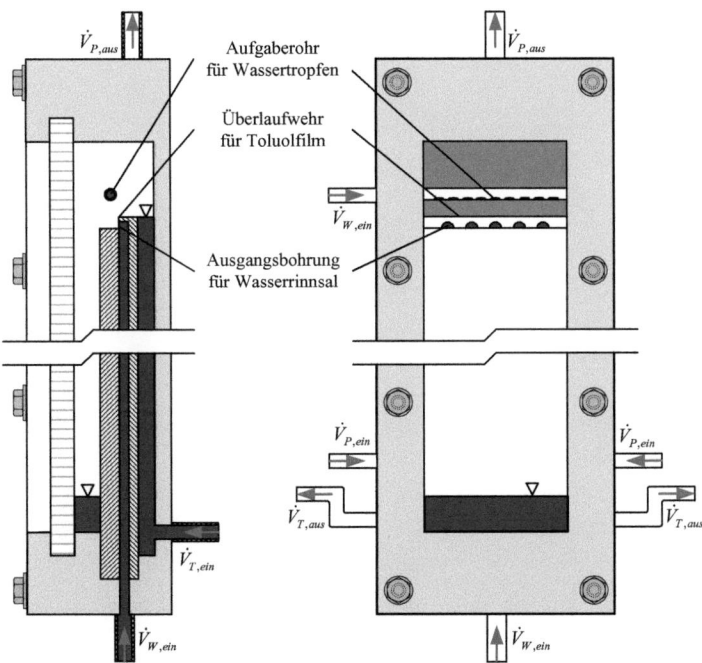

Abb. 5.1.: Prinzipskizze des entwickelten Versuchsstandes und Realisierung der einzelnen Flüssigkeitsaufgaben für die dreiphasigen Stoffübergangsuntersuchungen.

wäre. Zur Vermeidung von Aufstau- oder Verdrängungseffekten der Flüssigkeit im Einlassbereich der Gasströmung erfolgt die Propanzufuhr beidseitig der Messzelle über große Einlassbohrungen bei gleichzeitig geringem F-Faktor.

$$F = \frac{\dot{V}_{P,ein}}{A_q} \cdot \sqrt{\rho(T_0, p_0)} = 0,35 \sqrt{\text{Pa}} \tag{5.1}$$

Für die Untersuchungen des Einflusses einer zweiten flüssigen Phase (dreiphasige Absorption) auf den Stoffübergang wird als quantitativer Vergleich der zweiphasige Referenzfall benötigt. Um eine gute Vergleichbarkeit gewährleisten zu können, wird der Referenzfall bei jedem Versuch mit aufgenommen, da nicht immer sichergestellt werden kann, dass der Propanpartialdruck und der Volumenstrom aufgrund der Auflösung der Strömungsmesser in jedem neuen Versuch exakt gleich sind. Änderungen im Stoffübergang lassen sich somit

Kapitel 5. Einfluss einer heterogenen Filmströmung auf den Stoffübergang

eindeutig auf das Strömungsverhalten zurückführen.
Während die Propan- und Wasserbelastung konstant gehalten werden, variiert die Toluolbelastung B_T

$$B_T = \frac{\dot{V}_T}{b} \tag{5.2}$$

im Bereich von $0,14-0,30\,\mathrm{m^3/(m\,h)}$. Für eine Packungskolonne ($a = 350\,\mathrm{m^2/m^3}$) bedeutet dies eine Belastung von etwa $35 - 75\,\mathrm{m^3/(m^2\,h)}$.
In Abbildung 5.1 ist die Prinzipskizze der entwickelten Messzelle mit den jeweiligen Flüssigkeitsaufgabevarianten zur Realisierung der unterschiedlichen heterogenen Strömungsformen dargestellt. Mit Hilfe der in der Platte befindlichen Bohrungen kann wie bereits bei der Untersuchung der Fluiddynamik eine Wasserrinnsalströmung erzeugt werden, die von einem Toluolfilm überzogen ist, der am Überlaufwehr aufgegeben wird. Für die Untersuchung der Tropfenströmung befindet sich in geringem Abstand oberhalb vom Überlaufwehr ein Aufgaberohr mit sehr kleinen Austrittsöffnungen. Mittels einer pulsweisen Förderung des Wasserstroms werden hier Tropfen gebildet, die dann auf dem Toluolfilm die Messzelle hinab fließen. Die Aufgabe der Emulsion erfolgt äquivalent zur einphasigen Filmströmung am Überlaufwehr.
Zur Bewertung des Stoffübergangsverhaltens einer Wasser/Toluol Emulsion muss ein geeignetes Verfahren zur Dispergierung gewählt werden. Aufgrund der starken molekularen Wechselwirkungen zwischen den Wasser- und Toluolmolekülen ist die Herstellung einer dauerhaften Emulsion erfahrungsgemäß nicht möglich, so dass sich die beiden Phasen wieder trennen. Für die Versuche muss sichergestellt werden, dass die Emulsionslebensdauer (Zeit bis zum ersten optischen Zerfall) sehr viel größer als die mittlere Verweilzeit des Fluids in der Messzelle ist. Die Verwendung von Hilfsstoffen, so genannten Emulgatoren, oder Rührorganen mit hohen Drehzahlen erweist sich als nicht zielführend. Der Energieeintrag der Rührer ist gering um eine stabile Emulsion über den benötigten Zeitraum bereitzustellen und die Emulgatoren können neben den Beeinflussungen an der PGF auch Auswirkungen auf den Stoffübergang haben. Deshalb erfolgt die Herstellung der Emulsion mit Hilfe eines Ultraschalldispergiergerätes, das aufgrund der hohen möglichen Energiedichte eine temporäre Emulsion mit ausreichender Lebensdauer erzeugt. Infolge des erheblichen Eintrages an Dispersionsenergie wird das Stoffsystem stark erwärmt, so dass die Herstellung unter gleichzeitiger Kühlung erfolgen muss. Der Massenbruch vom dispers vorliegenden Wasser in Toluol liegt zwischen 0,01 - 0,02 kg/kg.
Die Auswertung der Proben erfolgt mit Hilfe des Gaschromatographen unter Verwendung substanzspezifischer Flächenkorrekturfaktoren, für dessen Kalibrierung eine gesät-

5.1. Versuchsaufbau und Messmethodik

tigte Lösung von Propan in Toluol bei Umgebungsbedingungen hergestellt und weiter runter verdünnt wird. Die maximale Konzentration (273 K; 1,013 bar) beträgt nach eigenen Messungen 0,032 kg/kg bzw. 0,065 mol/mol und stimmt sehr gut mit den Angaben von Hayduk (1986) überein.

Die Ergebnisse zu den einzelnen Versuchsreihen sind in Abbildung 5.2 bis Abbildung 5.5 dargestellt. Es ist jeweils die bezogene Massenkonzentration, die definiert ist als die gemessene Konzentration am Austritt der Messzelle bezogen auf die Gleichgewichtskonzentration bei Umgebungsbedingungen,

$$\xi_P^* = \frac{\xi_P(T,p)}{\xi_P(T_0,p_0)} \tag{5.3}$$

über die Toluolbelastung und Film-Reynolds-Zahl aufgetragen. Es kann somit eindeutig gezeigt werden, dass die Änderungen im Stoffübergangsverhalten hervorgerufen durch die disperse Phase in einem für industrielle Anwendungen relevanten Arbeitsbereich liegen. Um zu veranschaulichen, welche Auswirkungen die Änderungen der Konzentrationen auf eine reale Anlage haben können sind zusätzlich in den Diagrammen die korrespondierenden Änderungen der Höhe einer flüssigkeitsseitigen Übertragungseinheit HTU_{OL} ebenfalls über die Toluolbelastung und Reynolds-Zahl aufgetragen. Mit Hilfe einer Stoffmengenbilanz um ein differenziell kleines Höhenelement lässt sich die Höhe H eines Stoffaustauschapparates durch Multiplikation der Höhe einer Übertragungseinheit und die Anzahl der benötigten Übertragungseinheiten NTU_{OL} bestimmen.

$$H = \underbrace{\frac{\dot{V}_T}{c_L \cdot \beta_{OL} \cdot a_{Ph} \cdot A_q}}_{HTU_{OL}} \cdot \underbrace{\int_{x_{P,ein}}^{x_{P,aus}} \frac{dx_P}{x_P^{Ph} - x_P}}_{NTU_{OL}} \tag{5.4}$$

Da die Gasphase aus nahezu reinem Propan besteht und der Partialdruck relativ hoch ist sind die Konzentrationsänderungen auf der Gasseite vernachlässigbar klein sind, so dass der Gesamtwiderstand des Stoffüberganges auf der Seite der Flüssigkeit liegt. Somit ändert sich die Konzentration x_P^{Ph} (= 0,065 mol/mol) an der PGF nicht und die Höhe einer flüssigkeitsseitigen Übertragungseinheit kann berechnet und dargestellt werden durch:

$$HTU_{OL} \approx H \cdot \left(\frac{x_{P,aus} - x_{P,ein}}{(x_P^{Ph} - x_P)_{m,ln}} \right) \tag{5.5}$$

Kapitel 5. Einfluss einer heterogenen Filmströmung auf den Stoffübergang

Hierbei ist $(x_P^{Ph} - x_P)_{m,ln}$ die mittlere logarithmische Konzentrationsdifferenz welche definiert ist als:

$$(x_P^{Ph} - x_P)_{m,ln} = \frac{\Delta x_{P,ein} - \Delta x_{P,aus}}{ln\left(\Delta x_{P,ein}/\Delta x_{P,aus}\right)} \tag{5.6}$$

Für den Fall, dass der eintretende Toluolstrom unbeladen ist $(x_{P,ein} = 0$ kg/kg$)$ vereinfacht sich die Formel zu:

$$HTU_{OL} \approx \frac{H}{ln\left(\dfrac{x_P^{Ph}}{x_P^{Ph} - x_{P,aus}}\right)} \tag{5.7}$$

5.2. Rinnsalströmung

Für die Untersuchung des Einflusses einer Wasserrinnsalströmung auf den Stoffübergang von Propan in Toluol werden drei Wasserrinnsale mit Hilfe der Ausgangsbohrungen in der Platte erzeugt (siehe Abbildung B.23). Von großer Bedeutung ist dabei, dass alle Rinnsale unterhalb des Toluolfilms liegen und die Toluolbelastung ausreichend hoch ist, um eine volle Benetzung der Platte gewährleisten zu können. Im Allgemeinen kann dieser Strömungszustand erreicht werden, wenn die Stahlplatte erst mit Wasser benetzt wird und anschließend mit der Toluolphase. Aufgrund der hohen Oberflächenspannung von Wasser bleibt dieses dauerhaft unter der Toluolphase. Die auf die Plattenbreite bezogene konstante Wasserbelastung beträgt ca. $0,06$ m³/(m h) bzw. $Re = 16,6$. Unterhalb dieser Belastung ist eine Aufrechterhaltung der Wasserrinnsalströmung nicht mehr möglich.

In Abbildung 5.2 sind die Änderungen der Propankonzentration im austretenden Toluolstrom und die HTU_{OL}-Werte über die Toluolbelastung und Film-Reynolds-Zahl dargestellt. Aufgrund der hohen Genauigkeit des verwendeten Gaschromatographen und der Rotameterkalibrierung sind keine Fehlerbalken eingezeichnet. Es ist zu erkennen, dass die Propankonzentration mit zunehmender Toluolbelastung abnimmt, was einen Anstieg des HTU Wertes zur Folge hat. Ursache hierfür ist die Zunahme der mittleren Filmdicke und der mittleren Geschwindigkeit, so dass sich die Verweilzeit eines Fluidelementes verringert und der Stofftransportwiderstand aufgrund des längeren Diffusionsweges steigt. Der Vergleich der zwei- und dreiphasigen Absorptionsexperimente zeigt eindeutig, dass die Wasserrinnsale den Stoffübergang von Propan in die Toluolphase verbessern. Im Mittel über den gesamten Toluolbelastungsbereich und über alle durchgeführten Versuchsreihen

5.2. Rinnsalströmung

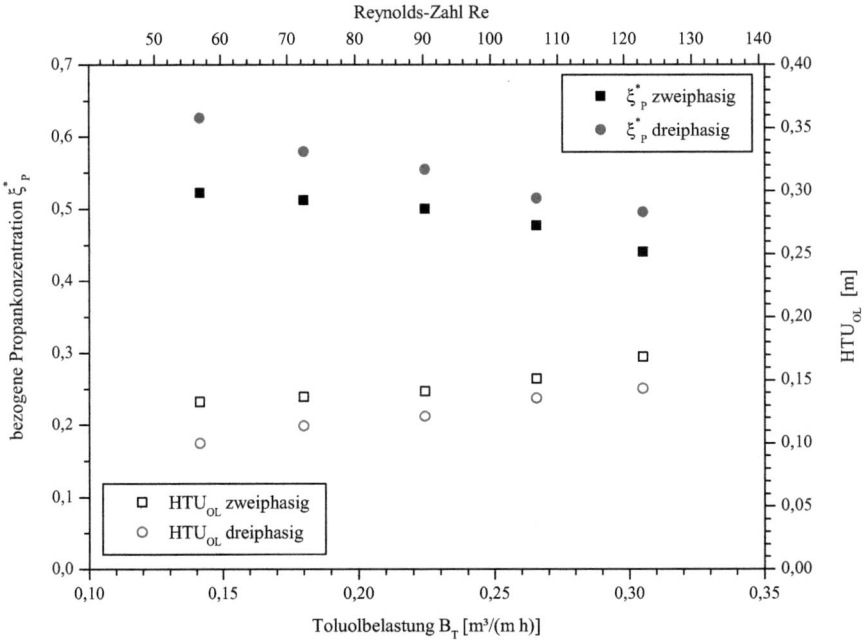

Abb. 5.2.: Änderung der bezogenen Propankonzentration und HTU_{OL}-Werte in Abhängigkeit der Toluolbelastung / Reynolds-Zahl für eine reine Toluolströmung (zweiphasig) und eine Wasserrinnsal - Toluolfilm Strömung (dreiphasig); $F = 0,35\ Pa^{0,5}$; Wasserbelastung $B_W = 0,06\ m^3/(mh)$.

liegen die Propankonzentrationen bei der dreiphasigen Absorption etwa um 8 % höher. Wenn sich Ergebnisse der überströmten Platte direkt auf eine Absorptionskolonne übertragen ließen, bedeutet dies aufgrund der damit verbundenen geringeren HTU_{OL}-Werte eine um 10 % verringerte Bauhöhe.

Da die Versuche bei sonst gleichen Bedingungen durchgeführt wurden, folgt aus Gleichung 5.4, dass die Änderungen in der Höhe einer flüssigkeitsseitigen Übertragungseinheit durch den volumetrischen Stoffübergangskoeffizienten $\beta_{OL} a_{PH}$ hervorgerufen werden müssen. Der volumetrischen Stoffübergangskoeffizienten berücksichtigt Veränderung der Fluiddynamik und der zur Verfügung stehenden Stoffübergangsfläche. Für eine Packungskolonne lassen sich diese beiden Einflussparameter im Allgemeinen nicht trennen, da z. B. die benetzte Oberfläche nicht bekannt ist. Im Rahmen des in dieser Arbeit verwendeten Plattenabsorbers und der kurzen Plattenlänge von 10 cm kann die Stoffübergangsfläche für die

Kapitel 5. Einfluss einer heterogenen Filmströmung auf den Stoffübergang

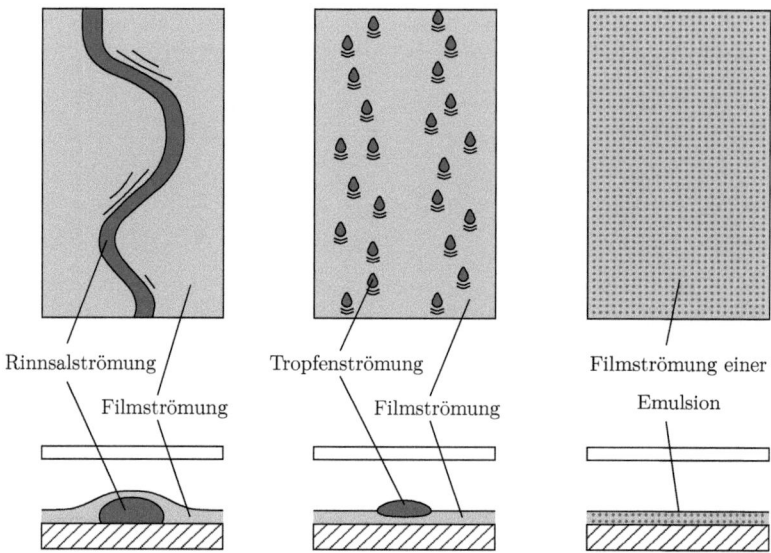

Abb. 5.3.: Schematische Darstellung der unterschiedlichen heterogenen Strömungsformen.

einzelnen heterogenen Strömungsformen unter der gerechtfertigten Annahme eines glatten Films abgeschätzt werden. Für den zweiphasigen Vergleichsfall ist die Stoffübergangsfläche demzufolge gleich der überströmten Plattenfläche. Somit kann gezeigt werden, dass sich die Unterschiede nur bedingt mit Hilfe der in Abschnitt 4.5 gemessenen Wechselwirkungen erklären lassen. Vielmehr kann die Verbesserung des Stoffübergangs bei Auftreten von Wasserrinnsalen unter der Toluolfilm zurückgeführt werden auf die durch die Wölbung der Wasserrinnsale verursachte Erhöhung der Stoffübergangsfläche auf der Seite des Toluolfilms. Wie in Abbildung 5.3 schematisch dargestellt ist die mittlere Rinnsaldicke im Allgemeinen sehr viel größer als die mittlere Filmdicke. Während das Wasser als Rinnsal die Platte herunter fließt, wird dieses vollständig von der Toluolphase bedeckt. Aufgrund der Wölbung und der Rinnsalhöhe wird somit die Phasengrenzfläche des Toluols zum Propan erhöht.

Dieser Anteil kann mit Hilfe der Querschnittsform des Rinnsales abgeschätzt werden. Auf der verwendeten Stahlplatte hat das Wasser einen hohen Randwinkel (um 80°), so dass die Rinnsalseiten sehr steil verlaufen und der Querschnitt etwa die Form einer halben Ellipse aufweist. Die in den Experimenten bestimmte Breite liegt bei allen drei Rinnsalen etwa bei 2,5 mm und die maximale Höhe bei ungefähr 1,2 mm, was sehr gut mit der Beziehung von Doniec (1984) übereinstimmt. Somit ergibt sich für die Toluolströmung eine zu benetzende Breite von 5,4 statt 5,0 cm. Da sich die Plattenlänge nicht ändert, ist dies gleichbedeutend mit einem 8 % Anstieg der zu überströmenden Oberfläche. Selbstverständlich muss berücksichtigt werden, dass der Toluolfilm nicht exakt die Form der Rinnsale wiedergibt. Während der Experimente kann beobachtet werden, dass sich das Toluol seitlich an die Rinnsale schmiegt, so dass hier die Toluoldicke leicht ansteigt. Im Gegensatz dazu ist auf dem Wasserrinnsal die Filmdicke des Toluols sehr gering. Weiterhin muss bedacht werden, dass die Form des Rinnsals nicht genau der einer Ellipse entspricht. Die Seiten verlaufen aufgrund des vorliegenden Randwinkels wesentlich steiler, so dass in der Realität die Flächenzunahme etwas größer wäre. Auch variieren Rinnsaldicke und Höhe etwas.

In Anbetracht dessen, dass über den gesamten Belastungsbereich der Toluolströmung die nach Nusselt berechnete Filmdicke zwischen 0,2-0,26 mm liegt und der im Vergleich dazu sehr hohen Rinnsaldicke kann davon ausgegangen werden, dass die Erhöhung um etwa 8 % zutreffend ist.

Unter Berücksichtigung der Rinnsalform (halbe Ellipse) und der Wasserbelastung folgt für die mittlere Rinnsalgeschwindigkeit etwa ein Wert von $12\,cm/s$. Im Vergleich dazu ist die mittlere Toluolgeschwindigkeit über den gesamte Belastungsbereich mit $19-32\,cm/s$ wesentlich höher. Infolgedessen kommt es zu einer starken Abbremsung und Anstauung des Toluols in der Nähe der Flüssig-Flüssig-PGF. Allerdings ist wie aus den Arbeiten von Ausner (2006) und Xu u. a. (2008) zu entnehmen die maximale Geschwindigkeit eines Rinnsals, welche im Bereich der maximalen Rinnsaldicke auftritt, weitaus höher als die mittlere Geschwindigkeit. Daher können wie bereits diskutiert im Bereich der maximalen Rinnsaldicke dünnere Toluolfilmdicken beobachtete werden. Die dünnen Toluolfilmdicken in Kombination mit der starken Abbremsung an den Rinnsalseiten haben nach eigenen Schätzungen einen positiven Effekt auf den Stoffübergang.

Im Vergleich ist demnach die Rinnsaldicke und damit ihr Einfluss auf den Stoffübergang sehr groß und macht an der gesamten Verbesserung des Stoffübergangs etwa einen Anteil von 80 % aus. Die restlichen 20 % verbleiben beim besseren Stoffübergangskoeffizienten und lassen sich auf die veränderte Fluiddynamik wie die Abbremsung an der Flüssig-Flüssig-PGF und der dünneren Filmdicke auf dem Rinnsal zurückführen.

Mit steigender Toluolbelastung nimmt der Unterschied zwischen den beiden Messreihen leicht ab, was sich mit der Erhöhung der mittleren Toluolfilmdicke und der damit verbundenen Abnahme der Stoffaustauschfläche erklären lässt, da der Einfluss der Wölbung im Vergleich abnimmt.

5.3. Tropfenströmung

Im Vergleich zur zuvor beschriebenen Rinnsalströmung tritt der gegenteilige Effekt auf, falls die wässrige Phase auf einen bereits ausgebildeten Toluolfilm aufgegeben wird. In diesem Fall bildet sich eine Tropfen- bzw. bei sehr hohen Wasserbelastungen eine Rinnsalströmung auf dem Toluolfilm aus. Das Wasser ist nicht in der Lage die Platte direkt zu benetzten. Um eine dauerhafte Tropfenströmung gewährleisten zu können, liegt die auf die Plattenbreite bezogene konstante Wasserbelastung etwas unterhalb als bei den Rinnsalversuchen bei ca. $0,04\,\mathrm{m^3/(m\,h)}$ bzw. $Re = 11,1$.

Die Ergebnisse der Tropfenströmung und des dazugehörigen zweiphasigen Referenzfall sind in Abbildung 5.4 dargestellt. Es ist eindeutig zu erkennen, dass beim Auftreten einer Wassertropfenströmung auf dem Toluolfilm der Stoffübergang verschlechtert wird. Der Mittelwert über den gesamten Toluolbelastungsbereich und über alle durchgeführten Versuchsreihen ergibt eine verringerte Propanaustrittskonzentration von etwa 12 %, was gleichbedeutend mit einer Zunahme des HTU-Wertes um 21 % ist.

Ein direkter Vergleich der HTU_{OL}-Werte mit den Rinnsaluntersuchungen ist nur bedingt möglich, da wie an den zweiphasigen Referenzfällen zu sehen ist versuchsbedingte Abweichungen auftreten. Daher werden wie bereits oben diskutiert der zueinander gehörende zwei- und dreiphasige Fall immer im selben Experiment mit aufgenommen.

Bei der Tropfenströmung treten im Gegensatz zur Rinnsalströmung zwei negative Einflussfaktoren auf. Zum einen wird die Stoffaustauschfläche reduziert und zum anderen nimmt der Stoffübergangskoeffizent ab. Zwar ist die Verweilzeit eines einzelnen Tropfens aufgrund der im Vergleich zum Toluolfilm höheren Geschwindigkeit sehr klein allerdings nimmt die effektive Stoffübergangsfläche ungeachtet dieses Verhaltens auf der Toluolseite ab (siehe Abbildung 5.3). Die Dicke des Toluolfilms spielt hierbei eine untergeordnete Rolle.

Da dieser Effekt alleine die Abnahme der Propanaustrittskonzentration nicht klären kann, bedeutet dies, dass die Wechselwirkungen an der Phasengrenzfläche hier auch einen negativen Einfluss haben. Die Wassertropfen geben aufgrund der höheren Geschwindigkeit und der Wandhaftungsbedingung an der Flüssig-Flüssig-PGF einen Teil ihrer Bewegungsenergie an die umliegende Toluolphase ab, so dass diese mitgerissen wird. Die Beschleunigung

5.3. Tropfenströmung

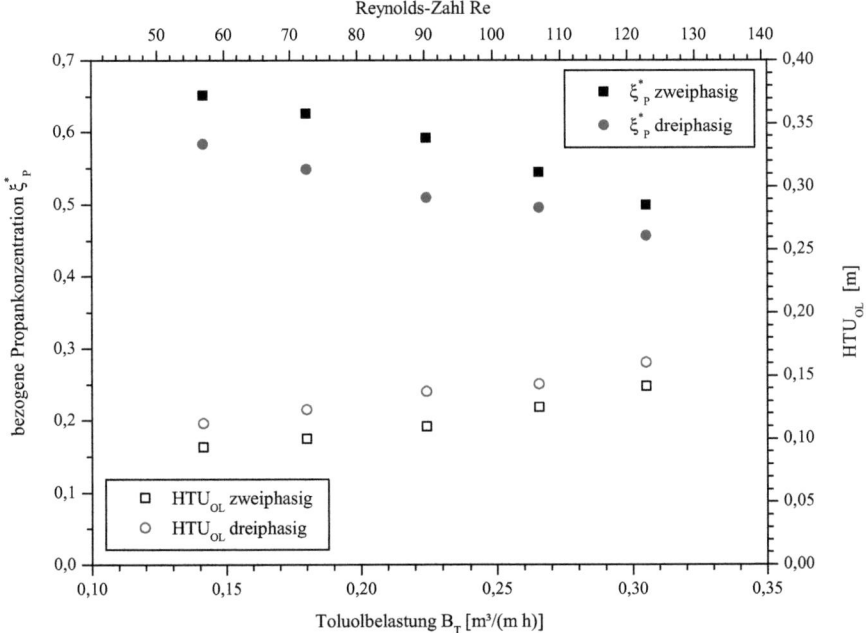

Abb. 5.4.: Änderung der bezogenen Propankonzentration und HTU_{OL}-Werte in Abhängigkeit der Toluolbelastung / Reynolds-Zahl für eine reine Toluolströmung (zweiphasig) und eine Wassertropfen - Toluolfilm Strömung (dreiphasig); $F = 0,35\,Pa^{0,5}$; Wasserbelastung $B_W = 0,04\,m^3/(mh)$.

an der PGF wird in einer ähnlichen Größenordnung liegen wie die Abbremsung bei der Rinnsalströmung und vor allem an den Seiten und im Nachlauf eines Tropfens von Bedeutung sein.

Weiterhin kann während der Experimente beobachtet werden, dass vor einem Wassertropfen ein kleiner Bereich mit einer erhöhten Toluoldicke auftritt. Das Toluol erfährt hier nicht nur eine Beschleunigung aufgrund der Wandhaftungsbedingung, sondern wird direkt durch den Wassertopfen und seine Masse beschleunigt.

Da eine Untersuchung der nötigen momentanen Geschwindigkeitsfelder mit der oben beschrieben µPIV-Technik nicht möglich ist, ist dieses Strömungsverhalten um und in den Tropfen zukünftig entweder mit Hilfe optischer Messmethoden oder CFD-Simulationen genauer aufzulösen.

Zusammenfassend kann gesagt werden, dass die Rinnsalströmung aufgrund

Kapitel 5. Einfluss einer heterogenen Filmströmung auf den Stoffübergang

der damit verbundenen höheren Stoffübergangsfläche und der verbesserten Fluiddynamik den Stofftransport unterstützen. Die Tropfenströmung hingegen verursacht eine Abnahme der Stoffübergangsfläche und beeinträchtigt die Filmströmung. Bei der Rinnsalströmung kann theoretisch auch der Fall auftreten, dass die Geschwindigkeit des Rinnsals wesentlich schneller als die der umliegenden Filmströmung ist. Hier wäre aufgrund des dargelegten größeren Einflusses der Stoffübergangsfläche allerdings immer noch eine Verbesserung zu beobachten.

Im Hinblick auf die Auslegung dreiphasig betriebener Rektifikations- oder Absorptionskolonnen muss also vor allem über konstruktionstechnische Einflussmöglichkeiten nachgedacht werden. Neben geeigneten Mikro- und Makrostruktur werden auch entsprechende Flüssigkeitssammler und Verteiler benötigt. Vorteilhaft wäre eine Packungsstruktur, auf der sich bevorzugt eine Strömungsform ausbildet bei der die bezüglich des Stofftransportes dominante Phase auf der zweiten Phase (hier Wasser) strömt und diese einmal ausgeprägte Strömungsform auch bis zum nächsten Sammler-Verteiler aufrechterhalten werden kann. Hauptaugenmerk liegt hier vor allem an den Umlenkungen in den Packungssegmenten, da an dieser Stelle hohe Scherkräfte aufgrund des Gasgegenstroms auftreten, welche zu einer Zerstörung der gewünschten heterogenen Strömungsstruktur führen können.
Weiterhin werden Oberflächenmaterialen benötigt, welche bezüglich der zweiten flüssigen Phase eine schlechtere Benetzung, also hohen Kontaktwinkel, aufweist, so dass diese eine Rinnsalströmung mit einer signifikanten Wölbung ausbilden kann.
Aus den vorgestellten Ergebnissen der einzelnen heterogenen Strömungsformen und den möglichen Potentialen bei den Einbauten ergibt sich auch die Schwierigkeit der Modellierung dreiphasig betriebener Packungskolonnen. Abhängig von den Sammler und Verteilern, der Makro- und Mikrostruktur der Packung, dem Packungsmaterial, der Gasbelastung sowie den Stoffeigenschaften der auftretenden flüssigen Phasen bildet sich unter Umständen bevorzugt eine heterogene Strömungsform aus, oder eben auch nicht. Dieses Verhalten ist demnach weniger abhängig von der Thermodynamik und somit auch mit dieser nicht zu beschreiben, als vielmehr von den konstruktionstechnischen Einflussmöglichkeiten auf die Fluiddynamik. Für eine möglichst genaue Auslegung werden dementsprechend Verteilungsfunktionen über die Auftretenden heterogenen Strömungsformen benötigt.

5.4. Emulsion

Innerhalb der durchgeführten Untersuchungen wurde als dritte Strömungsform eine Emulsion analysiert. Wie oben bereits diskutiert, stellt die Emulsion im eigentlichen Sinne keine heterogene Strömungsform dar und bildet sich in einer Kolonne auch nicht von alleine aus. Die zusätzlichen Untersuchungen werden durchgeführt, um zu überprüfen, ob sich das in den Arbeiten von Cents u. a. (2001) und Van Ede u. a. (1995) verbesserte Stoffübergangsverhalten von Emulsionen in begasten Rührbehältern auf Filmströmungen übertragen lässt. Abhängig vom Stoffsystem zeigt sich beim Rührbehälter entweder keine Beeinflussung oder eine meist starke Verbesserung des Stoffüberganges, vor allem dann, wenn es sich bei der dispersen Phase um eine organische Phase handelt (siehe Dumont und Delmas (2003)). Einzig aus der Arbeit von Littel u. a. (1994) ist ein direkter Vergleich zwischen einem Fallfilmabsorber und einem Blasenabsorber bekannt. Bei der Untersuchung der Absorption von Propen in eine Toluol in Wasser Emulsion, die als laminarer Film aufgegeben wird, konnte vorerst keine Veränderung nachgewiesen werden, obwohl dieses Stoffsystem bei Verwendung in einem Blasenabsorber eine Verstärkung des Stoffüberganges aufzeigte. Zu klären ist also, wie sich eine Wasser in Toluol Emulsion bezüglich des Stofftransportes verhält.

Im Allgemeinen kann davon ausgegangen werden, dass bei kleinen Massenanteilen der dispersen Phase die Stoffeigenschaften der Emulsion etwa gleich der des kontinuierlichen Reinstoffes sind. Dies bedeutet, dass auch das Fließverhalten und somit die Geschwindigkeitsverteilung und mittlere Filmdicke gleich bleiben, so dass vom fluiddynamischen Verhalten keine Änderung des Stoffüberganges zu erwarten ist.

In Abbildung 5.5 ist ein Ergebnis aus den Emulsionsversuchsreihen dargestellt. Das Stoffübergangsverhalten der Emulsion ist im Vergleich zum rein zweiphasigen Fall schlechter. Im Mittel nimmt die Konzentration um etwa 7 % ab und die HTU_{OL}-Werte um 11 % zu, wobei das Zusammenlaufen der Konzentrationen bei der zwei- und dreiphasigen Strömung nicht bei allen Versuchen zu beobachten ist.

Diese Verschlechterung lässt sich mit Hilfe der im Nano- und Mikrometerbereich dispergierten kleinen Wassertropfen erklären, die sich homogen in der Toluolphase verteilt haben. Da der Stofftransport in diesem Reynolds-Bereich rein diffusiv ist, müssen diese kleinen Wassertropfen den Stofftransportwiderstand in der Emulsion erhöhen. Aufgrund der sehr schlechten Löslichkeit von Propan in Wasser hemmen die Wassertropfen die Diffusion bzw. verlängern den Diffusionsweg der Propanmoleküle. Zusätzlich ist anzunehmen, dass aufgrund der starken Wechselwirkungen zwischen den beiden flüssigen Phasen sich an der

Kapitel 5. Einfluss einer heterogenen Filmströmung auf den Stoffübergang

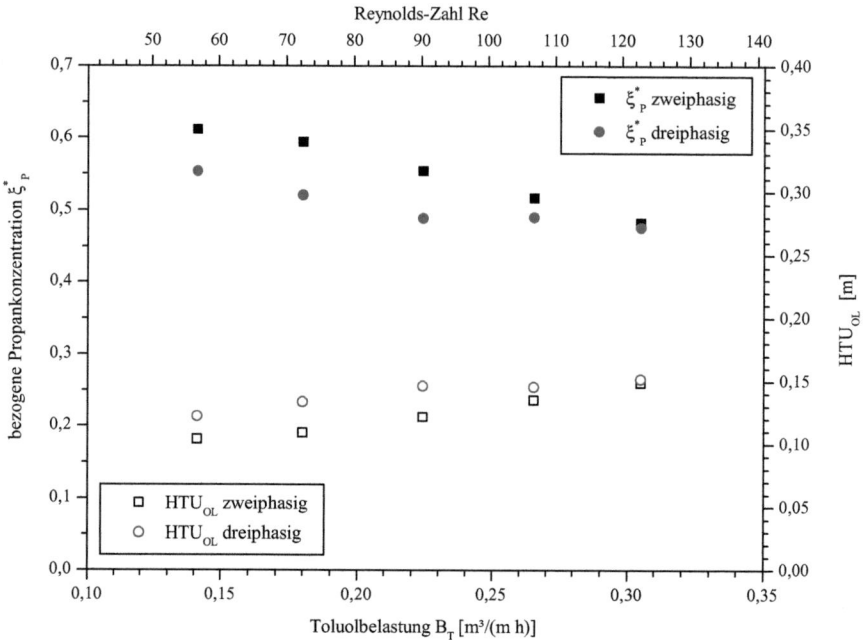

Abb. 5.5.: Änderung der bezogenen Propankonzentration und HTU_{OL}-Werte in Abhängigkeit der Toluolbelastung / Reynolds-Zahl für eine reine Toluolströmung (zweiphasig) und eine Wasser in Toluolemulsion (dreiphasig); $F = 0,35\,Pa^{0,5}$; Massenbruch Wasser $\xi_W = 0,01 - 0,02\,kg/kg$.

Phasengrenzfläche zum Propan die Verteilungsdichte der Wassertropfen leicht zunimmt, so dass gerade an der Phasengrenzfläche der Stoffübergangswiderstand erhöht wird.

Werden die bisherigen Ergebnisse aus den eigenen Untersuchungen und den in der Literatur zugänglichen Daten zusammengefasst, ergibt sich das in Tabelle 5.1 dargestellte Verhalten.

Dominiert der konvektive Stofftransport, wie bei einem begasten Rührbehälter und ist die Gasphase gut in der dispersen Phase löslich, so folgt eine Verbesserung des Stoffübergangs. Die disperse Phase belädt sich an der Gas-Flüssig-PGF und wird durch die auftretenden Wirbelstrukturen in Bereiche geringer Gasbeladung der kontinuierlichen Phase transportiert. Aufgrund der höheren Beladung gibt die disperse Phase das Absorbat an die kontinuierliche Phase ab. Durch die sehr große Flüssig-Flüssig-PGF und sehr kleine Masse der dispersen Tropfen ist dieser Vorgang besonders schnell.

5.4. Emulsion

Tab. 5.1.: Einfluss der dispersen Phase auf den Stoffübergang einer Emulsion in Abhängigkeit der Fluiddynamik.

Gaslöslichkeit in der dispersen Phase	Diffusiver Stofftransport (Filmströmung)	Konvektiver Stofftransport (Rührbehälter)
schlechte Gaslöslichkeit	–	o
gute Gaslöslichkeit	o	+

Sollte die disperse Phase schlechte Gaslöslichkeitseigenschaften aufweisen, so stellt diese an der Phasengrenzfläche einen Widerstand dar, aufgrund des überwiegenden konvektiven Stofftransportes der kontinuierlichen Phase tritt dieser jedoch nicht in Gewicht.

Überwiegt der diffusive Stofftransport, wie im Fall der hier betrachteten quasi laminaren Filmströmung und ist die Gasphase gut in der dispersen Phase löslich, so findet keine Verbesserung des Stoffüberganges statt. Zwar beladen sich die Tropfen (disperse Phase) aufgrund der im Vergleich besseren Löslichkeit an der Gas-Flüssig-PGF, können allerdings durch das Fehlen konvektiver Transportströme nicht in Bereiche geringer Konzentrationen der kontinuierlichen Phase vordringen. Im Bereich des Basisfilms folgen die dispersen Flüssigkeitspartikel den laminaren Stromlinien.

Ist die Gaslöslichkeit in der dispersen Phase im Vergleich zur kontinuierlichen Phase sehr gering, wird der Stoffübergang verschlechtert, da eine Diffusion durch die dispers verteilten Tropfen gehemmt wird und der Stoffübergangswiderstand an der Gas-Flüssig-PGF erhöht wird. Diese Schlussfolgerungen sollten durch fortführende Untersuchungen mit anderen heterogenen Stoffsystemen weiter gefestigt werden.

Mit Hilfe dieser Charakteristik und der Annahme, dass sich dieses Verhalten auch auf größere inhomogen verteilte Flüssigkeitstropfen anwenden lässt, kann der von Villain u. a. (2005) beobachtete Einfluss der Gasbelastung bei der Dreiphasenrektifikation erklärt werden. Mit steigender Gasbelastung nehmen die Scherkräfte an der Gas-Flüssig-PGF zu, so dass es neben dem Anstauen ebenfalls zu einem Mitreißen und Ablösen der flüssigen Phasen kommt. Infolge dieser fluiddynamischen Schwankungen überwiegt der konvektive Stofftransport und wie in Tabelle 5.1 dargestellt ist dies immer mit einer Verbesserung des Stofftransportes verbunden.

KAPITEL 6

Weiterentwickelte Bildbearbeitungsmethode

Mit der in Abschnitt 3.3 und 3.4 beschriebenen Abtast- und Bildbearbeitungsmethode kann das zeitlich gemittelte lokale Geschwindigkeitsfeld direkt durch die bewegte Gas-Flüssig-PGF der Filmströmung bestimmt werden, was Untersuchungen auf nicht transparenten überströmten Oberflächen ermöglicht. Allerdings muss bei der Überströmung von Packungsoberflächen mit ihren charakteristischen Mikro- und Makrostrukturen oder auch bei der heterogenen Filmströmung in Betracht gezogen werden, dass die Geschwindigkeitsfelder zeitlich und örtlichen Schwankungen unterliegen. Somit gehen unter Umständen Informationen aufgrund der Mittelung über zu viele Bilddaten verloren.

Für weiterführende Vergleiche und Untersuchungen ist daher eine Kenntnis des dreidimensionalen Geschwindigkeitsfeldes mit den jeweiligen örtlichen und zeitlichen Fluktuationen von Vorteil.

Üblicherweise wird für die experimentelle Bestimmung dreidimensionaler momentaner Geschwindigkeitsfelder mehr als nur eine Kamera benötigt, welche in unterschiedlichen Beobachtungswinkeln zum Messobjekt angeordnet sind. Aufgrund der hier auftretenden Brechung an der Gas-Flüssig-PGF erweist sich dieses als schwierig, da wie bereits oben diskutiert die bildaufnehmenden Komponenten orthogonal zur überströmten Oberfläche angeordnet werden müssen. Dementsprechend kann keine weitere Kamera verwendet werden.

Von Willert und Gharib (1992) wurde erstmals ein Messprinzip vorgestellt, mit dem die dritte Raum- und Geschwindigkeitskomponente mit nur einer Kamera aufgezeichnet werden kann. Bei dieser sogenannten Defocusing Digital Particle Image Velocimetry (DDPIV)

Kapitel 6. Weiterentwickelte Bildbearbeitungsmethode

wird zwischen dem Objektiv und dem CCD-Sensor eine Lochblende mit drei sehr kleinen Löchern montiert. Jede dieser kleinen Öffnungen hat somit zur Beobachtungsebene einen anderen Blickwinkel. Demzufolge wirkt die Lochblende so, als ob drei Kameras den Messbereich unter einem sehr spitzen Winkel beobachten. Durch die drei Löcher wird ein Partikel dreimal an unterschiedlichen Positionen auf der Aufnahme abgebildet. Daher ist die Auswertung der Bilddaten bei der DDPIV wie von Pereira u. a. (2000), Pereira und Gharib (2002) gezeigt wesentlich komplexer als bei der gängigen PIV. Allerdings lassen sich wie von Kajitani und Dabiri (2004) so mit Hilfe von nur einer Kamera alle drei Geschwindigkeitskomponenten in dem betrachteten Messvolumen bestimmen.

Die DDPIV zeigt bezüglich der Analyse von Filmströmungen viele Nachteile. Die mögliche Partikeldichte ist sehr gering, was den Informationsgehalt der Bilddaten erheblich reduziert. Zudem bewirken die drei Lochblenden eine beträchtliche Reduzierung der auf den CCD-Chip einfallenden Lichtintensität. Zur Erhöhung der Lichtintensität müssten wesentlich größere Partikel verwendet werden, was wie in Abschnitt 3.8.3 beschrieben den Fehler stark erhöht und die Auflösung weiter reduziert.

Es ist an dieser Stelle gar nicht nötig auf eine andere Messmethode zurückzugreifen, da bereits alle benötigten Informationen mit dem in Kapitel 3 beschriebenen Messsystem erfasst werden. Bei der vorgestellten Abtastmethode werden nur die Partikelinformationen der jeweiligen Messebene berücksichtigt, respektive die scharfen Partikel. Die unscharfen Partikel, und damit ihre Geschwindigkeitsinformationen, werden gelöscht. Durch eine Quantifizierung des Unschärfegrades der einzelnen Partikel ist es möglich den Abstand von der Schärfeebene und somit die Höhenposition im Flüssigkeitsfilm zu berechnen. Infolgedessen kann das dreidimensionale momentane Geschwindigkeitsfeld direkt durch die Messung in nur einer Filmtiefe bestimmt werden.

Hierzu ist insbesondere eine neue Bildauswerteroutine zu entwickeln und im Anschluss auf ihre Richtigkeit hin zu überprüfen. Weiterhin sind die Grenzen der Anwendbarkeit einer solchen Mess- bzw. Auswertungsmethode zu diskutieren.

6.1. Grundidee und Lösungskonzepte

Die Idee ist also die Geschwindigkeitsinformationen der unscharfen Partikel ebenfalls mit zu berücksichtigen, so dass eine optimale Informationsausbeute der gegebenen Bilddaten ermöglicht wird. Die Herausforderung ist hierbei nicht die Bestimmung der jeweiligen Partikelgeschwindigkeiten, da hierfür eine Auswertung mit gängigen Tracking- oder Korrelationsmethoden weiterhin möglich ist. Vielmehr ist es nötig, die Koordinaten in Richtung

6.1. Grundidee und Lösungskonzepte

der Oberflächennormalen der einzelnen Partikel möglichst genau zu bestimmen.
Mit Hilfe des Partikelabbildes kann die Position relativ zur Objektebene leicht festgestellt werden. Wie in Abschnitt 3.4 dargelegt, werden Partikel, die im Schärfebereich liegen, klar abgebildet, Partikel deren Positionen vor dem Schärfebereich liegen, werden aufgeweitet und erscheinen als Ring und Partikel, welche dahinter liegen erscheinen aufgrund der Strahlinvertierung als kleiner heller Punkt mit einer ihm umgebenden Korona. Für beide unscharfen Partikeltypen gilt, dass mit zunehmender Entfernung des Partikels zum Schärfebereich der Grad der Unschärfe zunimmt, so dass sich die Grauwerteverteilung und der Durchmesser der Partikelabbildung als Funktion dieser Entfernung darstellen lassen. Für die Bestimmung der Entfernung der Partikel zur Objektebene ist es nötig den Bildbearbeitungsfilter in geeigneter Weise (weiter) zu entwickeln. Hierfür kommen prinzipiell mehrere Ansätze in Frage:

1. klassischen Signalverarbeitung (Bildbearbeitung im Signalraum)
2. Künstliche Neuronale Netze (KNN)
3. Ansatz der Partikelreferenzen

Neben der Entwicklung eines geeigneten Filters sind vor allem auch weitergehende systematische Untersuchungen der Partikelabbilder erforderlich.

Der Ansatz der klassischen Signalverarbeitung meint an dieser Stelle eine detaillierte Analyse der Bilder direkt im Frequenzbereich. Objekte unterschiedlicher Größe und Form, in diesem Fall Partikel, weisen nach der FFT unterschiedliche Verteilungen auf. Eine Detektierung einzelner Partikel und die Bestimmung der Lage zur Schärfeebene ist hier allerdings sehr schwierig, da das komplette Bild, und damit alle Informationen, in den Frequenzraum überführt werden. Vorteil ist an dieser Stelle vor allem, dass Partikel mit demselben Schärfegrad die gleiche Intensitätsverteilung im Frequenzbereich aufweisen. Durch die Entwicklung geeigneter Frequenzfilter könnten diese Frequenzen selektiert und dem jeweiligen Abstand der Entfernung zur Schärfeebene zugewiesen werden. Bei Überführung der daraus resultierenden Frequenzebenen in den Bildbereich kann ein quasi dreidimensionales Bild mit diskreten Partikelebenen erstellt und anschließend ausgewertet werden.

Ein weiterer ebenfalls vielversprechender, jedoch anspruchsvoll zu realisierender Ansatz besteht in der Verwendung so genannter intelligenter Systeme, z. B. künstlicher neuronaler Netze (KNN). Bei der PIV werden diese wie in den Arbeiten von Grant und Pan (1997) und Labonte (1999) vor allem für die Auswertung der Partikelbilder verwendet. Eine Selektierung der Partikel erfolgt bisher nicht. Aus der Arbeit von Ahmadia u. a. (2008)

Kapitel 6. Weiterentwickelte Bildbearbeitungsmethode

geht allerdings hervor, dass sich mit Hilfe KNN auch komplexere Kanten detektieren und auswerten lassen. Hierfür ist als erstes ein Grundprogramm für die Auswertung der Bilddaten aufzubauen. Aus den detaillierten Untersuchungen der Partikelabbilder sind die Entfernungen von der Objektebene bekannt. Dem Programm muss nun auf einem Strömungsbild quasi per Hand gezeigt werden, welche Partikelabbilder wie weit von der Schärfeebene entfernt liegen. Aufbauend auf diesen Informationen ermittelt das Programm die nötigen Algorithmen bzw. Übertragungsfunktionen selbst. Die mathematische Modellierung ist im Allgemeinen sehr komplex und der Trainingsprozess und die Fehlersuche sind sehr aufwendig.

Der dritte Ansatz ist am schnellsten realisierbar, da hier bereits auf viele Bausteine des in Abschnitt 3.4 entwickelten Bildbearbeitungsfilters zurückgegriffen werden kann. Dieser ist um einen Selektierungsalgorithmus zu erweitern, welcher eine Extraktion der jeweiligen Partikel vom Originalbild ermöglicht. Der abschließende Vergleich mit Referenzpartikel ermöglicht somit über den Grad der Übereinstimmung die Bestimmung der Tiefenposition des aktuellen Partikels. Aus diesem Grund wird der Ansatz weiter verfolgt und die Umsetzung und Arbeitsweise in den folgenden Abschnitten detailliert dargelegt.

6.2. Ansatz der Partikelreferenzmatrix

Das Prinzip des Ansatzes der Partikelreferenzen ist noch einmal in Abbildung 6.1 dargestellt. Je nach relativer Position der Partikel zu der Objektebene (b) treten unterschiedliche Partikelabbildungen auf den Bilddaten (c) auf, welche mit der Partikelreferenzmatrix (a) ausgewertet werden können.

Mit Hilfe von detaillierten Voruntersuchungen muss für die Änderung der digitalen Partikelabbildung (DPA) in Abhängigkeit der Entfernung vom Schärfebereich eine Partikelreferenzmatrix erstellt werden. Für die Machbarkeitsstudie werden unter Verwendung des MX-6 Mikroskopaufsatzes 41 Partikelreferenzen (Schärfe- bzw. Objektebene ±20 Ebenen) verwendet. Wie im Abschnitt 3.4 in Übersicht 3.1 dargelegt ist das DPA eines Partikels nicht immer gleich. Um diese möglichen Unterschiede teilweise zu berücksichtigen, wird jeder Partikeltyp in der Referenzmatrix siebenmal hinterlegt (Matrixgröße = 41 x 7).

Der Abstand zwischen zwei Partikelreferenzen beträgt 30 µm, so dass sich eine maximale Beobachtungsdicke von ±600 µm ergibt. Es können zwar noch über diesen Bereich unscharfe Partikel erkannt werden, allerdings ist eine Detektierung aufgrund der geringen Leuchtkraft der unscharfen Partikel und des damit verbundenen schlechten Signal zu

6.2. Ansatz der Partikelreferenzmatrix

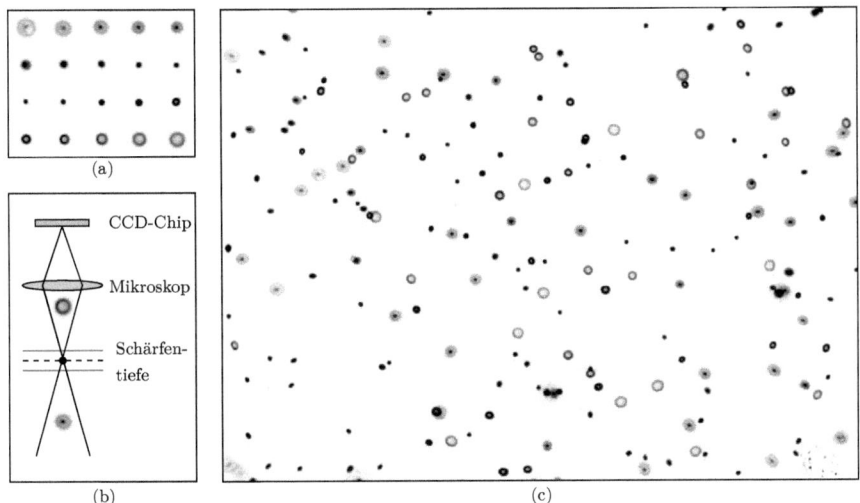

Abb. 6.1.: Prinzip der weiterentwickelten Bildbearbeitungsmethode; (a) Ausschnitt aus der 10,2 µm Partikelrefferenzmatrix; (b) Einfluss der Entfernung vom Schärfebereich auf das Partikelabbild; (c) Invertiertes Originalbild mit 10,2 µm Partikel, Aufnahme aus der Filmmitte.

Rauschverhältnis sehr schwierig.
Weiterhin ist zu bedenken, dass der Informationsgehalt, also Form und Größe der Partikelreferenzen, abhängig von der physikalischen Partikelgröße, der Auflösung des verwendeten CCD-Sensors (also eines CCD-Arrays) sowie der verwendeten mikroskopischen Optik ist. Demzufolge ist bei einer Änderung der optischen Charakteristika die Partikelreferenzmatrix jedes Mal neu zu erstellen. Um eine gute Vergleichbarkeit der einzelnen Partikel mit der Partikelreferenzmatrix gewährleisten zu können, sollten die Aufnahmen der Referenzen unter gleichen Bedingungen wie in den Experimenten erfolgen (Laserintensität, Blendenöffnung...).
Zusätzlich muss hier wie bei der effektiven Schrittweite beim Abtastverfahren berücksichtigt werden, dass die Partikelreferenzmatrix ohne Vorhandensein einer flüssigen Phase erstellt wurde. Mit Hilfe der hergeleiteten Korrektur in Abschnitt 3.5 kann der Abstand zwischen zwei Partikelreferenzen in der jeweiligen Flüssigkeit bestimmt werden.
Bei den Analysen der Bilddaten sollte wenn möglich jedes Partikel auf dem Bild extrahiert und mit der Partikelreferenzmatrix verglichen werden. Aus diesem Grund erfolgt wie bei dem reinen Abtastverfahren als Erstes eine leichte Erhöhung des Kontrastes der Bildda-

Kapitel 6. Weiterentwickelte Bildbearbeitungsmethode

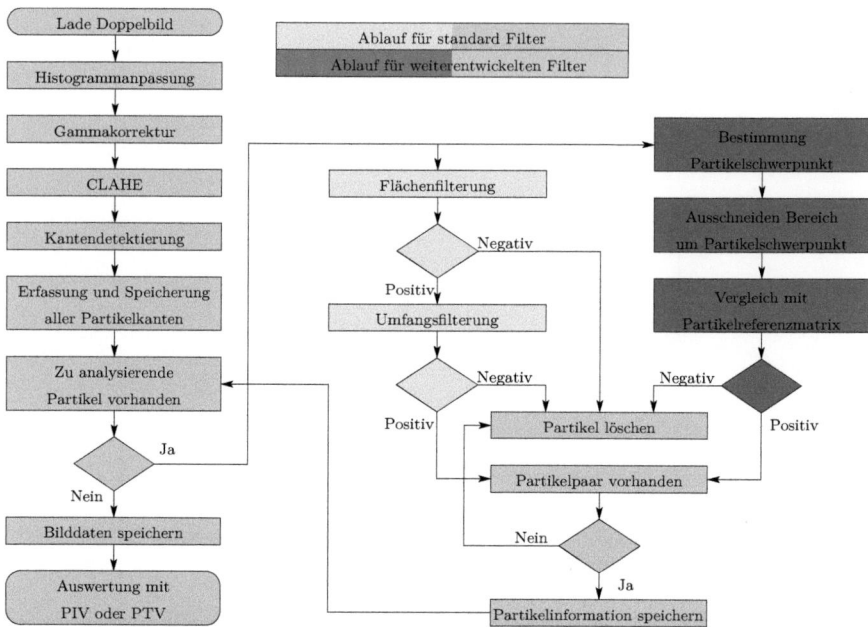

Abb. 6.2.: Ablaufschema der Bildbearbeitung nach der Standard- und weiterentwickelten Bildbearbeitungsmethode.

ten, so dass die Helligkeitsgradienten (Partikelabbildungen) mit Hilfe des Canny-Filters besser detektiert werden können. Die Bestimmung der Parameter für diese ersten Filterungsschritte hat unter dem Gesichtspunkt einer hohen Informationsausbeute zu erfolgen, das heißt, es sollten möglichst alle Partikel auf den Bildern erfasst werden.

Nach der Kantedetektierung wird die Schwerpunkts- bzw. Mittelpunktskoordinate eines jeden Partikels bestimmt. Basierend auf diesen Koordinaten wird im Originalbild ein Bereich mit den gleichen Abmaßen wie die der einzelnen Partikelreferenzen um den Partikelmittelpunkt ausgeschnitten. Mit Hilfe der Kreuzkorrelation wird dieser Partikel mit denen in der Partikelreferenzmatrix verglichen. Die Güte der Übereinstimmung wird durch den Kreuzkorrelationskoeffizienten wiedergegeben, welcher Werte zwischen null (keine Übereinstimmung) und eins (perfekte Übereinstimmung) annimmt. Die beste Übereinstimmung liefert somit die Entfernung von der Objektebene bzw. Schärfebereich. Für die Erhöhung der Genauigkeit bezüglich der Partikelposition wird der Kreuzkorrelationskoeffizienten zusätzlich als Schwellwertoperator herangezogen. Das heißt, dass nur Partikelinformationen verwendet werden, die eine hinreichend genaue Übereinstimmung mit einem Referenzpartikel aufweisen. Das Ablaufschema der weiterentwickelten sowie der Standardbildbearbeitungsmethode ist zur besseren Übersicht nochmals in Abbildung 6.2 dargestellt.

Nachdem die Position der Partikel im Film bestimmt ist, kann die Geschwindigkeit mit Hilfe von Tracking oder Korrelationsmethoden berechnet werden. Je nach Anzahl der ausgewerteten Partikel pro Bild kann somit das momentane 2C-3D Geschwindigkeitsfeld bestimmt werden.

Die Dichte der Geschwindigkeitsvektoren ist dabei nur bedingt proportional der Partikeldichte auf den Originalbildern, da es ab einer bestimmten Partikeldichte zu Überlagerungen einzelner Partikel kommt und diese zurzeit noch nicht mit berücksichtigt werden können. Der maximale Informationsgehalt wird somit bei einer Partikeldichte erreicht, bei der nur vereinzelte Überlagerungen auftreten.

6.3. Potential und Limitierung

Die oben vorgestellte Mess- bzw. Auswertungsmethode nutzt die speziellen Effekte der Fotographie aus, die auftreten, wenn sich Objekte außerhalb des Schärfebereiches der verwendeten Optik befinden. Für normale PIV-Anwendungen, d. h., Messobjekte im Zentimeter oder Meterbereich ist diese Methode daher kaum anwendbar, da hier überwiegend mit Lichtschnitten gearbeitet wird und die Schärfentiefe der verwendeten Makroobjektive im Vergleich zu der Schnittdicke meist um ein Vielfaches größer ist.

Die eigenen Untersuchungen und Analysen zeigen unter Einbeziehung der vorhanden optischen Ausrüstung, dass der Skalierungsfaktor zwischen Schärfen- und Messtiefe (hier Filmdicke) nicht größer als 10-12 sein sollte. Zwar lässt sich wie oben diskutiert eine weitaus größere Partikelreferenzmatrix aufstellen, allerdings weisen die sehr unscharfen Partikel Kreuzkorrelationskoeffizienten weit unterhalb des festgelegten Schwellwertes auf. Zudem wird bereits im Vorfeld bei der Selektierung die Kantendetektierung dieser sehr unscharfen Partikel erschwert bzw. ist nur auf Kosten anderer Informationen möglich.

Eine Erhöhung der Leuchtkraft dieser unscharfen Partikel, z. B. über die Erhöhung der Laserleistung, würde das Signal zu Rauschverhältnis verbessern und somit die Detektierung und Auswertbarkeit dieser Partikel. Dabei muss aber berücksichtigt werden, dass die Partikel, welche in der Nähe des Schärfebereiches liegen, sehr hell abgebildet werden und die Unterscheidungsmerkmale zwischen diesen verloren gehen.

Kapitel 6. Weiterentwickelte Bildbearbeitungsmethode

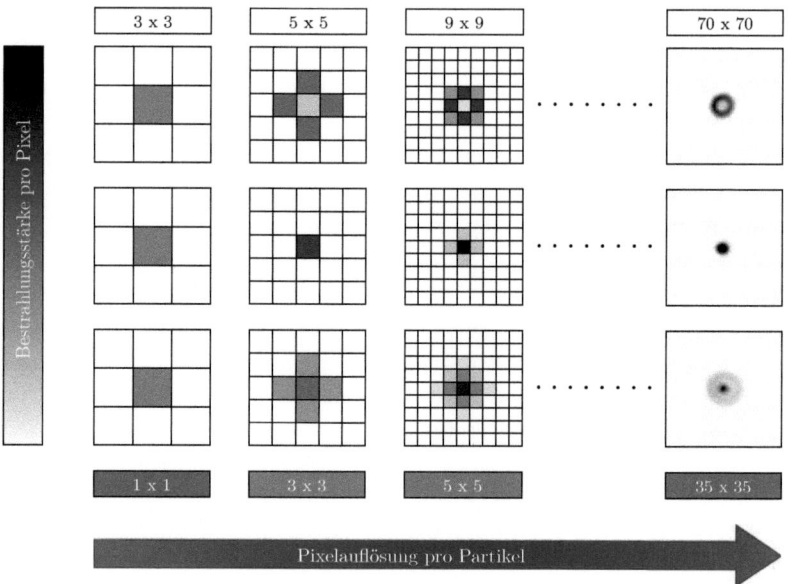

Abb. 6.3.: Digitale Partikelabbildung in Abhängigkeit der effektiven CCD-Auflösung.

Die laseroptischen Einstellungen in den Experimenten sollten so erfolgen, dass die scharfen Partikel bei einem 8 Bit Bild gerade einen Helligkeitswert von 255 aufweisen. Die damit verbundene sich kontinuierlich mit der Entfernung zum Schärfebereich ändernde Intensitätsverteilung erhöht die Genauigkeit bei der Kreuzkorrelation. Die Verwendung bzw. Aufnahmen von Bildern mit mehr als 8 Bit Helligkeitsinformationen sind aufgrund des höheren Informationsgehaltes ebenfalls von Vorteil.

Sollten dennoch die Informationen der stark unscharfen Partikel benötigt werden, bietet sich vor allem eine Bildbearbeitung mit multiplen Filterparametern an. Das heißt, es erfolgen nach Bedarf mehrere Bildbearbeitungsdurchgänge mit unterschiedlichen Parametern, welche für die jeweiligen Partikeltypen optimiert sind. Um eine gute Vergleichbarkeit mit der Partikelreferenzmatrix gewährleisten zu können, müssen die jeweiligen Bildbearbeitungsschritte auch auf die Referenzen angewandt werden.

Reicht die Messtiefe nicht aus, so ist eine andere mikroskopische Optik mit einem größeren Schärfebereich zu verwenden. Allerdings ist dann zu berücksichtigen, dass nicht nur der Beobachtungsbereich zunimmt, sondern auch die Ungenauigkeit bei der Bestimmung

6.3. Potential und Limitierung

der Partikelposition in Richtung der Oberflächennormalen.

Ein weiterer wichtiger Punkt sind die Anforderungen an den effektiven Partikeldurchmesser. Wie in Abschnitt 2.3.3 diskutiert sind für die PIV-Partikelgrößen von etwa 1,5 Pixel völlig ausreichend. Größere Partikel reduzieren die örtliche Auflösung und erhöhen den Fehler infolge der Partikelträgheit. Für die weiterentwickelte Auswertemethode sollten die effektiven Partikeldurchmesser nach eigener Abschätzung jedoch mindesten 5 Pixel betragen. Der Grund dafür ist offensichtlich, mit steigendem effektivem Partikeldurchmesser nimmt der Informationsgehalt und somit die Vergleichbarkeit eines Partikels quadratisch zu.

Dieses Verhalten ist schematisch in Abbildung 6.3 dargestellt. Ist die effektive Partikelgröße sehr klein gegenüber der Größe eines CCD-Arrays (Pixel), dann weisen die unterschiedlichen Partikeltypen das gleiche digitale Partikelabbild auf, da sowohl die scharfen als auch unscharfen Partikel nur einen oder wenige Pixel auf dem CCD-Chip belichten. Im Vergleich zur Pixelgröße ist demnach der Unschärfekreisdurchmesser der verwendeten Optik sehr klein. Eine optische Trennung bzw. eine hinreichend genaue Erfassung des Unschärfegrades ist daher kaum möglich.

Um bei den Experimenten bzw. der Auswertung eine möglichste genaue Bestimmung der Tiefenposition sicherzustellen (hinreichend hoher Kreuzkorrelationskoeffizient) werden Partikel verwendet, bei denen ein scharfer Partikel etwa eine Fläche von 50 Pixel (d_P = 16 Pixel) belichtet.

Die Genauigkeit der entwickelten Messmethode ist demzufolge stark abhängig von der Auflösung des verwendeten CCD-Sensors. Wird die Pixelgröße bei gleichbleibenden Abbildungsmaßstab reduziert oder die CCD-Sensorauflösung bei unverändertem Bildausschnitt erhöht, so kann der Unschärfegrad der Partikel besser erfasst und die Position im Film mit erhöhter Genauigkeit bestimmt werden. Andererseits könnten auch Partikel mit kleinerem Durchmesser verwendet werden. In diesem Fall bleibt die Genauigkeit bei der Kreuzkorrelation gleich und der Informationsgehalt steigt, da höhere Partikeldichten auf den Bildern ermöglicht werden. Im Zuge der stetigen Weiterentwicklung der CCD-Technologie profitiert demzufolge die hier vorgestellte weiterentwickelte Messmethodik.

Da an dieser Stelle das Hauptaugenmerk vor allem auf der Überprüfung des Ansatzes der Partikelreferenzen liegt, wird die Geschwindigkeitskomponente in Richtung der Filmoberfläche nicht untersucht, was allerdings prinzipiell möglich ist. Mit einem sehr geringen Abstand der einzelnen Partikelreferenzen und einer großen Anzahl an Referenzen pro Ebene können Unterschiede im Unschärfegrad eines Partikels zwischen den beiden Belichtungen erkannt und ausgewertet werden. Hierbei muss jedoch berücksichtigt werden, dass die in

Kapitel 6. Weiterentwickelte Bildbearbeitungsmethode

Abschnitt 3.1.1 definierte maximale Out-of-Plane Verschiebung von 25 % der Schärfentiefe ihre Gültigkeit verliert. Für die Bestimmung der z-Geschwindigkeit wird eine Out-of-Plane Verschiebung von mindesten 50 % besser 100 % der Schärfentiefe benötigt. Aufgrund der Begrenzung der Zeitschrittweite infolge des maximal zulässigen Partikelversatzes in einem Auswertefenster legt hier die zu erwartende z-Geschwindigkeit die benötigte Schärfentiefe und demzufolge den Abbildungsmaßstab fest.

Bei den in dieser Arbeit untersuchten Filmströmungen und der verwendeten optischen Ausrüstung können die geringen z-Geschwindigkeiten daher nur schwer erfasst werden. Weiterhin ist zu berücksichtigen, dass infolge des benötigten Ebenenabstandes die Bildbearbeitungszeit stark zunimmt und für die Validierung der Methode im Hinblick auf die z-Geschwindigkeit ein neuer experimenteller Versuchsaufbau benötigt wird.

6.4. Analyse und Bewertung erster Ergebnisse

Bevor eine Anwendung der neuen Messmethode bzw. des weiterentwickelten Bildbearbeitungsfilters für experimentelle Untersuchungen in Betracht gezogen werden kann, müssen die Ergebnisse mit Hilfe geeigneter experimenteller Daten validiert werden. Aus diesem Grund werden die Ergebnisse aus der neuen Methode mit denen aus der Standardabtastmethode aus Abschnitt 3.3 verglichen. Mit der beschriebenen Aufnahmeprozedur wird die Filmströmung in 13 unterschiedlichen Ebenen mit jeweils 300 Doppelbildern abgetastet. Die unscharfen Partikel werden auf jedem Bild entfernt und mit Hilfe der verbleibenden scharfen Partikel kann das Geschwindigkeitsfeld bestimmt und konstruiert werden. Die weiterentwickelte Methode benötigt für die Konstruktion des Geschwindigkeitsfeldes nur die Bildinformationen einer Ebene. An dieser Stelle werden die erste Ebene und die sechste Ebene als Vergleich herangezogen. Erstere zeichnet sich dadurch aus, dass die Schärfeebene bereits außerhalb der Messebene liegt und zweitere genau in der Messebene. Für einen adäquaten Vergleich ist es sinnvoll, dass über 300 Doppelbilder gemittelte Geschwindigkeitsprofil aufzutragen, da das momentane Geschwindigkeitsprofil stärkeren Schwankungen unterliegt und ein Vergleich somit unter Umständen nur bedingt möglich ist. Die Anwendbarkeit des weiterentwickelten Filteralgorithmus ist demonstriert, wenn dieser die gleichen Informationen aus den Bilddaten einer Messebene wie der Standardfilter aus allen Messebenen extrahiert.

In Abbildung 6.4 sind die Ergebnisse aus diesem Experiment dargestellt. Alle Profile zeigen den erwarteten parabolischen Verlauf, der sich aufgrund der Wandhaftungsbedingung

6.4. Analyse und Bewertung erster Ergebnisse

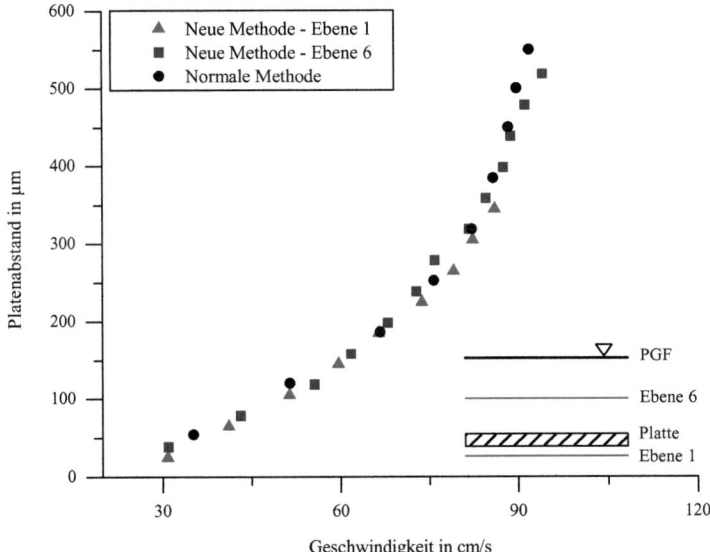

Abb. 6.4.: Vergleich der mittleren Geschwindigkeitsprofile nach dem normalen Abtastverfahren und der neuen Auswertungsmethode; Ebene 1 = Fokus auf der unbenetzten Plattenoberfläche; Ebene 6 = Fokus in der Mitte der Filmströmung; Wasser auf einer glatten Edelstahlplatte; Re = 260; α = 45°; d_p = 10,23 µm.

ergibt. Der Vergleich der neuen und Standardmethode zeigt bezüglich der Geschwindigkeiten eine sehr gute Übereinstimmung[12] und somit die Anwendbarkeit des weiterentwickelten Bildbearbeitungsfilters. Einzig die Filmhöhe bei dem Geschwindigkeitsprofil, extrahiert aus der ersten Ebene, zeigt eine starke Abweichung. Der Grund hierfür liegt wie oben angesprochen in der Limitierung der geometrischen Dimensionen (Messtiefe). Die Vorgehensweise ist wie in Abschnitt 3.5 beschrieben, Fokussierung der Platte, Benetzung der Platte mit anschließendem Beginn der Messung. Als Konsequenz verschiebt sich die Schärfeebene aufgrund der Brechung an der Gas-Flüssig-PGF hinter die Plattenoberfläche, so dass sich mit den Limitierungen eine maximale zu vermessende Filmdicke von etwa 400 µm ergibt (bezogen auf die erste Ebene). Im Gegensatz dazu liegt die sechste Ebene in der Filmmitte, so dass eine komplette Erfassung des Geschwindigkeitsfeldes

---

[12]Aufgrund der Dichte der Messwerte zueinander wurde auf die Auftragung der Fehlerbalken verzichtet.

Kapitel 6. Weiterentwickelte Bildbearbeitungsmethode

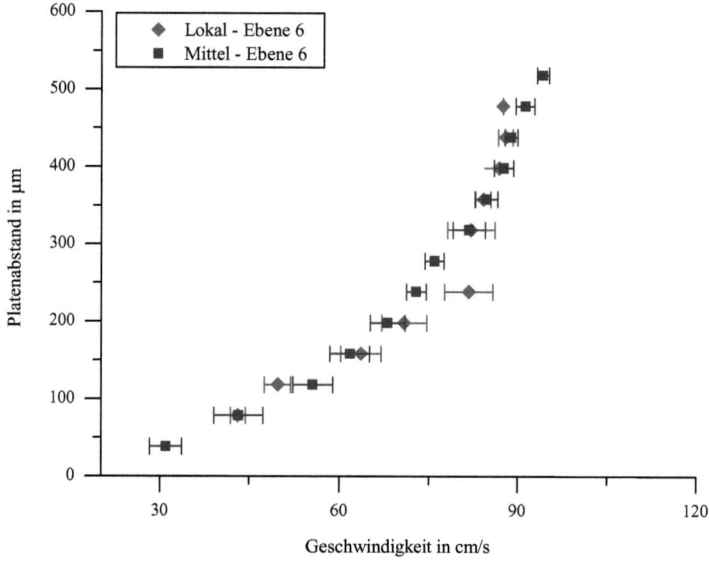

Abb. 6.5.: Vergleich des mittleren und eines momentan Geschwindigkeitsprofiles nach der weiterentwickelten Auswertungsmethode; Wasser auf einer glatten Edelstahlplatte; Re = 260; α = 45°; d_p = 10, 23 µm.

möglich ist.

Für die Bestimmung der Geschwindigkeitsprofile nach der weiterentwickelten Bildbearbeitungsmethode wurde ein Schwellwert des Kreuzkorrelationskoeffizienten von 0,85 verwendet. Somit werden etwa 15-20 % aller Partikelinformationen ausgenutzt. Durch eine Verringerung des Schwellwertes wäre es demzufolge möglich mehr Partikelinformationen zu berücksichtigen, allerdings muss beachtet werden, dass der Fehler aufgrund der damit verbundenen falschen Tiefenzuordnungen zunehmen kann. Gleichwohl können durch eine Verringerung des Schwellwertes auch sehr unscharfe Partikel ausgewertet werden. Durch das schlechte Signal zu Rauschverhältnis kann meist kein hoher Übereinstimmungsgrad der unscharfen Partikel erreicht werden, bzw. nur wenn in der Partikelreferenzmatrix mehr als sieben Referenzen pro Ebene verwendet werden und ein kleinerer Ebenenabstand realisiert wird. Die Erhöhung der Informationen ist bei gleichem Schwellwert somit nur zulasten der Bildbearbeitungszeit aufgrund der benötigten größeren Referenzmatrix

6.4. Analyse und Bewertung erster Ergebnisse

möglich.

Die Auswirkung des Schwellwertes von 0,85 sind ebenfalls in Abbildung 6.5 zu erkennen. Hier ist das mittlere Geschwindigkeitsprofil über alle 300 Bilder mit einem momentanen Geschwindigkeitsprofil der sechsten Ebene gegenübergestellt. Der Verlauf beider Profile ist zwar ähnlich, allerdings sind an einigen Positionen keine Geschwindigkeitsinformationen beim momentanen Profil vorhanden, da entweder keine Partikel aus diesem Schärfebereich auf dem ausgewerteten Bild vorhanden sind oder die Übereinstimmung nicht gut genug war. Weiterhin ist die Standardabweichung der momentanen Messwerte infolge der geringeren Partikeldichte höher.

Abschließend kann festgehalten werden, dass mit Hilfe des weiterentwickelten Bildbearbeitungsfilters durch Kenntnis des Unschärfegrades eines Partikels in Abhängigkeit von der Entfernung zum Schärfebereich für ein gegebenes optisches System das momentane 2C-3D Geschwindigkeitsfeld durch Verwendung von nur einer Kamera bestimmt werden kann.

Durch eine Reduzierung des Abstandes zweier Referenzen kann wie oben beschrieben zusätzlich die z-Komponente und somit das momentane 3C-3D Geschwindigkeitsfeld bestimmt werden.

Da der geschwindigkeitslimitierende Schritt der Vergleich der Partikel mit der Referenzmatrix ist, sollte gerade hier über eine Weiterentwicklung nachgedacht werden. Denkbar wären z. B. Matrizen unterschiedlicher Größe. So kann mit Hilfe einer kleineren Matrix eine Vorentscheidung über den möglichen Bereich getroffen werden, um dann den detaillierten Vergleich nur mit einem Teilbereich einer großen Referenzmatrix zu beenden. Auch ein Wechsel hin zu einem komplexeren Bildbearbeitungsfilter wie in Abschnitt 6.1 vorgeschlagen wäre denkbar.

Ziel sollte es künftig sein nicht nur möglichst alle Partikel auszuwerten, sondern auch eine hohe Partikeldichte auf den Bildern zu erreichen. Neben einer großen Partikelreferenzmatrix wird hier vor allem eine Methode benötigt, die eine Auswertung sich überlagernder Partikelabbilder ermöglicht. Ausgehend von der obigen Partikelausbeute und der Partikeldichte in den Experimenten wäre somit eine Erhöhung der Geschwindigkeitsinformationen in einem Bild um den Faktor 10 machbar.

KAPITEL 7

Zusammenfassung und Ausblick

Es wurde erörtert, dass für die Auslegung von zwei- und dreiphasig betriebenen Packungskolonnen mit Hilfe der CFD zwingend experimentelle Messdaten des Geschwindigkeitsfeldes der Flüssigkeit auf der Packungsoberfläche zur Validierung benötigt werden. Wegen der Empfindlichkeit von Filmströmungen gegenüber äußeren Eingriffen sowie der geringen Filmdicken wurde auf eine hochauflösende berührungslose Messtechnik, die so genannte Mikro Particle Image Velocimetry µPIV, zurückgegriffen. Weil die konventionellen µPIV-Methode zur Analyse von Filmströmungen nur Untersuchungen auf transparenten Oberflächen zulässt, wurde eine neue Messmethodik entwickelt, welche sich im Wesentlichen dadurch auszeichnet, dass die nötigen Untersuchungen der Filmströmung direkt durch die wellig bewegte PGF erfolgen und somit Analysen auf industriell verwendeten Oberflächen ermöglicht werden. Das angewandte Abtastverfahren in Kombination mit der verwendeten mikroskopischen Optik erlaubt gezielte Untersuchungen in verschiedenen Bereichen der Filmströmung.

Da die Schärfentiefe im Vergleich zur Filmdicke sehr klein ist, werden Partikel, die sich außerhalb des Schärfebereiches und somit der Beobachtungstiefe befinden, unscharf abgebildet. Für die Auswertung der experimentellen Bilddaten wurde in dieser Arbeit ein geeigneter Bildbearbeitungsfilter in Matlab implementiert, welcher eine Selektierung der scharfen von den unscharfen Partikeln unter zu Hilfenahme der Projektionsfläche der Partikel ermöglicht. Weiterhin wurde gezeigt, wie die Verschiebung der Messposition infolge der Brechung an der Filmoberfläche korrigiert werden muss.

Die Verifizierung der neu entwickelten Messmethodik erfolgte mit Hilfe der konventio-

7. Zusammenfassung und Ausblick

nellen Methode auf einer transparenten überströmten glatten Platte. Der Vergleich der mittleren Geschwindigkeitsprofile der beiden Messmethoden untereinander aber auch mit analytischen Lösungen zeigt für den betrachteten Belastungssbereich eine sehr gute Übereinstimmung und somit die Anwendbarkeit der neuen µPIV-Messmethode. Weiterführende Untersuchungen des Einflusses des Plattenneigungswinkels veranschaulichten, dass die entwickelte Messtechnik ebenso kleine Änderungen in Geschwindigkeit und Filmdicke erfassen kann.

Im Hinblick auf die Analyse zweiphasiger Filmströmungen wurde ebenfalls die Flüssigkeitsaufgabe mit Hilfe eines Aufgaberohres genauer untersucht. Hierbei konnte ein starker Geschwindigkeitsgradient quer zur Strömungsrichtung beobachtet werden, welcher durch die Strahlaufgabe hervorgerufen wird, so dass diese Form der Flüssigkeitsaufgabe für die Untersuchung zwei nichtmischbarer Flüssigkeiten verworfen werden musste und stattdessen eine neue Aufgabeart umgesetzte wurde. Diese zeichnet sich dadurch aus, dass die zweite flüssige Phase über große in der Platte befindlichen Bohrungen unter die erste flüssige Phase aufgegeben werden kann.

Bei Vorhandensein einer Gasgegenströmung zeigt die entwickelte Messmethodik die Grenzen ihrer Anwendbarkeit. Bedingt durch die im Vergleich zu einer Packungskolonne geringeren Reibung an der Gas-Flüssig-Phasengrenzfläche werden für die Untersuchungen an einer glatten Platte zum einen hohe Gasbelastungen und zum anderen höhere Kontaktzeiten benötigt, so dass sich die Flüssigkeit entlang der Platte anstauen kann. Die Erhöhung der Kontaktzeit ist gleichbedeutend mit einer längeren Platte, was zu Wellenbildung auf der Filmoberfläche und somit zu einer Zunahme des Fehlers führt. In diesem Zusammenhang konnte gezeigt werden, dass sich bedingt durch die Flüssigkeitsschwankungen infolge der Wellen ein mittleres Geschwindigkeitsprofil ergibt, welches in der Nähe der Filmoberfläche einen linearen Verlauf aufweist.

Nach den Untersuchungen einphasiger Filmströmungen auf unterschiedlichen glatten Platten konnte die Messmethodik erstmals auf eine Tetraeder- sowie Lamellenstruktur angewandt werden. Während bei der Lamellenstruktur hauptsächlich eine erhöhte Filmdicke und sehr geringe Strömungsgeschwindigkeiten im strukturnahen Bereich beobachtet werden können, tritt bei der Tetraederstruktur ein weitaus komplexeres Verhalten auf, welches sich vor allem auf die geometrische Form zurückführen lässt. Die Tetraederstrukturen bewirken aufgrund der größeren zur Verfügung stehenden Oberfläche aber auch aufgrund höherer Geschwindigkeitsgradienten an den Tetraederspitzen eine erhöhte Reibung und induzieren zusätzlich eine Geschwindigkeit in Richtung der Filmoberfläche, wodurch zum einen die Filmdicke zunimmt und zum anderen die mittlere Fliessgeschwindigkeit reduziert

7. Zusammenfassung und Ausblick

wird. Auf eine Packungskolonne bezogen bedeutet dies also einen höheren Flüssigkeitsinhalt und eine erhöhte mittlere Verweilzeit. Zusätzlich konnte gezeigt werden, dass dieses Verhalten ebenso abhängig von der Anströmrichtung der Tetraeder ist. Zwar verbessern diese Strukturen die Benetzung auf der Packungsoberfläche erheblich, was zum einen an den Umlenkungen, aber auch an dem präsentierten wechselnden Verlauf des Kontaktwinkels liegt, gleichwohl können die Änderungen in Filmdicke und mittlerer Geschwindigkeit den Stoffübergang im Vergleich zur glatten Platte unter Umständen verschlechtern, so dass sich für jedes Stoffsystem eine optimale Mikrostruktur ergeben kann.

Nach den Untersuchungen des Einflusses der Mikrostrukturen wurde die Messtechnik abschließend auf die heterogene Filmströmung erweitert und angewandt. In diesen Untersuchungen konnte die gegenseitige Beeinflussung an der Flüssig-Flüssig-PGF erstmals quantitativ nachgewiesen werden, wobei die Dichte- und Viskositätsdifferenz maßgeblich das Geschwindigkeitsfeld beeinflussen. Weiterführende Analysen in einem Fallfilmabsorber zeigen eindeutig, dass sich die Änderungen des Stoffübergangsverhaltens nur bedingt auf diese Wechselwirkungen an der PGF zurückführen lassen. Vielmehr liegt der Haupteinfluss auf der durch die zweite flüssige Phase geänderten Stoffaustauschsfläche.

In künftigen Studien sollten das dreiphasige Stoffübergangsverhalten sowie die Fluiddynamik in einer Kolonne im Technikumsmaßstab unter dem Aspekt der auftretenden Verteilung der einzelnen heterogenen Strömungsformen detailliert untersucht werden. Neben rein optischen Methoden bieten sich vor allem auch hochauflösende tomografische Verfahren an. Es muss die Frage beantwortet werden, ob spezielle Mikro- und Makrostrukturen von Packungen aber auch die Verteiler die Strömungsform und somit den Stofftransport im dreiphasigen Fall begünstigen oder ob es ggf. sinnvoller ist die zweite flüssige Phase in der auftretenden Stufe abzuziehen.

Bei den strukturierten Oberflächen sind systematisch die Auswirkungen der Strukturen auf die Fluiddynamik und den Stoffübergang aufzuklären. Zusätzlich sollte auch die Gasgegenströmung mit berücksichtigt werden, da diese neben der Struktur einen weiteren Einfluss auf die Filmoberfläche hat. Ziel muss es sein die Geschwindigkeits- und Konzentrationsfelder zeitlich und örtlich aufzulösen, um so die Fragestellung nach der für ein Stoffsystem optimalen Mikrostruktur eindeutig zu beantworten.

Der in dieser Arbeit geleistete Beitrag zum Verständnis von Filmströmungen ist demnach zukünftig so zu erweitern, so dass eine zielgerichtete Auslegung von Packungen ermöglicht wird. Diese Überlegungen laufen letztlich auf die Entwicklung maßgeschneiderte Packungsmaterialien, Makro- und Mikrostrukturen hinaus.

Ferner ist der weiterentwickelte Bildbearbeitungsfilter, welcher für die Bestimmung des

7. Zusammenfassung und Ausblick

dreidimensionalen Geschwindigkeitsfeldes nur ein Kamerasystem benötigt bezüglich Auflösung, Informationsdichte und Ausbeute sowie Rechenzeit zu optimieren.

ANHANG A

Darlegung der verwendeten Messtechnik

A.1. Optisches Equipment

- **Laser:** New Wave Solo II-PIV15
    Dual Nd:YAG-Laser mit 30 mJ pro Puls und einer Wellenlänge von 532 nm
    Rate=15 Hz
    Pulslänge: 3-5 ns
- **CCD Kameras:** siehe Tabelle A.1
- **Objektive:**
    - Mikroobjektiv InfiniMax™ von Infinity Photo-Optical Company: C-Mount Anschluss; maximale CCD Größe 2/3 Zoll; plus verschiedene Mikroskopaufsätze (siehe Tabelle A.2)
    - Large Format Amplifier von Infinity Photo-Optical Company; Umwandlung des optisches Bildes vom C-Mount zum F-Mount Anschluss → *optische Vergrößerung: 3,00*
- **Lichtverstärker:** Lambert Intensifier II18GD
    MCP Lichtverstärker der 3. Generation
    Photokathode: GaAsP (Galliumarsenid Phosphid)
    Phosphorschirm: P46 (Nachleuchtdauer 0,2 µs)
    Kamera: 1/2 und 2/3 Zoll (C-Mount Anschluss)

Anhang A. Darlegung der verwendeten Messtechnik

    Bildrate: bis 400 Hz
    Ansteuerungszeit: 40 ns
    → *optische Vergrößerung: 0,50*

- **Bandpassfilter:**
  - Orange: $590\,nm \pm 2\,nm$ Maximaltransmission $> 75\,\%$, Halbwertsbreite $20\,nm \pm 2\,nm$
  - Grün: $532\,nm \pm 2\,nm$; Maximaltransmission $> 75\,\%$, Halbwertsbreite $20\,nm \pm 2\,nm$
  - Rot: $660\,nm \pm 2\,nm$; Maximaltransmission $> 80\,\%$, Halbwertsbreite $40\,nm \pm 2\,nm$

- **Refraktometer:** Schmidt+Haensch Labor Refraktometer ATR-W2 plus

A.1. Optisches Equipment

Tab. A.1.: Gegenüberstellung der verwendeten CCD-Kameras.

		PCO Sensicam QE	PCO 2000	JAI M40 Progressiv Scan[1]
Auflösung	(Pixel)	1376 x 1040	2048 x 2048	659 x 494
Sensorgröße	(Zoll)	2/3	21,9	1/2
Pixelgröße	(μm^2)	6,45 x 6,45	7,4 x 7,4	9,9 x 9,9
Bildrate[2]	(Hz)	10	2,2 (14,7)[3]	60
CCD Sensor		IT (ICX285AL)	IT (KAI 4021)	IT HAD
Dynamik A/D		12 Bit	14 Bit	8 Bit
Quanteneffizienz[4]	(%)	62	55	k.A.
Kühlung		-12°C	$\Delta T = 50°C$	-
Interframing Time[5]	(ns)	500	180	-
Anschluss		C-Mount	F-Mount	C-Mount
URL		www.pco.de	www.pco.de	www.stemmer-imaging.de

[1] Anwendung bei der Randwinkelmessung
[2] Bei maximaler Auflösung
[3] Pixelclock 40 MHz, 2 x A/D Konverter
[4] Bei einer Wellenlänge von 500 nm
[5] Minimal Zeit zwischen der Belichtung der beiden Bilder im PIV-Modus

Anhang A. Darlegung der verwendeten Messtechnik

Tab. A.2.: Charakteristika der verwendeten Mikroobjektivaufsätze.

		MX-1			MX-2			MX-3			MX-4			MX-5			MX-6		
		N	OE	F	N	OE	F	N	OE	F	N	OE	F	N	OE	F	N	OE	F
WD	[mm]	315	335	381	250	255	285	174	178	194	169	175	186	134	140	146	65	66	68
MAG	[-]	0,64	0,63	0,58	0,81	0,81	0,78	1,00	1,00	1,00	1,16	1,16	1,16	1,42	1,42	1,42	2,90	2,90	2,90
FOV	[mm²]	10,0	10,2	11,0	7,9	7,9	7,9	6,4	6,4	6,4	5,5	5,5	5,5	4,5	4,5	4,5	2,2	2,2	2,2
NA	[-]	0,05	0,04	0,04	0,06	0,06	0,05	0,09	0,08	0,08	0,09	0,09	0,08	0,11	0,11	0,10	0,15	0,15	0,15
R	[lpmm]	143	134	118	180	176	158	259	253	232	266	257	242	336	321	308	462	455	441
R	[µm]	7,0	7,4	8,5	5,6	5,7	6,3	3,9	4,0	4,3	3,8	3,9	4,1	3,0	3,1	3,2	2,2	2,2	2,3
DOF	[µm]	240	270	350	150	160	200	70	80	90	70	70	80	43	47	51	23	24	25

N: Nahpunkt
OE: Objektebene
F: Fernpunkt

WD: Arbeitsabstand
MAG: optische Vergrößerung
FOV: Beobachtungsbereich bei 1/2 Zoll CCD-Sensor
NA: Numerische Apertur
R: optische Auflösung (lpmm=Linienpaare pro mm)
DOF: Schärfentiefe der Optik

A.2. Stoff- und Partikeldaten

In der folgenden Tabelle A.3 sind die Partikel aufgelistet, welche in den Experimenten zur Untersuchung ein- und zweiphasiger Filmströmungen zum Einsatz gekommen bzw. bezüglich ihrer Verwendung bewertet worden sind. Empfehlenswert sind hier vor allem die Melaminharzpartikel, da diese im Gegensatz zu den Silikatpartikeln eine geringere Massendichte und Standardabweichung beim Partikeldurchmesser aufweisen. Außerdem zeigen die Melaminharzpartikel eine sehr viel höhere Leuchtkraft was auf die geringere Streuung und Transparenz zurückzuführen ist. Da der Fluoreszenzfarbstoff homogen im gesamten Partikel verteilt ist wird bei gleichem Partikeldurchmesser bei den Melaminharzpartikeln dementsprechend mehr Farbstoff angeregt als im Fall von Silikatpartikeln. Die höhere Streuung der Silikatpartikel reduziert die bereits geringere Intensität weiter.

Tab. A.3.: Partikel für die ein- und zweiphasige Filmströmung.

d_p [μm]	CV [%]	λ_{ex} [nm]	λ_{em} [nm]	ρ [kg/m^3]	Besonderheit
Melaminharzpartikel mit Rhodamin B					
3,23±0,06	1,9	560	584	1510	rot
4,93±0,09	1,9	560	584	1510	rot
4,02±0,09	2,1	560	584	1510	hydrophob (C18), rot
9,36±0,16	1,7	560	584	1510	hydrophil (COOH), rot
10,20±0,17	1,6	560	584	1510	rot
Silikatpartikel mit Rhodamin B					
3,0±0,85	-	569	585	1800	pink
Silikatpartikel mit DY-481XL					
3,0±0,85	-	515	650	1510	hydrophil (COOH), gelb
5,0±1,5	-	515	650	1510	hydrophil (COOH), gelb
1,0	0,25	515	650	2000	hydrophob (Trimethylsilyl), weiß
5,0±1,5	-	515	650	1510	hydrophob (Trimethylsilyl), orange-gelb
10,0±2,85	-	515	650	1510	hydrophob (Trimethylsilyl), orange-gelb

Für die Stoffdaten sei auf die Datenblätter der Hersteller verwiesen:
Wasser-Glycerin: http://www.dow.com/glycerine/resources/physicalprop.htm
Toluol: http://www.carl-roth.de/jsp/de-de/sdpdf/9558.PDF
N-Hexan: http://www.carl-roth.de/jsp/de-de/sdpdf/CP47.PDF

Isooktan: http://www.carl-roth.de/jsp/de-de/sdpdf/9860.PDF
Silikonöl: https://www.xiameter.com/en/Pages/LandingPage.aspx

A.3. Skizzen und Fliessbilder

A.3. Skizzen und Fliessbilder

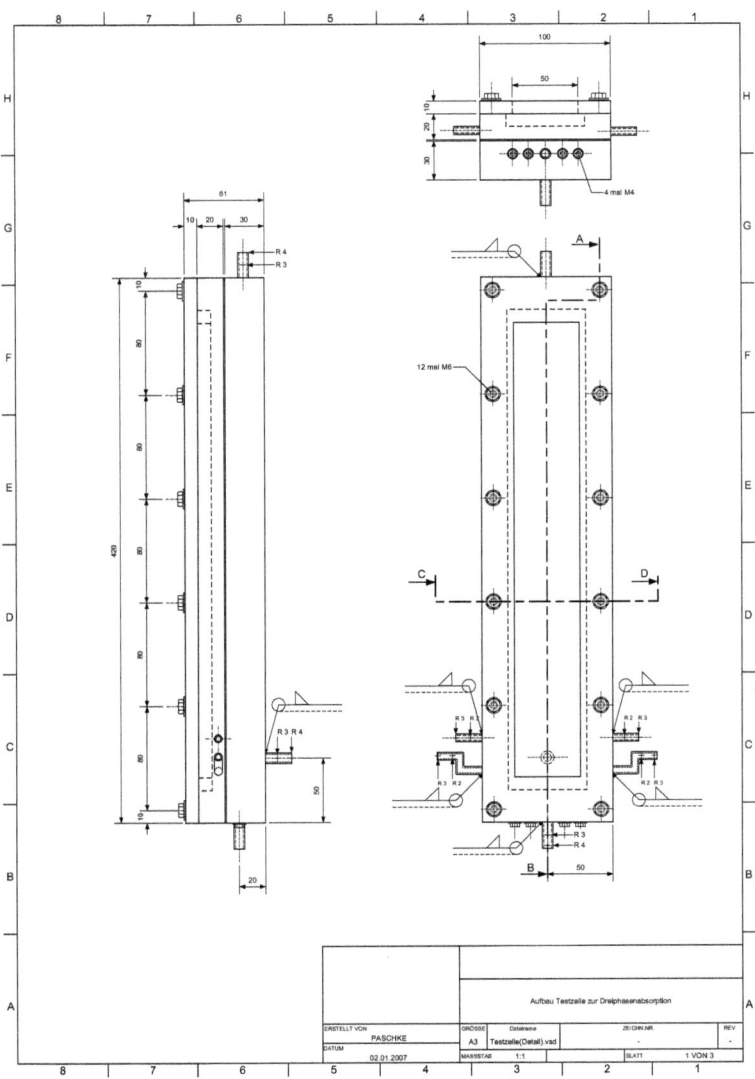

Abb. A.1.: Testzelle zum Absorptionsversuchsstand (Schnittzeichunung)

Anhang A. Darlegung der verwendeten Messtechnik

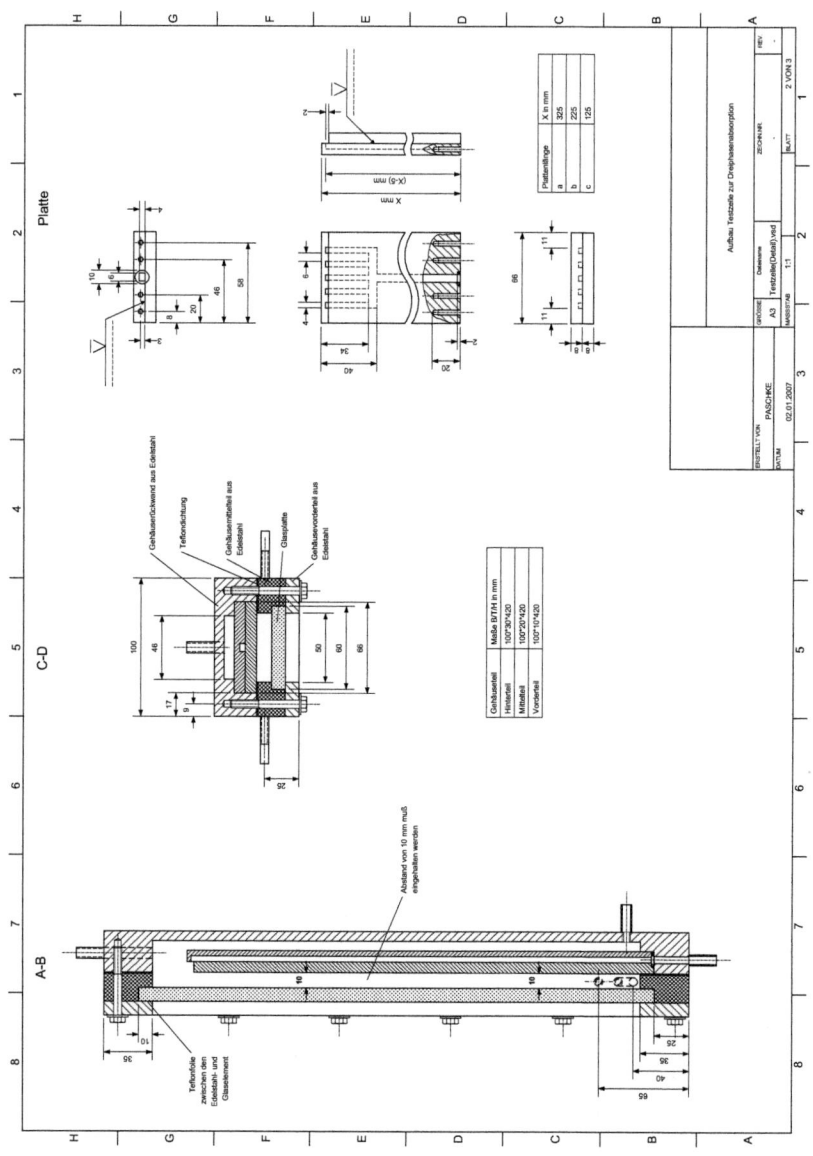

A.3. Skizzen und Fliessbilder

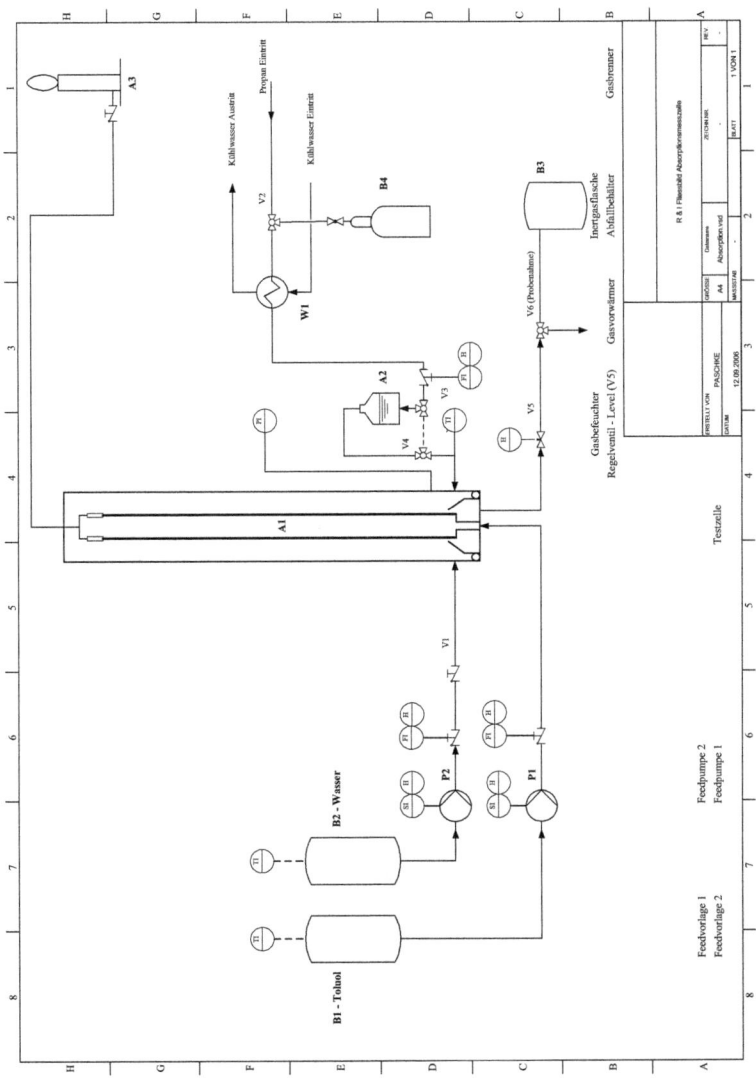

Abb. A.3.: Verfahrensfliessbild zum Absorptionsversuchsstand

ANHANG B

Ergänzungen zu den experimentellen
Untersuchungen

Anhang B. Ergänzungen zu den experimentellen Untersuchungen

B.1. Überströmte glatte Oberflächen

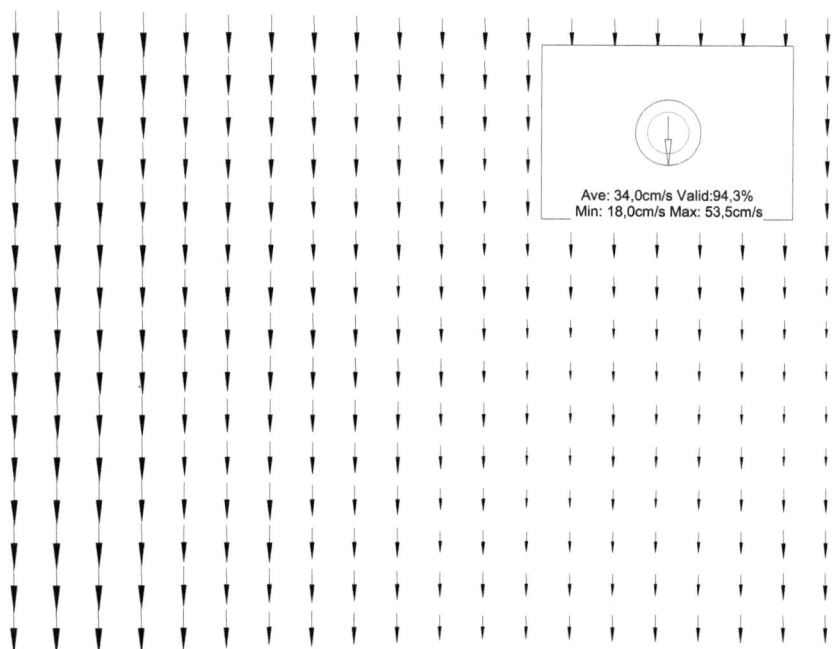

Abb. B.1.: Vektorfeld in der x-y Ebene bei der Flüssigkeitsaufgabe mittels Aufgaberohr; $Re = 148$; $\alpha = 60°$, $d_P = 10,2$ μm, $\xi_g = 0,0$; $z = 116 \pm 48$ μm aus Abbildung 4.5(b) - Position 1.

B.2. Überströmte Mikrostrukturen

Tetraederstruktur - Re = 32 - Ausrichtung 0 Grad

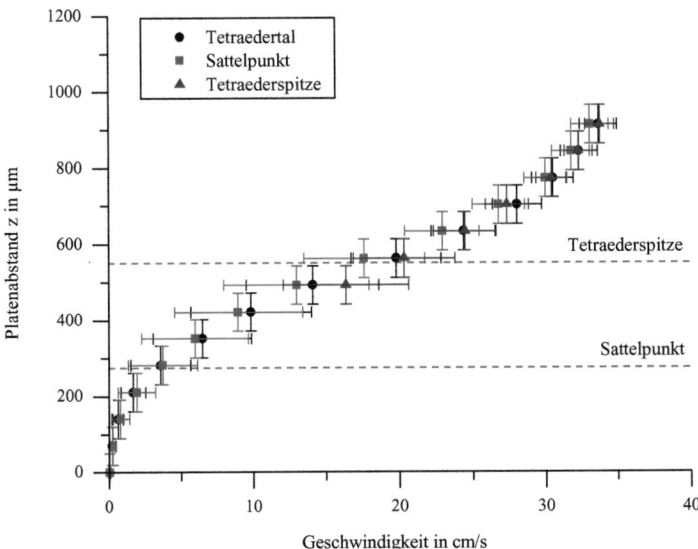

Abb. B.2.: Vergleich der mittleren x-Geschwindigkeitsprofile auf der Tetraederstruktur; Ausrichtung 0°; Wasser-Glycerin $\xi_G = 0,5$; $Re = 32$; $\alpha = 60°$; $d_P = 3,23$ μm.

Tetraederstruktur - Re = 32 - Ausrichtung 180 Grad

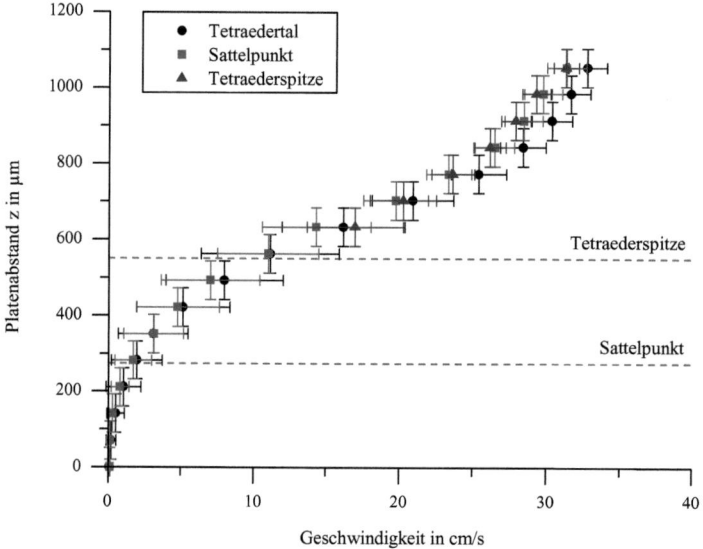

Abb. B.3.: Vergleich der mittleren x-Geschwindigkeitsprofile auf der Tetraederstruktur; Ausrichtung 180°; Wasser-Glycerin $\xi_G = 0,5$; $Re = 32$; $\alpha = 60°$; $d_P = 3,23\,\mu m$.

Tetraederstruktur - Re = 64 - **Ausrichtung 0 Grad**

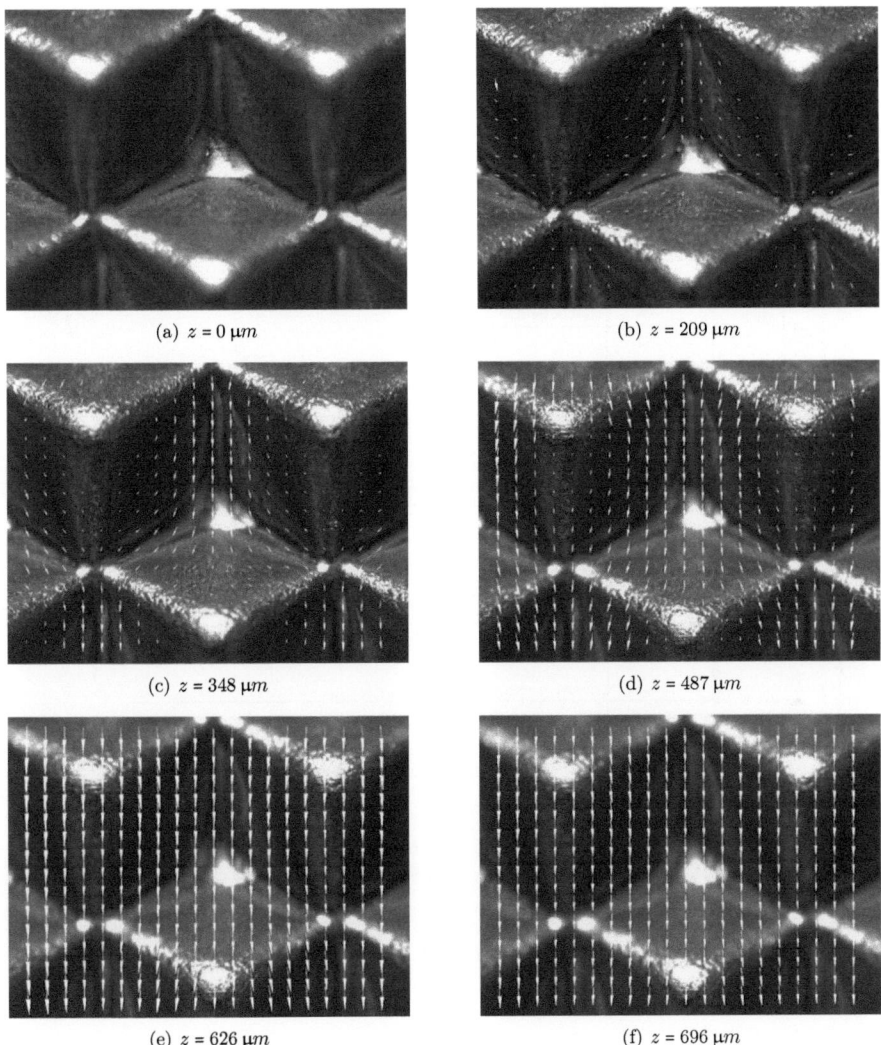

(a) $z = 0\,\mu m$

(b) $z = 209\,\mu m$

(c) $z = 348\,\mu m$

(d) $z = 487\,\mu m$

(e) $z = 626\,\mu m$

(f) $z = 696\,\mu m$

Abb. B.4.: Vektorfelder um und über der Tetraederstruktur; Ausrichtung 0°; Wasser-Glycerin $\xi_G = 0,4$; $Re = 64$; $\alpha = 60°$.

Anhang B. Ergänzungen zu den experimentellen Untersuchungen

Tetraederstruktur - Re = 64 - **Ausrichtung 0 Grad**

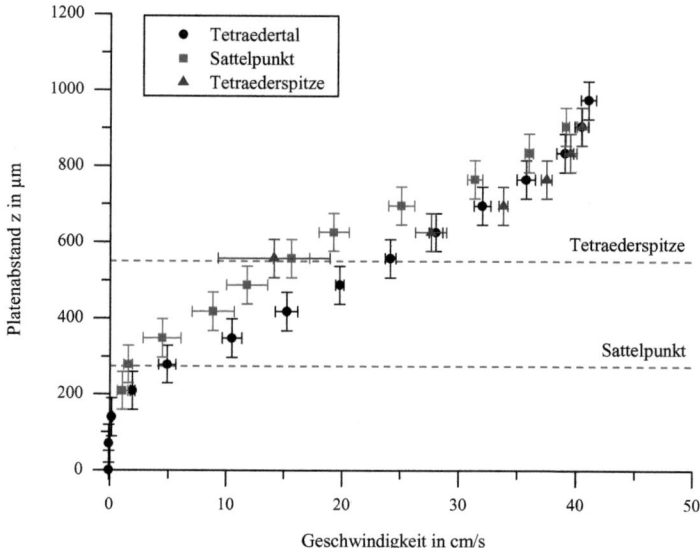

Abb. B.5.: Vergleich der lokalen x-Geschwindigkeitsprofile auf der Tetraederstruktur; Ausrichtung 0°; Wasser-Glycerin $\xi_G = 0,4$; $Re = 64$; $\alpha = 60°$; $d_P = 3,23\,\mu m$.

Tetraederstruktur - Re = 64 - **Ausrichtung 0 Grad**

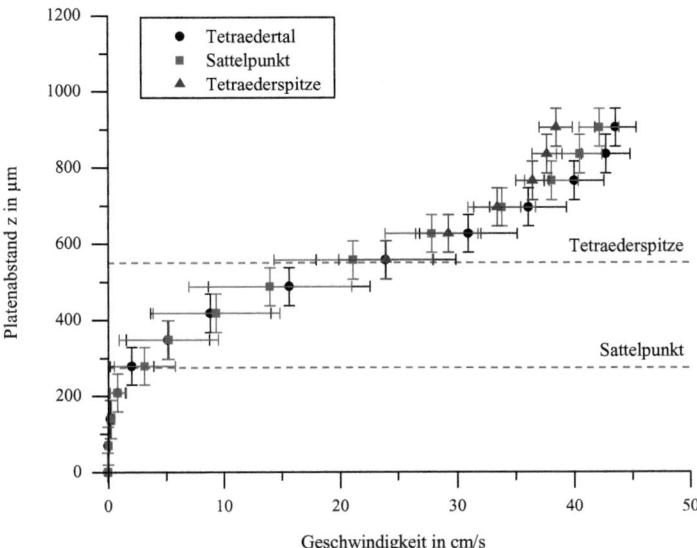

Abb. B.6.: Vergleich der mittleren x-Geschwindigkeitsprofile auf der Tetraederstruktur; Ausrichtung 0°; Wasser-Glycerin $\xi_G = 0,4$; $Re = 64$; $\alpha = 60°$; $d_P = 3,23\ \mu m$.

Tetraederstruktur - Re = 64 - **Ausrichtung 0 Grad**

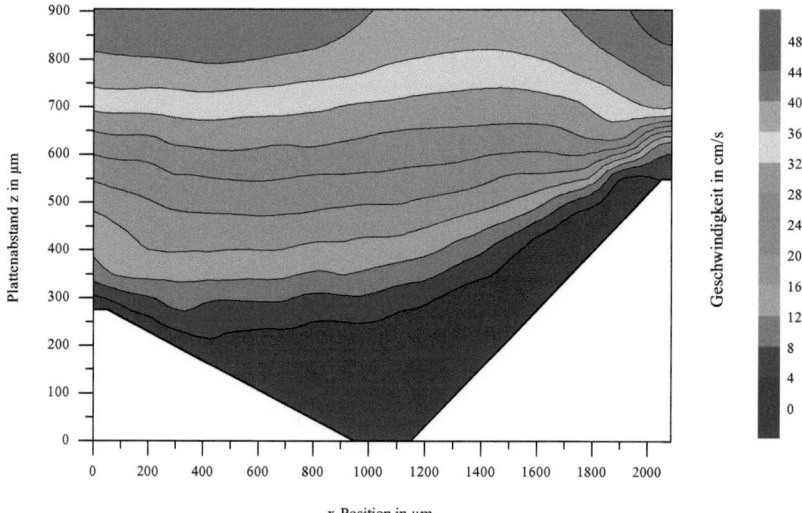

Abb. B.7.: Isolinien der x-Geschwindigkeitskomponente entlang der Tetraederstruktur in x-z Ebene; Ausrichtung 0°; Messmittelpunkt Tal; Wasser-Glycerin $\xi_G = 0,4$; $Re = 64$; $\alpha = 60°$.

B.2. Überströmte Mikrostrukturen

Tetraederstruktur - Re = 64 - Ausrichtung 0 Grad

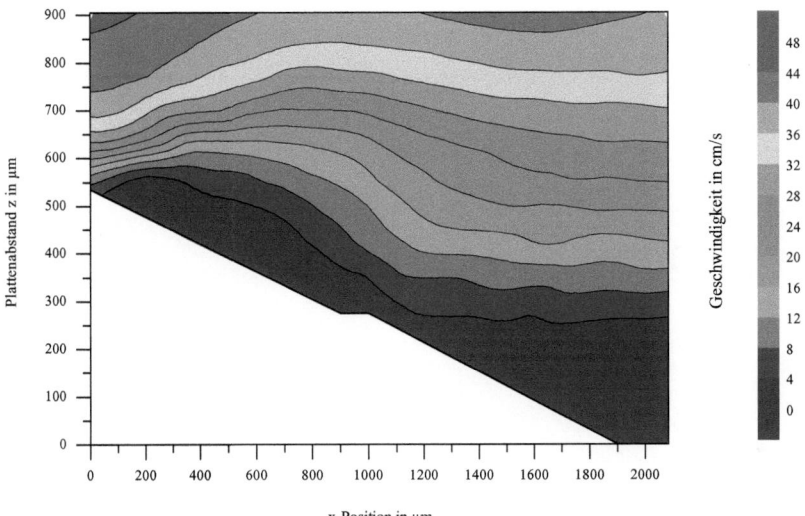

Abb. B.8.: Isolinien der x-Geschwindigkeitskomponente entlang der Tetraederstruktur in x-z Ebene; Ausrichtung 0°; Messmittelpunkt Sattelpunkt; Wasser-Glycerin $\xi_G = 0,4$; $Re = 64$; $\alpha = 60°$.

Tetraederstruktur - Re = 64 - Ausrichtung 180 Grad

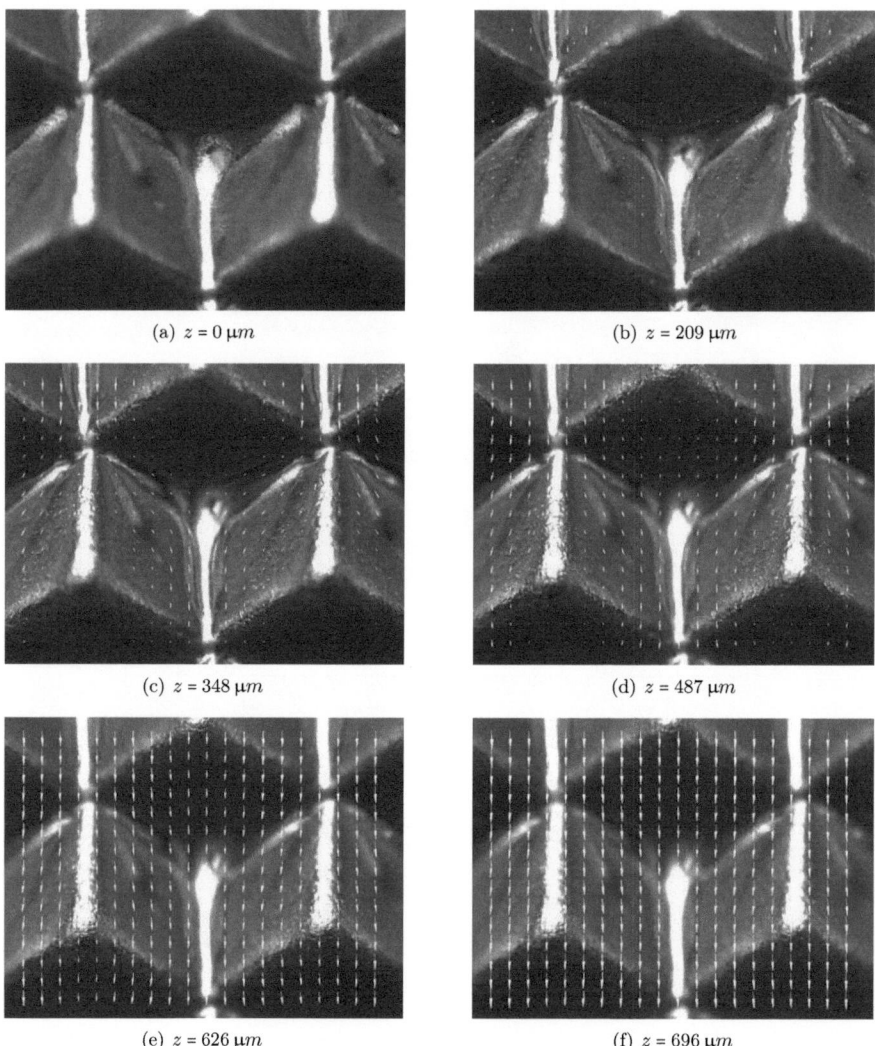

(a) $z = 0\,\mu m$

(b) $z = 209\,\mu m$

(c) $z = 348\,\mu m$

(d) $z = 487\,\mu m$

(e) $z = 626\,\mu m$

(f) $z = 696\,\mu m$

Abb. B.9.: Vektorfelder um und über der Tetraederstruktur; Ausrichtung 180°; Wasser-Glycerin $\xi_G = 0,4$; $Re = 64$; $\alpha = 60°$.

Tetraederstruktur - Re = 64 - Ausrichtung 180 Grad

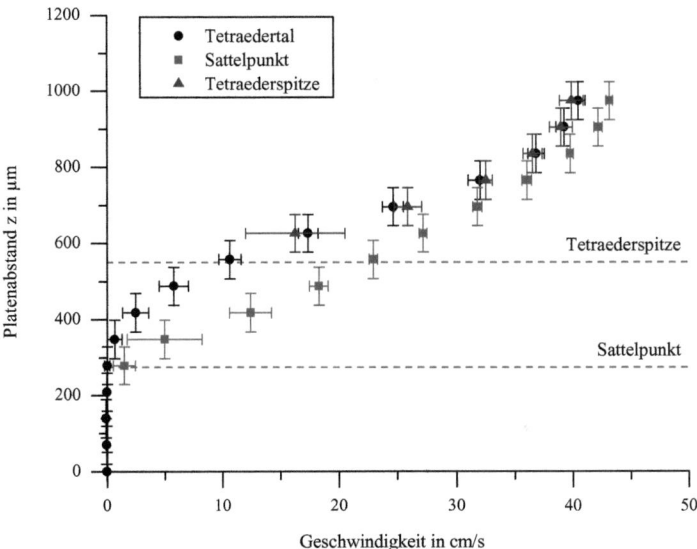

Abb. B.10.: Vergleich der lokalen x-Geschwindigkeitsprofile auf der Tetraederstruktur; Ausrichtung 180°; Wasser-Glycerin $\xi_G = 0,4$; $Re = 64$; $\alpha = 60°$; $d_P = 3,23\,\mu m$.

Anhang B. Ergänzungen zu den experimentellen Untersuchungen

Tetraederstruktur - Re = 64 - **Ausrichtung 180 Grad**

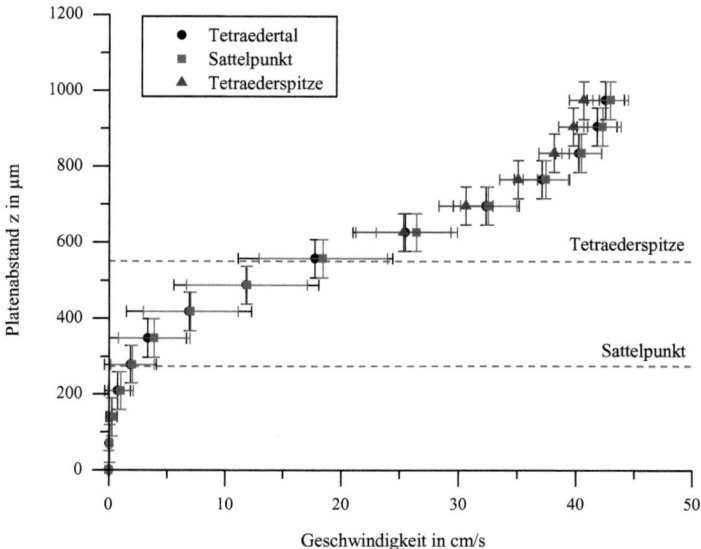

Abb. B.11.: Vergleich der mittleren x-Geschwindigkeitsprofile auf der Tetraederstruktur; Ausrichtung 180°; Wasser-Glycerin $\xi_G = 0,4$; $Re = 64$; $\alpha = 60°$; $d_P = 3,23\,\mu m$.

Tetraederstruktur - Re = 64 - Ausrichtung 180 Grad

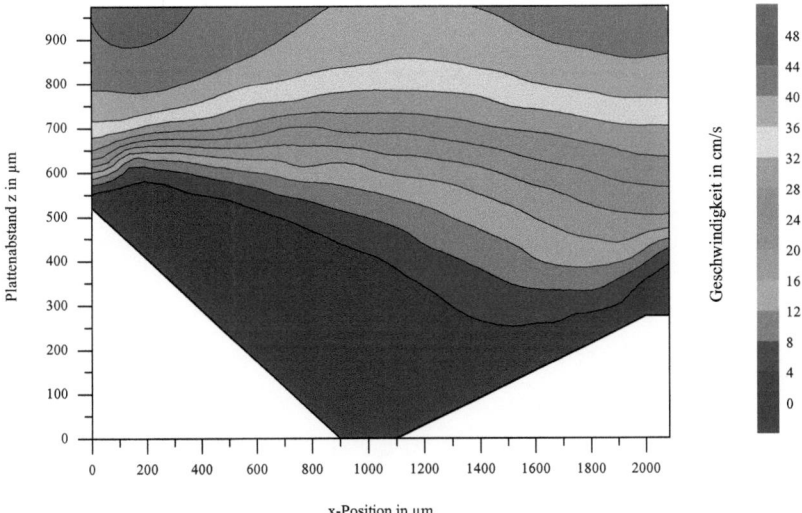

Abb. B.12.: Isolinien der x-Geschwindigkeitskomponente entlang der Tetraederstruktur in x-z Ebene; Ausrichtung 180°; Messmittelpunkt Tal; Wasser-Glycerin $\xi_G = 0,4$; $Re = 64$; $\alpha = 60°$.

Anhang B. Ergänzungen zu den experimentellen Untersuchungen

Tetraederstruktur - Re = 64 - **Ausrichtung 180 Grad**

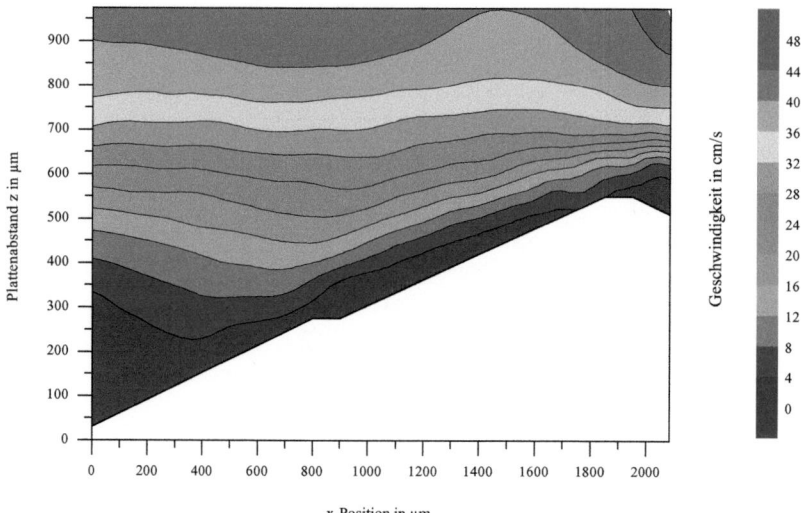

Abb. B.13.: Isolinien der x-Geschwindigkeitskomponente entlang der Tetraederstruktur in x-z Ebene; Ausrichtung 180°; Messmittelpunkt Sattelpunkt; Wasser-Glycerin $\xi_G = 0,4$; $Re = 64$; $\alpha = 60°$.

Lamellenstruktur - Re = 32

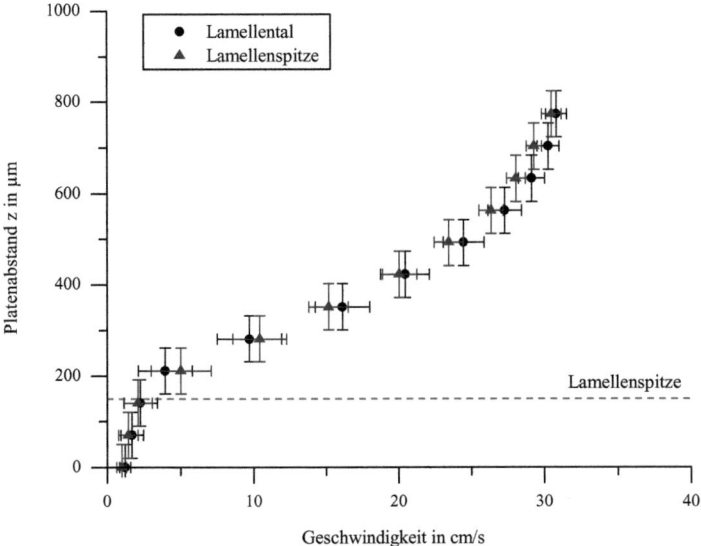

Abb. B.14.: Vergleich der mittleren x-Geschwindigkeitsprofile auf der Lamellenstruktur; Wasser-Glycerin $\xi_G = 0,5$; $Re = 32$; $\alpha = 60°$; $d_P = 3,23\,\mu m$.

Lamellenstruktur - Re = 32

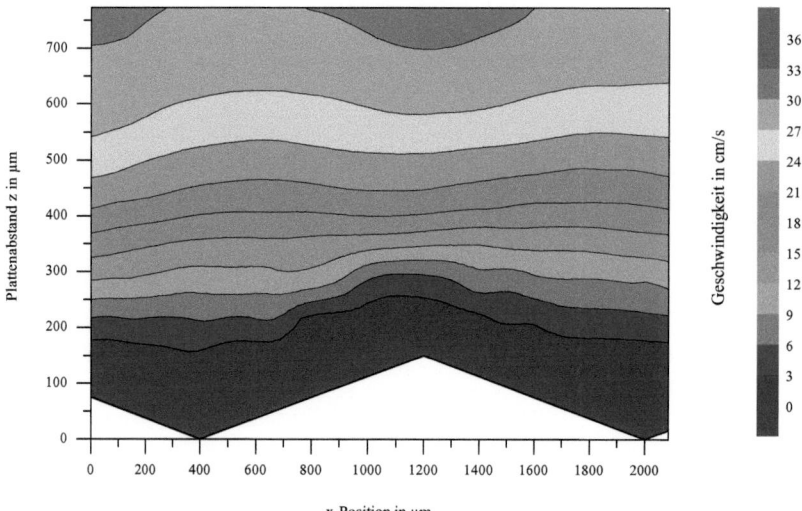

Abb. B.15.: Isolinien der x-Geschwindigkeitskomponente entlang der Lamellenstruktur in x-z Ebene; Messmittelpunkt Spitze; Wasser-Glycerin $\xi_G = 0,5$; $Re = 32$; $\alpha = 60°$.

Lamellenstruktur - Re = 64

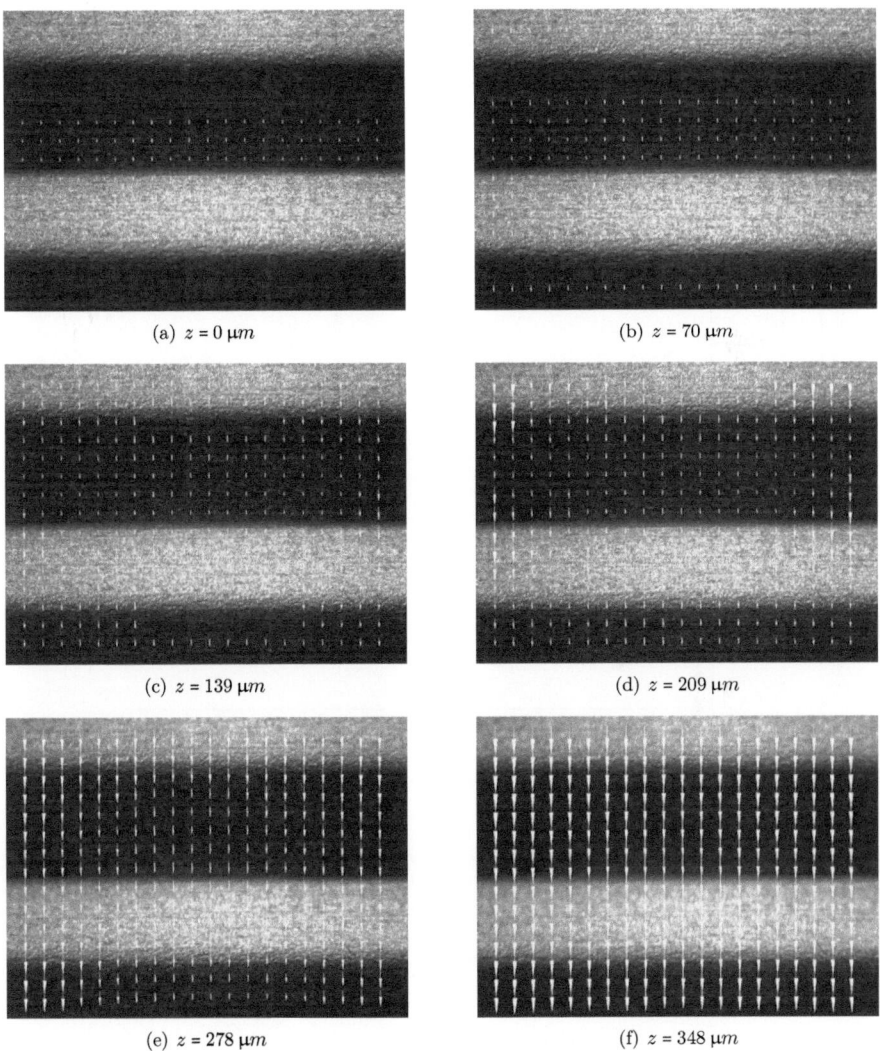

(a) $z = 0\,\mu m$

(b) $z = 70\,\mu m$

(c) $z = 139\,\mu m$

(d) $z = 209\,\mu m$

(e) $z = 278\,\mu m$

(f) $z = 348\,\mu m$

Abb. B.16.: Vektorfelder um und über der Lamellenstruktur; Wasser-Glycerin $\xi_G = 0,4$; $Re = 64$; $\alpha = 60°$.

Anhang B. Ergänzungen zu den experimentellen Untersuchungen

Lamellenstruktur - Re = 64

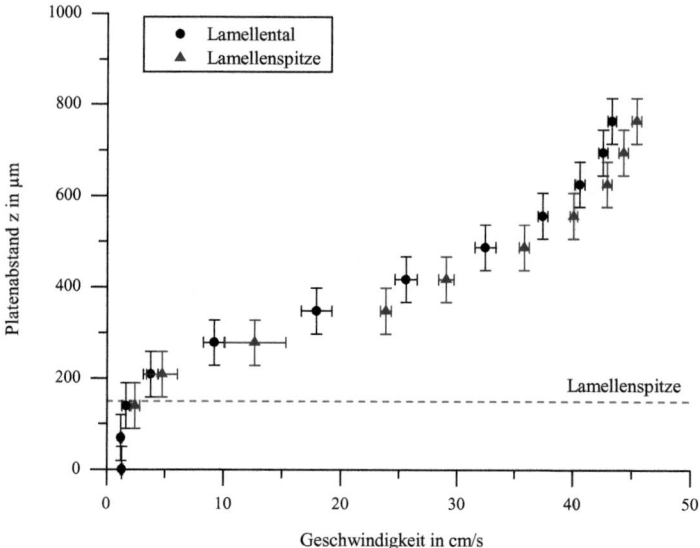

Abb. B.17.: Vergleich der lokalen x-Geschwindigkeitsprofile auf der Lamellenstruktur; Wasser-Glycerin $\xi_G = 0,4$; $Re = 64$; $\alpha = 60°$; $d_P = 3,23\,\mu m$.

Lamellenstruktur - Re = 64

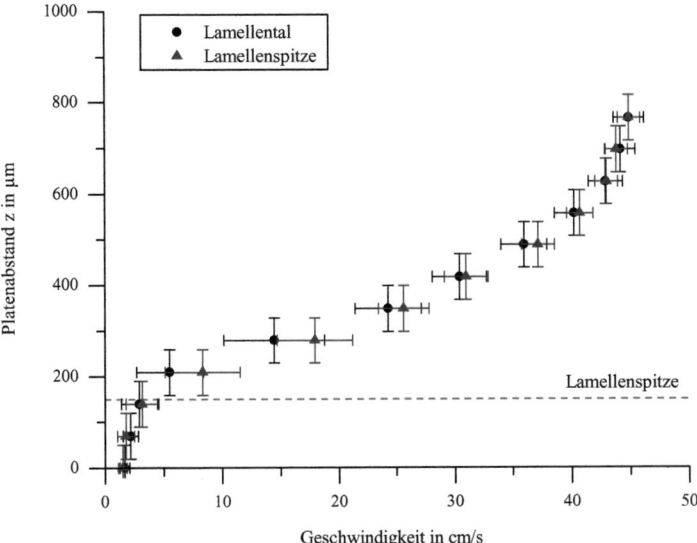

Abb. B.18.: Vergleich der mittleren x-Geschwindigkeitsprofile auf der Lamellenstruktur; Wasser-Glycerin $\xi_G = 0,4$; $Re = 64$; $\alpha = 60°$; $d_P = 3,23\ \mu m$.

Anhang B. Ergänzungen zu den experimentellen Untersuchungen

Lamellenstruktur - Re = 64

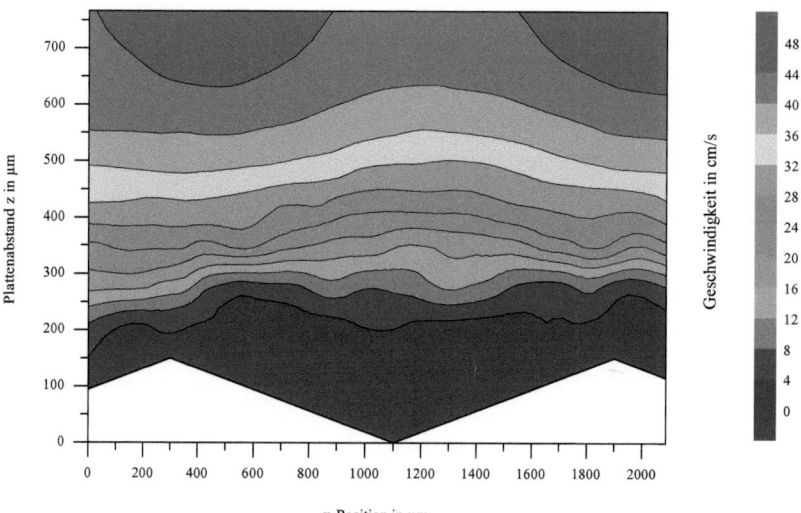

Abb. B.19.: Isolinien der x-Geschwindigkeitskomponente entlang der Lamellenstruktur in x-z Ebene; Messmittelpunkt Tal; Wasser-Glycerin $\xi_G = 0,4$; $Re = 64$; $\alpha = 60°$.

Lamellenstruktur - Re = 64

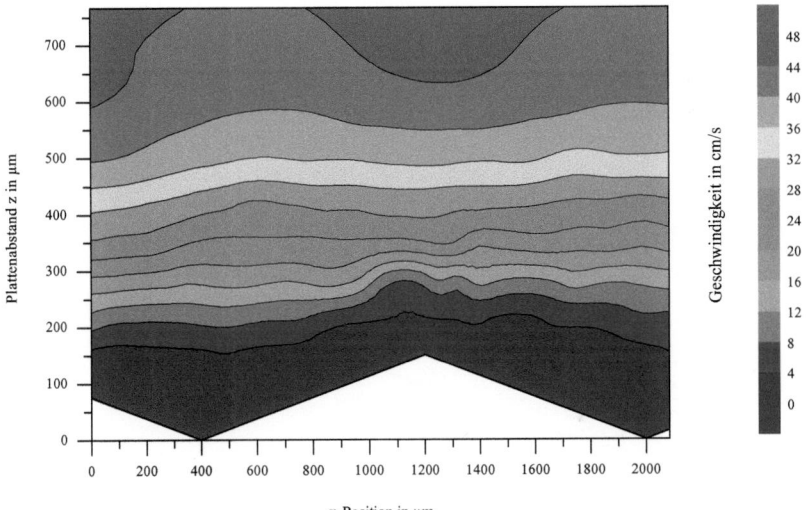

Abb. B.20.: Isolinien der x-Geschwindigkeitskomponente entlang der Lamellenstruktur in x-z Ebene; Messmittelpunkt Spitze; Wasser-Glycerin $\xi_G = 0,4$; $Re = 64$; $\alpha = 60°$.

Anhang B. Ergänzungen zu den experimentellen Untersuchungen

Vergleich der Strukturen - $Re = 64$

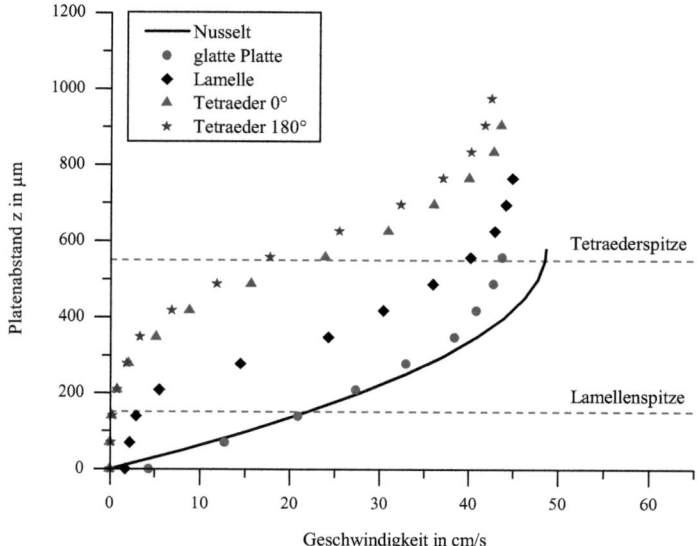

Abb. B.21.: Vergleich der mittleren x-Geschwindigkeitsprofile auf glatten und mikrostrukturierten Oberflächen; Wasser-Glycerin $\xi_G = 0,4$; $Re = 64$; $\alpha = 60°$; $d_P = 3,23$ µm.

B.3. Heterogene Filmströmung

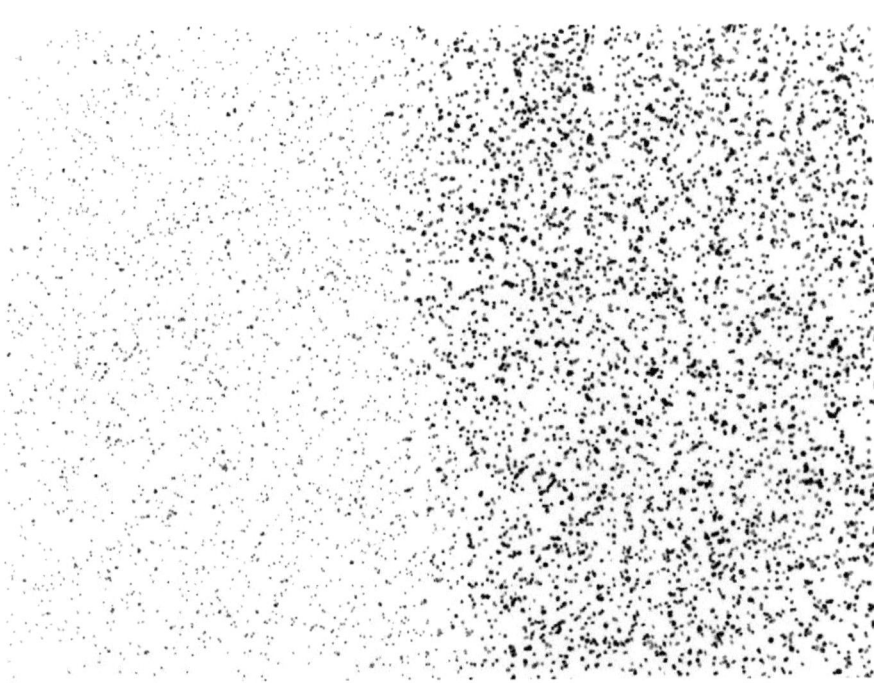

Abb. B.22.: Bestimmung der PGF bei der zweiphasigen Filmströmung mit Hilfe der Bildsumme aus der Bildbearbeitung.

Anhang B. Ergänzungen zu den experimentellen Untersuchungen

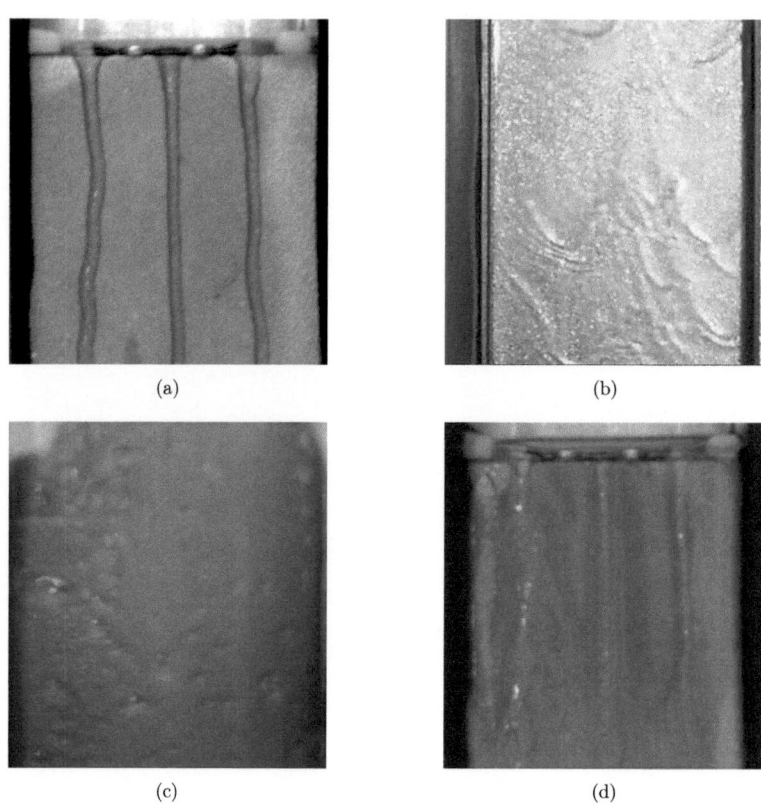

Abb. B.23.: Strömungsaufnahmen bei der Dreiphasenabsorption in einem Plattenabsorber; (a) reine Rinnsalströmung (b) Emulsions-Filmströmung (c) Film-Tropfenströmung (d) Film-Rinnsalströmung.

ANHANG C

Quellcode zur Bildbearbeitung

Ein wesentlicher Bestandteil der entwickelten Messmethodik ist die digitale Bildbearbeitung, da es bei dem vorgestellten Abtastverfahren essenziell ist die unscharfen Partikel möglichst effizient zu entfernen. Aus diesem Grund wird im Folgenden der in Matlab implementierte Bildbearbeitungsalgorithmus mit allen nötigen m-Files vorgestellt. Der Bildbearbeitungsfilter kann entweder

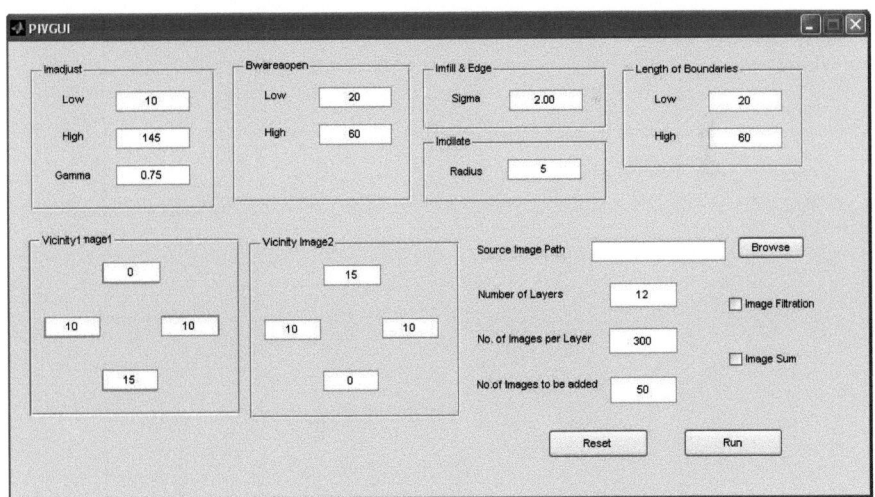

Abb. C.1.: Grafische Benutzeroberfläche zur Bildbearbeitung.

C. Quellcode zur Bildbearbeitung

mit Hilfe einer grafischen Benutzeroberfläche als selbstausführende Datei oder mit Hilfe der Matlab Befehlsoberfläche gestartet werden. Durch ein Auskommentieren der GUI-Befehlszeilen und einer Aktivierung der Zeilen für das Command Window kann zwischen den beiden Methoden gewechselt werden. Voraussetzung ist allerdings die Image Processing Toolbox.

Batch.m

Die Hauptaufgabe dieses m-Files besteht in der Abarbeitung der Bildbearbeitungsroutinen für unterschiedliche Versuche (Plattenposition, Volumenströme...). In dem Vektor **Ebenen** in Zeile 30 (bzw. 31) wird für jeden zu analysierenden Versuch die Anzahl der Abtastschritte aus den Experimenten vorgegeben. Da die äußere Schleife (33-44) über die Länge dieses Ebenenvektors läuft, müssen die Versuche durchgängig durch nummeriert werden, beginnend bei eins. Einzige Voraussetzung bezüglich der Bildbearbeitung ist, dass sich der aktuelle Parametersatz auf alle Versuche anwenden lässt.

Das m-File arbeitet somit jeden einzelnen Versuchsordner mit den jeweiligen Unterordnern selbstständig ab und gibt die aktuellen Ordnerinformationen an **PIV.m** weiter.

```
1  % Command-Window
2  clc;                        % Clear Command Window
3  clear all;                  % Remove all variables and functions
4  close all;                  % Delete all figure
5  warning off all;            % No warnings in the Command Window
6  %--------------------------------------------------------------
7  % function Batch(Parameters,source_path) % GUI-Interface
8  %--------------------------------------------------------------
9  % create the image path according to given path. Please note that all the
10 % image positions(ebene) should be saved in one folder called Position 1.
11 % Then each Positions should be named as Position 1-0, Position 1-1, etc.
12 % e.g.
13 % Position 1\Position 1-0
14 % Position 1\Position 1-1
15 % Position 1\Position 1-2
16 % ...
17 % Position 2
18 % Position 2\Position 2-0
19 % Position 2\Position 2-1
20 % ...
21
22 % Filtered Images are saved in '\Ergebnisse(Einzelbilder)' and Image sum
23 % is saved in '\Ergebnisse(Bildsumme)'
24
25     Text1='D:\path\...\path\Position ';    % Command-Window
26     % Text1=strcat(source_path,'\Position '); % GUI-Interface
```

C. Quellcode zur Bildbearbeitung

```
27    Text2='\Position  ';
28    Text3='-';
29    % e.g. two measurment positions with 0-9 and 0-10 level
30    Ebenen=[9 10];                      % Command-Window
31    %Ebenen=Parameters(8,1);            % GUI-Interface
32
33    for i=1:length(Ebenen)
34        for j=0:Ebenen(i)
35            pause(15)    % Necessary for matlab to clean the memory
36            abc=[Text1 num2str(i) Text2 num2str(i) Text3 num2str(j)];
37            Pfad=char(    strcat(abc,'\')  ,...
38                          strcat(abc,'\Ergebnisse(Einzelbilder)\'),...
39                          strcat(abc,'\Ergebnisse(Bildsumme)\'))
40            pause(3)
41            PIV                         % Command-Window
42            %PIV(Parameters,Pfad)       % GUI-Interface
43        end
44    end
```

PIV.m

An dieser Stelle werden die Ordner für die bearbeiteten Bilddaten (36-37) erstellt und die Informationen über die Anzahl der Bilder in einem Abtastschritt (21) sowie die Anzahl der aufzusummierenden Bilder (24) angegeben. Je nach Option (30-31) wird **Bildbearbeiten.m** und/oder **Bildsumme.m** ausgeführt und die nötigen Parameter übergeben.

```
1    % ##########################################################
2    % create necessary folders
3    % Input of the specific data (number of images,....)
4    % decide: image processing or/and image summation
5    %
6    % No return
7    % ##########################################################
8    %   function PIV(Parameters,Pfad) % GUI-Interface
9    %   clc;                          % Clear Command Window
10   %   clear all;                    % Remove all variables and functions
11   %   close all;                    % Delete all figures
12   %   warning off all;              % No warnings in the Command Window
13   %-----------------------------------------------------------
14   %   Pfad=char(    'D:.....'  ,...
15   %                 'D:.....\Ergebnisse(Einzelbilder)',...
16   %                 'D:.....\Ergebnisse(Bildsumme)');
17   % Only used for tests and development
18   %-----------------------------------------------------------
19   % total picture number (1) and pictures per level (2)
```

209

C. Quellcode zur Bildbearbeitung

```
20  % Normally both are the same!!
21      Bildanzahl=[300 300];                          % Command-Window
22  % Bildanzahl=[Parameters(8,2) Parameters(8,2)];    % GUI-Interface
23  % Number of the added pictures --> depends on the particle density
24      Bildsumme=30;                                  % Command-Window
25  % Bildsumme=Parameters(8,3);                       % GUI-Interface
26  % Index of the first picture --> normally the first image is Name000b or c
27      ErsteBild=0;
28  %-----------------------------------------------------------------
29  % What should be done?
30      Option_filtration=1;                           % Command-Window
31      Option_sum = 1;                                % Command-Window
32  % Option_filtration = Parameters(9,1);             % GUI-Interface
33  % Option_sum = Parameters(9,2);                    % GUI-Interface
34  %-----------------------------------------------------------------
35  % create new directories for the results
36      mkdir(Pfad(2,:));                              % filtering images path
37      mkdir(Pfad(3,:));                              % added images path
38  %-----------------------------------------------------------------
39  if  Option_filtration == 1 && Option_sum == 0
40      % Bildbearbeiten(Pfad,Bildanzahl,ErsteBild,Parameters);% GUI-Interface
41      Bildbearbeiten(Pfad,Bildanzahl,ErsteBild);     % Command-Window
42  elseif  Option_filtration == 0 && Option_sum == 1
43      Bildersumme(Pfad,Bildanzahl,Bildsumme,ErsteBild);
44  else
45      % Bildbearbeiten(Pfad,Bildanzahl,ErsteBild,Parameters);% GUI-Interface
46      Bildbearbeiten(Pfad,Bildanzahl,ErsteBild);     % Command-Window
47      Bildersumme(Pfad,Bildanzahl,Bildsumme,ErsteBild);
48  end
```

Bildbearbeiten.m

Mit Hilfe dieses m-Files wird ein Doppelbild aus dem aktuellen Arbeitsordner geladen (37-38) und die Grauwerteverteilung (37-55) so verbessert, dass die Partikelkanten möglichst gut erfasst werden können (63-64). Anschließend werden die unscharfen Partikel mit der Flächen- und Umfangsfilterung (69-125) entfernt und das daraus resultierend gefilterte Bildpaar wieder abgespeichert (231-233).

Beim Aufruf von **Bildname.m** in Zeile 29-30 wird der Name für das nächste Doppelbild berechnet. Die Schleife wird so oft durchlaufen, bis alle Bilder der aktuellen Messebene bearbeitet wurden (26).

In den Zeilen 135-197 wird überprüft, ob sich zu einem scharfen Partikel auf dem ersten (zweiten) Bild sein Äquivalent auf dem zweiten Bild (ersten) finden lässt. Der Untersuchungsbereich **vicinity** für das erste (zweite) Bild muss dabei so groß sein wie der maximale Partikelversatz in x und y (-x und -y) Richtung.

C. Quellcode zur Bildbearbeitung

```matlab
% ############################################################
%        open image, filtering, histogram stretch and image saving
%
% Pfad:         path for loading (1) and saving (2 and 3) pictures
% Bildanzahl:   total picture number (1) and pictures per level
% ErsteBild:    number of the first picture
% No return
% ############################################################
function Bildbearbeiten(Pfad,Bildanzahl,ErsteBild)

% Load Parameters (without GUI interface) from the m-file
[strech,Gamma,Sigma,Area,Perimeter,xpath,ypath,Strelsize]=Parameters();

% Load parameters from GUI interface
% function Bildbearbeiten(Pfad,Bildanzahl,ErsteBild,Parameters)
    % strech     = [Parameters(1,1) Parameters(1,2)]
    % Gamma      = Parameters(1,3)
    % Sigma      = Parameters(2,1)
    % Area       = Parameters(3,:)
    % Perimeter  = Parameters(4,:)
    % xpath      = Parameters(5,:)
    % ypath      = Parameters(6,:)
    % Strelsize  = Parameters(7,1)

%loop from starting image until total no.of images.
for i = ErsteBild:(Bildanzahl(1) + ErsteBild -1)
    % determination of the image names

        A = Name('Export',i,1,'bmp');
        B = Name('Export',i,2,'bmp');

    % change path to the original
        cd(Pfad(1,:));
    % Open the first and second image and make contrast-limited adaptive
    % histogram equalization (CLAHE)

        ImageA=adapthisteq(imread(A));
        ImageB=adapthisteq(imread(B));

    % remove background noise from the original images

        NewImageA = imadjust(ImageA,[10/255 255/255],[],0.9);
        NewImageB = imadjust(ImageB,[10/255 255/255],[],0.9);

%-------------------------------------------------------------
    % Adjust the image Intensity values (Histogram strech). If gamma
    % value(last value) is > 1 mapping is inclined to darker values
    % (can be used to remove the cloudy nature of images, but there is
    % the risk of getting unsharp paricles sharper. Gamma < 1 the images
    % tends to be lighter)
```

```
52        NewImageA = imadjust(NewImageA, ...
53            [strech(1)/255 strech(2)/255],[],Gamma);
54        NewImageB = imadjust(NewImageB, ...
55            [strech(1)/255 strech(2)/255],[],Gamma);
56
57    % Canny filter finds edges in a intensity image and returns a binary
58    % images of the same size as NewImage. The founding edges have the
59    % value of 1 the rest is 0
60    % 'imfill' fills holes in the intensity image(NewimageA) e.g. a hole
61    % is an area of dark ('0') pixels surrounded by lighter ('1') pixels.
62
63        NewImageA = imfill(edge(NewImageA,'canny',[],Sigma),'holes');
64        NewImageB = imfill(edge(NewImageB,'canny',[],Sigma),'holes');
65
66    % Filters all particles and objects which aren't in the range
67    % min-max pixels. min= Area(1) and max = Area(2)
68
69        NewImageA= bwareaopen(NewImageA,Area(1)) ...
70            - bwareaopen(NewImageA,Area(2));
71        NewImageB= bwareaopen(NewImageB,Area(1)) ...
72            - bwareaopen(NewImageB,Area(2));
73
74    % -----------------------------------------------------------------
75    % Trace the boundaries of each remaining paricle. Boundary coordinates
76    % are saved in P x 1 cell array where P is the number of objekts
77    % Each cell ia a Q x 2 Matrix where Q is the number of coordinates
78
79        boundariesA = bwboundaries(NewImageA);
80        boundariesB = bwboundaries(NewImageB);
81
82    % Generate of 'zero' images with the sames size as the original images
83    % Template A and B is for saving all center of mass coordinates of
84    % the particle --> One Particle has one Coordinate with a value of 1
85    % else 0 Pattern --> Saving all "good" particles from A and B
86
87        [imageheight,imagewidth]=size(ImageA);
88        TemplateA = zeros(imageheight,imagewidth);
89        TemplateB = zeros(imageheight,imagewidth);
90        Pattern   = zeros(imageheight,imagewidth);
91
92    % CounterA and B gives the number of particle in image A and B and
93    % must set for each run to zero
94
95        counterA = 0;
96        counterB = 0;
97
98    % In the Note vektor the particle coordinates from both images
99    % are saved SizeA, SizeB and abc are temp. variables
100   % Aditionally, only particle with an perimeter between the min
101   % (perimeter(1))and max value (perimeter(2)) are considered
```

```
102     %-----------------------------------------------------------------
103     % Procedure for ImageA
104         for m=1:length(boundariesA)
105             SizeA = length(boundariesA{m});
106             if SizeA < Perimeter(2) & SizeA > Perimeter(1)
107                 counterA = counterA + 1;
108                 abc=boundariesA{m};
109                 TemplateA(round(mean(abc(:,1))),round(mean(abc(:,2))))=1;
110                 Note(1,counterA,:)= ...
111                     [round(mean(abc(:,1))) round(mean(abc(:,2)))];
112             end
113         end
114     %-----------------------------------------------------------------
115     % Procedure for ImageB
116         for m=1:length(boundariesB)
117             SizeB = length(boundariesB{m});
118             if SizeB < Perimeter(2) & SizeB > Perimeter(1)
119                 counterB = counterB +1;
120                 abc=boundariesB{m};
121                 TemplateB(round(mean(abc(:,1))),round(mean(abc(:,2))))=1;
122                 Note(2,counterB,:)= ...
123                     [round(mean(abc(:,1))) round(mean(abc(:,2)))];
124             end
125         end
126     %-----------------------------------------------------------------
127     % Following filter checks whether one particle has a matching
128     % partner in the defined vicinity on the other image.
129     % For the ImageA it checks for a particle below the considered
130     % particle. If it is so then the particle is saved in the pattern
131     % matrix. Or else it is deleted.
132     %-----------------------------------------------------------------
133     % The procedure is only used if we have particles on the first AND
134     % second image
135         if size(boundariesA) > 0 & size(boundariesB) > 0
136             %--------------------------------------------------------
137             % Procedure for ImageA
138             for g=1:counterA
139                                     Test = 0;
140                                     vicinity(1) = 0;
141                 if Note(1,g,1)+xpath < imageheight
142                                     vicinity(2) = xpath;
143                                 else vicinity(2) = ...
144                                     imageheight-Note(1,g,1);end
145                 if Note(1,g,2)-ypath > 0   vicinity(3) = ypath;
146                                 else vicinity(3) = ...
147                                     Note(1,g,2)-1;   end
148                 if Note(1,g,2)+ypath < imagewidth
149                                     vicinity(4) = ypath;
150                                 else vicinity(4) = ...
151                                     imagewidth-Note(1,g,2);end
152             %--------------------------------------------------------
```

213

```
153                 for  a=Note(1,g,1):  Note(1,g,1)+vicinity(2)
154                     for  b=Note(1,g,2)-vicinity(3):  Note(1,g,2)+vicinity(4)
155                         Test=Test+TemplateA(a,b)+TemplateB(a,b);
156                     end
157                 end
158                 %-----------------------------------------------------------
159                 % If the particle number is 2 or 4 then the probability
160                 % that we have particle pair is very high, and the
161                 % coordinates can be saved as a point (1) in pattern(x,y)
162                 if  Test==2  |  Test==4
163                     Pattern(Note(1,g,1),Note(1,g,2))=1;
164                 end
165             end
166             %---------------------------------------------------------------
167             % The same procedure is repeated for the second image. But
168             % defining the vicinity is different. For the second image it
169             % checks for other particles above the considered particle.
170             %---------------------------------------------------------------
171             % Procedure for ImageB
172             for  g=1:counterB
173                                                 Test = 0;
174                 if  Note(2,g,1)-xpath > 0       vicinity(1) = xpath;
175                                         else    vicinity(1) = ...
176                                                 Note(2,g,1)-1;   end
177                                                 vicinity(2) = 0;
178                 if  Note(2,g,2)-ypath > 0       vicinity(3) = ypath;
179                                         else    vicinity(3) = ...
180                                                 Note(2,g,2)-1;   end
181                 if  Note(2,g,2)+ypath < imagewidth
182                                                 vicinity(4) = ypath;
183                                         else    vicinity(4) = ...
184                                                 imagewidth-Note(2,g,2); end
185                 %-----------------------------------------------------------
186                 for  a=Note(2,g,1)-vicinity(1):  Note(2,g,1)+vicinity(2)
187                     for  b=Note(2,g,2)-vicinity(3):  Note(2,g,2)+vicinity(4)
188                         Test=Test+TemplateA(a,b)+TemplateB(a,b);
189                     end
190                 end
191                 %-----------------------------------------------------------
192                 if  Test==2  |  Test==4
193                     Pattern(Note(2,g,1),Note(2,g,2))=1;
194                 end
195             end
196             %---------------------------------------------------------------
197         end
198 %-------------------------------------------------------------------------------
199 % Generate a template for the original image. Only particle pairs
200 % are used for these. Therefore we use the 'AND' operation.
201 % Template --> all sharp particles from one image
202 % Pattern  --> all sharp particle pairs (both)
203 % Template 'AND' Pattern --> all sharp particles with a
```

```
204  % partner on the other image
205
206      TemplateA = TemplateA & Pattern;
207      TemplateB = TemplateB & Pattern;
208
209  % Up to now all the particle are represented as only one pixel('1').
210  % As this is not enough these one pixel particles are bit expanded
211  % to make them visisble (imdilate).
212  % The binary(0-1) image is converted (im2unit8) to a grayscale image
213  % (0-255) so that it can be subtracted from the original image.
214
215      TemplateA = im2uint8(imdilate(TemplateA, strel('disk', Strelsize)));
216      TemplateB = im2uint8(imdilate(TemplateB, strel('disk', Strelsize)));
217
218  % Image-Template = Original Image - Image with sharp particles
219  %              = Image with BLURRED partcles.
220  % Original Image - Image with blurred particles
221  %              = Image with SHARP particles.
222  % This operation is carried out to get filtered image with original
223  % greyscale values.
224
225      NewImageA=ImageA-(ImageA-TemplateA);
226      NewImageB=ImageB-(ImageB-TemplateB);
227
228  % ----------------------------------------------------------------
229  % change path and save new images
230
231      cd(Pfad(2,:));
232      imwrite(NewImageA,A);
233      imwrite(NewImageB,B);
234
235  end
```

Parameters.m

In diesem m-File werden allen nötigen Parameter hinterlegt und erklärt (30-59). Die Datei wird nur benötigt, falls die Bildbearbeitung nicht mit Hilfe der grafischen Oberfläche erfolgt.

```
1  % ####################################################################
2  % Set the important parameter for the Image Processing
3  % ####################################################################
4  function [strech, Gamma, Sigma, Area, Perimeter, xpath, ypath, Strelsize] = ...
5  Parameters()
6  %-------------------------------------------------------------------
7  % 1.Imadjust - to adjust image intensity values.
8      strech=[10 155];
```

C. Quellcode zur Bildbearbeitung

```
 9        Gamma = 0.8;
10  %----------------------------------------------------------------
11  % 2.Imfill & Edge- Detect edges and fill closed shapes.
12        Sigma = 2.0;
13  %----------------------------------------------------------------
14  % 3.bwareaopen- Removes all the connected objects which has a no. of pixels
15  % below certain value.
16        Area =[40 85];
17  %----------------------------------------------------------------
18  % 4.Length of boundaries - Removes the string like shapes from the image
19  % which are not earlier filtered.
20        Perimeter =[20 45];
21  %----------------------------------------------------------------
22  % 5.Vicinity Definition - Specify the vicinity size of particle consistancy
23        xpath = 40;
24        ypath = 7;
25  %----------------------------------------------------------------
26  % 6.imdilate - Make particles larger.
27        Strelsize = 6;
28  %----------------------------------------------------------------
29  % ####################################################################
30  % 1)
31  % strech(1) = low_in; strech(2) = high_out
32  % low_in = low image intensity values to map with '0'(black).
33  % high_in = high image intensity value to map with '255'(white).
34  % Gamma = Gamma value of mapping. (1=linear mapping).
35  % 2)
36  % sigma = standard deviation of Gausian filter of Canny edge detection.
37  % 3)
38  % lower_value = Lower limit of no.of pixels of the particles which can
39  % remain in the image.
40  % upper_value = Upper limit of no.of pixels of the particles which can
41  % remain in the image.
42  % 4)
43  % lower_no - specifies the lower limit of no.of boundary coordinates
44  % one obeject is   allowed to have.
45  % upper_no - specifies the upper limit of no.of boundary coordinates
46  % one obeject is allowed to have.
47  % 5)
48  % vicinity(1) = how much pixel distance towards
49  % above is considered from particle
50  % vicinity(2) = how much pixel distance towards
51  % below is considered from particle
52  % vicinity(3) = how much pixel distance towards
53  % left is considered from particle
54  % vicinity(4) = how much pixel distance towards
55  % right is considered from particle
56  % vicinity(1) and (2) is xpath
57  % vicinity(3) and (4) is ypath
58  % 6)
59  % sterlradius = Radius of the new particle being formed.
```

Bildersumme.m

Wie in Kapitel 3.4 beschrieben wird bei den Untersuchungen des mittleren Geschwindigkeitsfeldes eine gewisse Anzahl von Bildern aufsummiert um die Partikeldichte zu erhöhen. Voraussetzung ist, dass die Anzahl der Bilder pro Abtastschritt ein Vielfaches der Anzahl der aufzusummierenden Bilder ist.

```
1  %*********************************************************
2  %       open images, picture summation, new picture numbering, saving
3  %
4  % Pfad:         path for loading (1) and saving (2 and 3) pictures
5  % Bildanzahl:   total picture number (1) and pictures per level (2)
6  % Bildsumme:    number of the pictures to be added
7  % Schwellwert: upper (2) and lower (1) border for the histogram stretch
8  %
9  % No return
10 %*********************************************************
11 function Bildersumme(Pfad,Bildanzahl,Bildsumme,ErsteBild)
12
13     for k = 0 : (Bildanzahl(1)/Bildanzahl(2)-1)
14         for j = 0 : (Bildanzahl(2)/Bildsumme-1)
15             for a=1 : 2
16                 % change path to the modified images
17                 cd(Pfad(2,:));
18                 Index = k*Bildanzahl(2) + j*Bildsumme +ErsteBild;
19                 % Open first image
20                 Imagename=Name('Export',Index,a,'bmp');
21                 Image=imread(Imagename);
22                 for i = 0 : (Bildsumme -1)
23                     % Open the next image and added it to the other
24                     Imagename=Name('Export',(Index+i),a,'bmp');
25                     Image=Image + imread(Imagename);
26                 end
27                 % Saving the result image in a seperate path with
28                 % logical labeling (see k and j loop)
29                 cd(Pfad(3,:));
30                 Imagename=Name(strcat('Ergebnisse-',...
31                     num2str(k),'-',num2str(j),'-'),Index,a,'bmp');
32                 imwrite(Image,Imagename);
33             end
34         end
35     end
```

C. Quellcode zur Bildbearbeitung

Bildname.m

Aufgrund der großen Anzahl der Doppelbilder muss der Name des aktuellen Bildpaares mit Hilfe der Laufvariablen bestimmt werden.

```matlab
% **************************************************************
%                  create accurate imagename for image opening
%
% String:      name of the pictures without numberation
% Laufindex:   number of the topical picture
% DB:          first or second picture
% Format:      file extension in dependence of the format
%
% Imagename:   Return the imagename
% **************************************************************
function [Imagename] = Name(String, Laufindex, DB, Format)

% first picture with ending "b" and second picture with ending "c"
if DB == 1
    Doppelbild='b';
else
    Doppelbild='c';
end

% as a function of the index the imagename (the number in it) changes
if          (Laufindex ≤ 9)
    Imagename = ...
        strcat(String,'00',num2str(Laufindex),Doppelbild,'.',Format);
elseif      (Laufindex > 9 )    & (Laufindex ≤ 99)
    Imagename = ...
        strcat(String,'0',num2str(Laufindex),Doppelbild,'.',Format);
elseif      (Laufindex > 99)
    Imagename = ...
        strcat(String,num2str(Laufindex),Doppelbild,'.',Format);
end
```

Literaturverzeichnis

(Adomeit und Renz 2000) ADOMEIT, P. ; RENZ, U.: Hydrodynamics of Three-Dimensional Waves in Laminar Falling Films. In: *Int. J. Multiphase Flow* 26 (2000), Nr. 7, S. 1183–1208

(Adrian 1991) ADRIAN, R. J.: Particle-Imaging Techniques for Experimental Fluid Mechanics. In: *Annu. Rev. Fluid Mech.* 23 (1991), S. 261–304

(Adrian 2005) ADRIAN, R. J.: Twenty Years of Particle Image Velocimetry. In: *Exp. Fluids* 39 (2005), Nr. 2, S. 159–169

(Ahmadia u. a. 2008) AHMADIA, F. F. ; ZOEJA, M. J. V. ; EBADIA, H. ; MOKHTARZADEA, M.: The Application of Neuran Networks, Image Processing and CAD-Based Environments Facilities in Automatic Road Extraction and Vectorization from High Resolution Satellite Images. In: *The International Archives of the Photogrammetry, Remote Sensing and Spatial Information Sciences* 37 (2008), Nr. B3b, S. 585–592

(Aksel und Schmidtchen 1996) AKSEL, N. ; SCHMIDTCHEN, M.: Analysis of the Overall Accuracy in LDV Measurement of Film Flow in an Inclined Channel. In: *Meas. Sci. Technol.* 7 (1996), S. 1140–1147

(Al-Sibai 2004) AL-SIBAI, F.: *Experimentelle Untersuchung der Strömungscharakteristik und des Wärmeübergangs bei welligen Rieselfilmen*, RWTH Aachen, Dissertation, 2004

(Alekseenko u. a. 2007) ALEKSEENKO, S. V. ; ANTIPIN, V. A. ; BOBYLEV, A. V. ; MARKOVICH, D. M.: Application of PIV to Velocity Measurements in a Liquid Film Flowing down an Inclined Cylinder. In: *Exp. Fluids* 43 (2007), Nr. 2-3, S. 197–207

(Alekseenko u. a. 2008) ALEKSEENKO, S. V. ; MARKOVICH, D. M. ; EVSEEV, A. R. ; BOBYLEV, A. V. ; TARASOV, B. V. ; KARSTEN, V. M.: Experimental Investigation of Liquid Distribution Over Structured Packing. In: *AIChE J.* 54 (2008), Nr. 6, S. 1424–1430

(Ataki und Bart 2004) ATAKI, A. ; BART, H.-J.: The Use of the VOF-Model to Study the Wetting of Solid Surfaces. In: *Chem. Eng. Technol.* 27 (2004), Nr. 10, S. 1109–1114

Literaturverzeichnis

(Ataki und Bart 2006)   ATAKI, A. ; BART, H.-J.: Experimental and CFD Simulation Study for the Wetting of Structured Packing Elements with Liquids. In: *Chem. Eng. Technol.* 29 (2006), Nr. 3, S. 336–346

(Ausner 2006)   AUSNER, I.: *Experimentelle Untersuchungen mehrphasiger Filmströmungen*, Technische Universität Berlin, Dissertation, 2006

(Ausner u. a. 2005)   AUSNER, I. ; HOFFMANN, A. ; REPKE, J.-U. ; WOZNY, G.: Experimentelle und numerische Untersuchungen mehrphasiger Filmströmungen. In: *Chem. Ing. Tech.* 77 (2005), Nr. 6, S. 735–741

(Birtigh u. a. 2000)   BIRTIGH, A. ; LAUSCHKE, G. ; SCHIERHOLZ, W. F. ; BECK, D. ; MAUL, C. ; GILBERT, N. ; WAGNER, H.-G. ; WERNINGER, C. Y.: CFD in der chemischen Verfahrenstechnik aus industrieller Sicht. In: *Chem. Ing. Tech.* 72 (2000), Nr. 3, S. 175–193

(Borchers u. a. 1999)   BORCHERS, O. ; BUSCH, C. ; EIGENBERGER, G.: Analyse der Hydrodynamik in Blasenströmungen mit einer Bildverarbeitungsmethode. In: *Proceedings of 2nd Workshop on Measurment Techniques for Steady and Transient Multiphase Flows*. Deutschland, Rossendorf, 1999

(Brackbill u. a. 1992)   BRACKBILL, J. U. ; KOTHE, D. B. ; C.ZEMACH: A Continuum Method for Modelling Surface Tension. In: *J. Comp. Phys.* 100 (1992), Nr. 2, S. 335–354

(Brauer 1971)   BRAUER, H.: *Grundlagen der Einphasen- und Mehrphasenströmung*. Aarau : Sauerländer Verlag, 1971

(Brauer und Mewes 1972)   BRAUER, H. ; MEWES, D.: Strömungswiderstand sowie stationärer und instationärer Stoff- und Wärmeübergang an Kugeln. In: *Chem. Ing. Tech.* 44 (1972), Nr. 13, S. 865–868

(Brauner und Maron 1982)   BRAUNER, N. ; MARON, D. M.: Characteristics of Inclined thin Films, Waviness and the Associated Mass Transfer. In: *Int. J. Heat Mass Transfer* 25 (1982), Nr. 1, S. 99–110. – ISSN 0017-9310

(Brilman u. a. 2000)   BRILMAN, D. W. ; GOLDSCHMIDT, M. J. V. ; VERSTEEG, G. F. ; VAN SWAAIJ, W. P. M.: Heterogeneous Mass Transfer Models for Gas Absorption in Multiphase Systems. In: *Chem. Eng. Sci.* 55 (2000), Nr. 15, S. 2793–2812

(Burger und Burge 2006)   BURGER, W. ; BURGE, M. J.: *Digitale Bildverarbeitung: Eine Einführung mit Java und ImageJ*. 2. Aufl. Berlin Heidelberg : Springer-Verlag, 2006

(Burnett u. a. 2005)   BURNETT, H. ; SHEDD, T. ; NELLIS, G.: Static and Dynamic Contact Angles of Water on Photoresist. In: *J. Vac. Sci. Technol.* 23 (2005), Nr. 6, S. 2721–2727

Literaturverzeichnis

(Canny 1986)   CANNY, J.: A Computational Approach to Edge Detection. In: *IEEE Transaction on pattern Analysis and Machine Intelligence* 8 (1986), S. 679–714

(Cents u. a. 2001)   CENTS, A. H. G. ; BRILMAN, D. W. F. ; VERSTEEG, G. F.: Gas Absorption in an Agitated Gas-Liquid-Liquid System. In: *Chem. Eng. Sci.* 56 (2001), Nr. 3, S. 1075–1083

(Chaouki u. a. 1997)   CHAOUKI, J. ; LARACHI, F. ; DUDUKOVIĆ, M. P.: Noninvasive Tomographic and Velocimetric Monitoring of Multiphase Flows. In: *Ind. Eng. Chem. Res.* 36 (1997), Nr. 11, S. 4476–4503

(Christen 2005)   CHRISTEN, D. S. ; VDI (Hrsg.): *Praxiswissen der chemischen Verfahrenstechnik: Handbuch für Chemiker und Verfahrensingenieure*. Berlin Heidelberg New York : Springer-Verlag, 2005

(Coulon 1973)   COULON, H.: Stabilitätsverhältnisse bei Rieselfilmen. In: *Chem. Ing. Tech.* 45 (1973), Nr. 6, S. 362–368

(Das und Das 2009)   DAS, A. K. ; DAS, P. K.: Simulation of Drop Movement over an Inclined Surface Using Smoothed Particle Hydrodynamics. In: *Langmuir* 25 (2009), Nr. 19, S. 11459–11466. – ISSN 0743-7463

(de Gennes 1985)   DE GENNES, P.-G.: Wetting: Statics and Dynamics. In: *Rev. Mod. Phys.* 57 (1985), Nr. 3, S. 827–863

(Deen u. a. 2002)   DEEN, N. G. ; WESTERWEEL, J. ; DELNOIJ, E.: Two-Phase PIV in Bubbly Flows: Status and Trends. In: *Chem. Eng. Technol.* 25 (2002), Nr. 1, S. 97–101

(Dixon und Nijemeisland 2001)   DIXON, A. G. ; NIJEMEISLAND, M.: CFD as a Design Tool for Fixed-Bed Reactors. In: *Ind. Eng. Chem. Res.* 40 (2001), Nr. 23, S. 5246–5254. – ISSN 0888-5885

(Doniec 1984)   DONIEC, A.: Laminar Flow of a Liquid Down a vertical Solid Surface. Maximum Thickness of Liquid Rivulet. In: *PhysicoChemical Hydrodynamics* 5 (1984), Nr. 2, S. 143–152

(DOW)   DOW: *Physical Properties on OPTIM^{TM} Glycerine*. – URL http://www.dow.com/glycerine/. – The Dow Chemical Company

(Dumont und Delmas 2003)   DUMONT, E. ; DELMAS, H.: Mass Transfer Enhancement of Gas Absorption in Oil-in-Water Systems: a Review. In: *Chem. Eng. Process.* 42 (2003), Nr. 6, S. 419–438

(Dusan 1979)   DUSAN, E. B. V.: On the Spreading of Liquids on Solid Surfaces: Static and Dynamic Contact Lines. In: *Ann. Rev. Fluid Mech.* 11 (1979), S. 371–400

Literaturverzeichnis

(Exl und Kindersberger 2005) EXL, F. ; KINDERSBERGER, J.: Contact Angle Measurement on Insulator Surfaces with Artificial Pollution Layers and Various Surface Roughnesses. In: *Proceedings of the XIVth International Symposium on High Voltage Engineering.* Tsinghua University, Beijing, 25-29 August 2005

(Göhring und Meffert 2002) GÖHRING, D. ; MEFFERT, B.: *Digitalkameratechnologien - Eine vergleichende Betrachtung: CCD kontra CMOS.* 2002. – URL http://www2.informatik.hu-berlin.de/~goehring/papers/ccd-vs-cmos.pdf

(Gonzalez und Woods 2002) GONZALEZ, R. C. ; WOODS, R. E.: *Digital Image Processing.* 2. Aufl. Upper Saddle River, New Jersey : Prentice-Hall, Inc., 2002

(Grand u. a. 2005) GRAND, N. L. ; DEARR, A. ; LIMAT, L.: Shape and Motion of Drops Sliding down an Inclined Plane. In: *J. Fluid Mech.* 541 (2005), S. 293–315

(Grant und Pan 1997) GRANT, I. ; PAN, X.: The Use of Neural Techniques in PIV and PTV. In: *Meas. Sci. Technol.* 8 (1997), S. 1399–1405

(Gu u. a. 2004) GU, F. ; LIU, C. J. ; YUAN, X. G.: CFD Simulations of Liquid Film Flow on Inclined Plates. In: *Chem. Eng. Technol.* 27 (2004), Nr. 10, S. 1099–1104

(Hayduk 1986) HAYDUK, W. (Hrsg.): *Solubility Data Series.* Bd. 24: *Propane, Butane and 2-Methylpropane.* Oxford, New York : Pergamon Press, 1986

(Helbig 2007) HELBIG, K.: *Messung zur Hydrodynamik und zum Wärmetransport bei der Filmverdampfung*, Technischen Universität Darmstadt, Dissertation, 2007

(Himmler und Schierholz 2004) HIMMLER, K. ; SCHIERHOLZ, W. F.: Mischvorgänge: Klassische Methoden und Computational Fluid Dynamics in der industriellen Praxis. In: *Chem. Ing. Tech.* 76 (2004), Nr. 3, S. 212–219

(Hirt und Nichols 1981) HIRT, C. W. ; NICHOLS, B. D.: Volume Of Fluid (VOF) Method for the Dynamics of Free Boundaries. In: *J. Comp. Phys.* 39 (1981), S. 201–225

(Hishida und Sakakibara 2000) HISHIDA, K. ; SAKAKIBARA, J.: Combined Planar Laser-Induced Fluorescence-Particle Image Velocimetry Technique for Velocity and Temperature Fields. In: *Exp. Fluids* 29 (2000), Nr. 1, S. 129–140

(Ho und Hummel 1970) HO, F. C. ; HUMMEL, R. L.: Average Velocity Distributions within Falling Liquid Films. In: *Chem. Eng. Sci.* 25 (1970), Nr. 7, S. 1225–1237. – ISSN 0009-2509

(Hoffmann u. a. 2004) HOFFMANN, A. ; AUSNER, I. ; REPKE, J.-U. ; WOZNY, G.: Aufreißende Filmströmung auf geneigten Oberflächen. In: *Chem. Ing. Tech.* 76 (2004), Nr. 8, S. 1065–1068

Literaturverzeichnis

(Hoffmann u. a. 2005) HOFFMANN, A. ; AUSNER, I. ; REPKE, J.-U. ; WOZNY, G.: Fluid Dynamics in Multiphase Distillation Processes in Packed Towers. In: *Comp. Chem. Eng.* 29 (2005), Nr. 6, S. 1433–1437

(Hoffmann u. a. 2006) HOFFMANN, A. ; AUSNER, I. ; REPKE, J.-U. ; WOZNY, G.: Detailed Investigation of Multiphase (Gas-Liquid and Gas-Liquid-Liquid) Flow Behaviour on Inclined Plates. In: *Trans IChemE* 84 (2006), Nr. 2A, S. 147–154

(Honkanen und Nobach 2005) HONKANEN, M. ; NOBACH, H.: Background Extraction from Double-Frame PIV Images. In: *Exp. Fluids* 38 (2005), Nr. 3, S. 348–362

(Hüttinger und Bauer 1982) HÜTTINGER, K. J. ; BAUER, F.: Benetzung und Stoffaustausch in Filmkolonnen. In: *Chem. Ing. Tech.* 54 (1982), Nr. 5, S. 449–460

(Ishigai u. a. 1972) ISHIGAI, S. ; NAKANISI, S. ; KOIZUMI, T. ; QYABU, Z.: Hydrodynamics and Heat Transfer of Vertical Falling Liquid Films : Part 1, Classification of Flow Regimes. In: *Bulletin of JSME* 15 (1972), Nr. 83, S. 594–602

(Jain 1989) JAIN, A. K.: *Fundamentals of Digital Image Processing*. Upper Saddle River, NJ, USA : Prentice-Hall, Inc., 1989. – ISBN 0-13-336165-9

(Jennrich 1999) JENNRICH, O.: *Ein Blick auf die Schärfentiefe*. 1999. – URL http://www.traxel.de/foto/drf/schaerfentiefe.pdf

(Jensen 2004) JENSEN, K. D.: Flow Measurements. In: *J. Braz. Soc. Mech. Sci. & Eng.* 26 (2004), Nr. 4, S. 400–419

(Jähne 2005) JÄHNE, B.: *Digitale Bildverarbeitung*. 6. Aufl. Berlin Heidelberg : Springer-Verlag, 2005

(Joshi und Ranade 2003) JOSHI, J. B. ; RANADE, V. V.: Computational Fluid Dynamics for Designing Process Equipment: Expectations, Current Status, and Path Forward. In: *Ind. Eng. Chem. Res.* 42 (2003), Nr. 6, S. 1115–1128

(Kajitani und Dabiri 2004) KAJITANI, L. ; DABIRI, D.: A full Three-Dimensional Characterization of Defocusing Digital Particle Image Velocimetry. In: *Meas. Sci. Technol.* 16 (2004), Nr. 3, S. 790–804

(Karimi und Kawaji 1998) KARIMI, G. ; KAWAJI, M.: An Experimental Study of Freely Falling Films in a Vertical Tube. In: *Chem. Eng. Sci.* 53 (1998), Nr. 20, S. 3501–3512

(Keane und Adrian 1992) KEANE, R.-D. ; ADRIAN, J.-R.: Theory of Cross-Correlation Analyses of PIV Images. In: *Appl. Sci. Res.* 49 (1992), S. 191–215

Literaturverzeichnis

(Kim u. a. 2004)   KIM, H. Y. ; KIM, J. H. ; KANG, B. H.: Meandering Instability of a Rivulet. In: *J. Fluid Mech.* 498 (2004), S. 245–256

(Kling und Mewes 2003)   KLING, K. ; MEWES, D.: Visualisieren des Mikro- und Makromischens mit Hilfe zweier fluoreszierender und chemisch reagierender Farbstoffe. In: *Chem. Ing. Tech.* 75 (2003), Nr. 12, S. 1844–1847

(Kohrt u. a. 2010)   KOHRT, M. ; AUSNER, I. ; REPKE, J.-U.: Experimental Investigation on the Effect of Packing Material Textures on the Liquid-Side Mass Transfer. In: *Distillation & Absorption*. Eindhoven, The Netherlands, 12-15 September 2010

(Kraume 2003)   KRAUME, M.: *Transportvorgänge in der Verfahrenstechnik*. 1. Aufl. Berlin Heidelberg : Springer-Verlag, 2003

(Krämer 1996)   KRÄMER, J.: *Mehrphasenströmung und Stoffaustausch in Packungen bei der Dreiphasenrektifikation*. Düsseldorf : VDI-Verlag, 1996 (Forschritt-Bericht VDI, Reihe 3 Nr. 432)

(Krämer und Stichlmair 1995)   KRÄMER, J. ; STICHLMAIR, J.: Trennleistung von Packungen bei der Dreiphasenrektifikation. In: *Chem. Ing. Tech.* 67 (1995), Nr. 7, S. 888–892

(Kwok und Neumann 1999)   KWOK, D.Y. ; NEUMANN, A.W.: Contact Angle Measurement and Contact Angle Interpretation. In: *Adv. Colloid Interface Sci.* 81 (1999), Nr. 3, S. 167–249

(Labonte 1999)   LABONTE, G.: A new Neural Network for Particle-Tracking Velocimetry. In: *Exp. Fluids* 26 (1999), Nr. 26, S. 340–346

(Lecerf u. a. 1999)   LECERF, A. ; RENOU, B. ; ALLANO, D. ; BOUKHALFA, A. ; TRINITÉ, M.: Stereoscopic PIV: Validation and Application to an Isotropic Turbulent Flow. In: *Exp. Fluids* 26 (1999), Nr. 1, S. 107–115

(Lel u. a. 2005)   LEL, V. V. ; AL-SIBAI, F. ; LEEFKEN, A. ; RENZ, U.: Local Thickness and Wave Velocity Measurement of Wavy Films with a Chromatic Confocal Imaging Method and a Fluorescence Intensity Technique. In: *Exp. Fluids* 39 (2005), Nr. 5, S. 856–864

(Leuthner und Auracher 1997)   LEUTHNER, S. ; AURACHER, H.: A High Frequency Impedance Probe for Wave Structure Identification of Falling Films. In: 35th *European Two-Phase Flow Group Meeting*. Brussels, 6-7 June 1997

(Lindken und Merzkirch 2002)   LINDKEN, R. ; MERZKIRCH, W.: A novel PIV Technique for Measurements in Multiphase Flows and its Application to Two-Phase BubblyFlows. In: *Exp. Fluids* 33 (2002), Nr. 6, S. 814–825

(Littel u. a. 1994)   LITTEL, R. J. ; VERSTEEG, G. F. ; VAN SWAAIJ, W. P. M.: Physical Absorption of CO2 and Propene into Toluene/Water Emulsions. In: *AIChE J.* 40 (1994), Nr. 10, S. 1629–1638

(Liu u. a. 2006a)   LIU, L. ; MATAR, O. K. ; HEWITT, G. F.: Laser-Induced Fluorescence (LIF) Studies of Liquid–Liquid Flows. Part II: Flow Pattern Transitions at low Liquid Velocities in Downwards Flow. In: *Chem. Eng. Sci.* 61 (2006), Nr. 12, S. 4022–4026

(Liu u. a. 2006b)   LIU, L. ; MATAR, O. K. ; LAWRENCE, C. J. ; HEWITT, G. F.: Laser-Induced Fluorescence (LIF) Studies of Liquid–Liquid Flows. Part I: Flowstructures and Phase Inversion. In: *Chem. Eng. Sci.* 61 (2006), Nr. 12, S. 4007–4021

(Mahr und Mewes 2008)   MAHR, B. ; MEWES, D.: Two-Phase Flow in Structured Packings: Modeling and Calculation on a Macroscopic Scale. In: *AIChE J.* 54 (2008), Nr. 3, S. 614–626

(Marmur 2006)   MARMUR, A.: Soft Contact: Measurement and Interpretation of Contact Angles. In: *Soft Matter* 2 (2006), Nr. 1, S. 12–17. – URL www.softmatter.org

(Meinhart u. a. 2000a)   MEINHART, C. D. ; WERELEY, S. T. ; GRAY, M. H. B.: Volume Illumination for Two-Dimensional Particle Image Velocimetry. In: *Meas. Sci. Technol.* 11 (2000), S. 809–814

(Meinhart u. a. 2000b)   MEINHART, C. D. ; WERELEY, S. T. ; SANTIAGO, J. G.: A PIV Algorithm for Estimating Time-Averaged Velocity Fields. In: *J. Fluids Eng.* 122 (2000), Nr. 2, S. 285–289

(Michele 2001)   MICHELE, V.: *CFD Modeling and Measurement of Liquid Flow Structure and Phase Holdup in Two- and Three-Phase Bubble Columns*, Technische Universität Carolo-Wilhelmina zu Braunschweig, Dissertation, 2001

(Mitrovic und Reimann 2001)   MITROVIC, J. ; REIMANN, E.: Kondensation von Dampfgemischen nicht mischbarer Flüssigkeiten. In: *Chem. Ing. Tech.* 73 (2001), Nr. 9, S. 1095 – 1115

(Mouza u. a. 2000)   MOUZA, A. A. ; VLACHOS, N. A. ; PARAS, S. V. ; KARABELAS, A. J.: Measurement of Liquid Film Thickness Using a Laser Light Absorption Method. In: *Exp. Fluids* 28 (2000), Nr. 4, S. 355–359

(Nicolaiewsky u. a. 1999)   NICOLAIEWSKY, E. M. A. ; TAVARES, F. W. ; RAJAGOPAL, K. ; FAIR, J. R.: Liquid Film Flow and Area Generation in Structured Packed Columns. In: *Powder Technol.* 104 (1999), Nr. 1, S. 84–94

(Nitsche und Brunn 2006)   NITSCHE, W. ; BRUNN, A.: *Strömungsmesstechnik*. 2. Aufl. Berlin Heidelberg : Springer-Verlag, 2006

Literaturverzeichnis

(Nobach u. a. 2005)   NOBACH, H. ; DAMASCHKE, N. ; TROPEA, C.: High-precision Sub-Pixel Interpolation in Particle Image Velocimetry Image Processing. In: *Exp. Fluids* 39 (2005), Nr. 2, S. 299–304

(Nusselt 1916)   NUSSELT, W.: Die Oberflächenkondensation des Wasserdampfes. In: *VDI-Zs* 60 (1916), Nr. 27, S. 541–546

(Ottenbacher 2007)   OTTENBACHER, M.: *Heteroazeotropdestillation als Verfahren zur Trennung thermisch empfindlicher Substanzen*, Universität Stuttgart, Dissertation, 2007

(Palzer u. a. 2001)   PALZER, S. ; HIEBL, C. ; SOMMER, K. ; LECHNER, H.: Einfluss der Rauhigkeit einer Feststoffoberfläche auf den Kontaktwinkel. In: *Chem. Ing. Tech.* 73 (2001), Nr. 8, S. 1032–1038

(Pereira und Gharib 2002)   PEREIRA, F. ; GHARIB, M.: Defocusing Digital Particle Image Velocimetry and the Three-Dimensional Characterization of Two-Phase Flows. In: *Meas. Sci. Technol.* 13 (2002), Nr. 5, S. 683–694

(Pereira u. a. 2000)   PEREIRA, F. ; GHARIB, M. ; DABIRI, D. ; MODARRESS, D.: Defocusing Digital Particle Image Velocimetry: a 3-Component 3-Dimensional DPIV Measurement Technique. Application to Bubbly Flows. In: *Exp. Fluids* 29 (2000), Nr. 1, S. 78–84

(Podgorski u. a. 1999)   PODGORSKI, T. ; FLESSELLES, J.-M. ; LIMAT, L.: Dry Arches within Flowing Films. In: *Phys. Fluids* 11 (1999), Nr. 4, S. 845–852

(Pozrikidis 2003)   POZRIKIDIS, C.: Effect of Surfactants on Film Flow down a Periodic Wall. In: *J. Fluid Mech.* 496 (2003), S. 105–127

(Prasad und Adrian 1993)   PRASAD, A. K. ; ADRIAN, R. J.: Stereoscopic Particle Image Velocimetry Applied to Liquid Flows. In: *Exp. Fluids* 15 (1993), Nr. 1, S. 49–60

(Pratt 2007)   PRATT, W. K.: *Digital Image Processing*. 4. Aufl. Wiley-Interscience, 2007

(Racca und Dewey 1988)   RACCA, R. G. ; DEWEY, J. M.: A Method for Automatic Particle Tracking in a Three-Dimensional Flow Field. In: *Exp. Fluids* 6 (1988), Nr. 1, S. 25–32

(Raffel u. a. 2007)   RAFFEL, M. ; WILLERT, C. ; T.WERELEY, S. ; KOMPENHANS, J.: *Particle Image Velocimetry - A Practical Guide*. 2. Aufl. Berlin Heidelberg : Springer Verlag, 2007

(Reinecke u. a. 1997)   REINECKE, N. ; PETRITSCH, G. ; SCHMITZ, D. ; MEWES, D.: Tomographische Meßverfahren - Visualisierung zweiphasiger Strömungsfelder. In: *Chem. Ing. Tech.* 69 (1997), Nr. 10, S. 1379–1394

(Repke 2002) REPKE, J.-U.: *Experimentelle und theoretische Analyse der Dreiphasenrektifikation in Packungs- und Bodenkolonnen.* Düsseldorf : VDI-Verlag, 2002 (Fortschr.-Ber. VDI Reihe 3 Nr. 751)

(Repke u. a. 2007) REPKE, J.-U. ; AUSNER, I. ; PASCHKE, S. ; HOFFMANN, A. ; WOZNY, G.: On the Track to Understanding Three Phases in One Tower. In: *Chem. Eng. Res. Des.* 85 (2007), Nr. 1, S. 50–58

(Repke und Wozny 2004) REPKE, J.-U. ; WOZNY, G.: A Short Story of Modelling and Operation of Three-Phase Distillation in Packed Columns. In: *Ind. Eng. Chem. Res.* 43 (2004), Nr. 24, S. 7850–7860

(Russ 2007) RUSS, J. C.: *The Image Processing Handbook.* 5. Aufl. Boca Raton, Florida : CRC Press Inc, 2007

(Saber und El-Genk 2004) SABER, H. H. ; EL-GENK, M. S.: On the Breakup of a Thin Liquid Film Subject to Interfacial Shear. In: *J. Fluid Mech.* 500 (2004), S. 113–133

(Sabisch u. a. 2001) SABISCH, W. ; GRÖTZBACH, M. Wörnerand G. ; GABRIEL, D.: Dreidimensionale numerische Simulation von aufsteigenden Einzelblasen und Blasenschwärmen mit einer Volume-of-Fluid-Methode. In: *Chem. Ing. Tech.* 73 (2001), Nr. 4, S. 368–373

(Schagen und Modigell 2005) SCHAGEN, A. ; MODIGELL, M.: Luminescence Technique for the Measurement of Local Concentration Distribution in Thin Liquid Films. In: *Exp. Fluids* 38 (2005), S. 174–184

(Schagen u. a. 2006) SCHAGEN, A. ; MODIGELL, M. ; DIETZE, G. ; KNEER, R.: Simultaneous Measurement of Local Film Thickness and Temperature Distribution in Wavy Liquid Films using a Luminescence Technique. In: *International Journal of Heat and Mass Transfer* 49 (2006), Nr. 25-26, S. 5049 – 5061. – ISSN 0017-9310

(Schimpf 2005) SCHIMPF, A.: *Photogrammetrische Particle-Image Velocimetry zur Messung dreidimensionaler Geschwindigkeitsfelder*, Technische Universität Berlin, Dissertation, 2005

(Schmuki und Laso 1990) SCHMUKI, P. ; LASO, M.: On the Stability of Rivulet Flow. In: *J. Fluid Mech.* 215 (1990), S. 125–143

(Scholle 2004) SCHOLLE, M.: *Einfluß der Randgeometrie auf die Strömung in fluiden Schichten*, Universität Bayreuth, Habilitationsschrift, 2004

(Schröder und Willert 2008) SCHRÖDER, A. ; WILLERT, C. E. ; ASCHERON, C.E. (Hrsg.) ; DUHM, A. H. (Hrsg.): *Topics in Applied Physics. Bd. 112: Particle Image Velocimetry - New Developments and Recent Applications.* 1. Aufl. Berlin Heidelberg : Springer Verlag, 2008

(Seeger 2002) SEEGER, Axel: *Entwicklung einer neuartigen Geschwindigkeitsmessmethode auf der Basis von Röntgenstrahlen für Blasensäulen mit hohem Gasgehalt*, Technische Universität Berlin, Dissertation, 2002

(Shetty und Cerro 1995) SHETTY, S. A. ; CERRO, R. L.: Spreading of Liquid Point Sources over Inclined Solid Surfaces. In: *Ind. Eng. Chem. Res.* 34 (1995), Nr. 11, S. 4078–4086

(Shetty und Cerro 1998) SHETTY, S. A. ; CERRO, R. L.: Spreading of a Liquid Point Source over a Complex Surface. In: *Ind. Eng. Chem. Res.* 37 (1998), Nr. 2, S. 626–635

(Siegert 1999) SIEGERT, M.: *Dreiphasenrektifikation in Packungskolonnen.* Düsseldorf : VDI-Verlag, 1999 (Fortschr.-Ber. VDI Reihe 3 Nr. 586)

(Spiegel und Meier 2003) SPIEGEL, L. ; MEIER, W.: Distillation Columns with Structured Packings in the Next Decade. In: *Chemical Engineering Research and Design* 81 (2003), Nr. 1, S. 39 – 47. – International Conference on Distillation and Absorption. – ISSN 0263-8762

(Stichlmair und Fair 1998) STICHLMAIR, J. G. ; FAIR, J. R.: *Distillation: Principles and Practices.* New York : Wiley-VCH, 1998

(Subramanian u. a. 2009) SUBRAMANIAN, K. ; PASCHKE, S. ; REPKE, J.-U. ; WOZNY, G.: Drag Modelling in CFD Simulation to Gain Insight of Packed Columns. In: *AIDIC Conference Series* 9 (2009), S. 299–308

(Szulczewska u. a. 2003) SZULCZEWSKA, B. ; ZBICINSKI, I. ; GORAK, A.: Liquid Flow on Structured Packing: CFD Simulations and Experimental Study. In: *Chem. Eng. Technol.* 26 (2003), S. 590–584

(Urdaneta u. a. 2002) URDANETA, R. Y. ; BAUSA, J. ; BRÜGGEMANN, S. ; MARQUARD, W.: Analysis and Conceptual Design of Ternary Heterogeneous Azeotropic Distillation Processes. In: *Ind. Eng. Chem. Res.* 41 (2002), Nr. 16, S. 3849–3866

(Valluri u. a. 2005) VALLURI, P. ; MATAR, O. M. ; HEWITT, G. F. ; MENDES, M. A.: Thin Film flow over Structered Packings at Moderate Reynolds Numbers. In: *Chem. Eng. Sci.* 60 (2005), Nr. 7, S. 1965–1975

(Van Ede u. a. 1995) VAN EDE, C. J. ; VAN HOUTEN, R. ; BEENACKERS, A. A. C. M.: Enhancement of Gas to Water Mass Transfer Rates by a Dispersed Organic Phase. In: *Chem. Eng. Sci.* 50 (1995), Nr. 18, S. 2911–2922

(Van Voorst Vader 1977) VAN VOORST VADER, F.: Der Einfluß von Tensiden auf die Benetzung. In: *Chem. Ing. Tech.* 49 (1977), Nr. 6, S. 488–493

(VDI 2006) VDI ; VDI GESELLSCHAFT (Hrsg.): *VDI-Wärmeatlas.* 10. Aufl. Springer-Verlag Berlin Heidelberg, 2006

Literaturverzeichnis

(VidPIV) VIDPIV : *VidPIV 4.6 Particle Image Velocimetry Software Brochure.* – URL http: //www.ila.de/Download_products_liter.htm. – Intelligent Laser Applications GmbH, Karl-Heinz-Beckurtstraße 13, 52428 Jülich Germany

(Villain u. a. 2005) VILLAIN, O. ; REPKE, J.-U. ; WOZNY, G.: Evaluation of the Separation Efficiency of Three-Phase Operated Packed Towers. In: *AICHE Spring Meeting.* USA, Atlanta, 2005

(Wereley u. a. 2002) WERELEY, S. T. ; GUI, L. ; MEINHART, C. D.: Advanced Algorithms for Microscale Particle Image Velocimetry. In: *AIAA* 40 (2002), Nr. 6, S. 1047–1055

(Wereley und Meinhart 2005) WERELEY, S. T. ; MEINHART, C. D.: *Microscale Diagnostic Techniques.* Kap. 2. Micron-Resolution Particle Image Velocimetry, S. 51–112. Berlin Heidelberg : Springer, 2005

(Westerweel 1993) WESTERWEEL, J.: *Digital Particle Image Velocimetry - Theory and Application*, Delft University, Habilitationsschrift, 1993

(Westerweel 1997) WESTERWEEL, J.: Fundamentals of Digital Particle Image Velocimetry. In: *Meas. Sci. Technol.* 8 (1997), S. 1379–1392

(Wierschem und Aksel 2004) WIERSCHEM, A. ; AKSEL, N.: Influence of Inertia on Eddies Created in Films Creeping over Strongly Undulated Substrates. In: *Phys. Fluids* 16 (2004), Nr. 12, S. 4566–4574

(Wierschem u. a. 2003) WIERSCHEM, A. ; SCHOLLE, M. ; AKSEL, N.: Vortices in Film Flow over Strongly Undulated Bottom Profiles at low Reynolds Numbers. In: *Phys. Fluids* 15 (2003), Nr. 2, S. 426–435

(Wilkes und Nedderman 1962) WILKES, J. O. ; NEDDERMAN, R. M.: The Measurment of Velocities in Thin Films of Liquid. In: *Chem. Eng. Sci.* 17 (1962), S. 117–187

(Willert und Gharib 1992) WILLERT, C. E. ; GHARIB, M.: Three-Dimensional Particle Imaging with a Single Camera. In: *Exp. Fluids* 12 (1992), Nr. 6, S. 353–358

(Wittig u. a. 1996) WITTIG, S. ; ELSÄSSER, A. ; SAMENFINK, W. ; EBNER, J. ; DULLENKOPF, K.: Velocity Profiles in Shear-Driven Liquid Films: LDV-Measurements. In: *Developments in Laser Techniques and Fluid Mechanics* 8 (1996), S. 509–522

(Woerlee u. a. 2001) WOERLEE, G. F. ; BERENDS, J. ; OLUJIC, Z. ; DE GRAAUW, J.: A Comprehensive Model for the Pressure Drop in Vertical Pipes and Packed Columns. In: *Chem. Eng. J.* 84 (2001), Nr. 3, S. 367–379

(Wozny 2007) WOZNY, G.: Multi-Scale Aspects in Chemical Engineering. In: 19th *Polish Conference of Chemical and Process Engineering.* Rzeszow, Poland, 2007, S. 31–47

Literaturverzeichnis

(Wu u. a. 2005)   WU, M. ; ROBERTS, J. W. ; BUCKLEY, M.: Three-Dimensional Fluorescent Particle Tracking at Micron-Scale using a Single Camera. In: *Exp. Fluids* 38 (2005), Nr. 4, S. 461–465

(Xu u. a. 2008)   XU, Y. ; PASCHKE, S. ; REPKE, J.-U. ; YUAN, J. ; WOZNY, G.: Portraying the Countercurrent Flow on Packings by Three-Dimensional Computational Fluid Dynamics Simulations. In: *Chem. Eng. Technol.* 31 (2008), Nr. 10, S. 1445–1452

(Xu u. a. 2009)   XU, Y. ; PASCHKE, S. ; REPKE, J.-U. ; YUAN, J. ; WOZNY, G.: Computational Approach to Characterize the Mass Transfer between the Counter-Current Gas-Liquid Flow. In: *Chem. Eng. Technol.* 32 (2009), Nr. 8, S. 1227–1235

(Young u. a. 1995)   YOUNG, I. T. ; GERBRANDS, J. J. ; VAN VLIET, L. J.: *Fundamentals of Image Processing*. Version 2.2. Delft University of Technology: , 1995. – ISBN 90-75691-01-7

(Yu u. a. 2006)   YU, L.-M. ; ZENG, A.-W. ; YU, K. T.: Effect of Interfacial Velocity Fluctuations on the Enhancement of the Mass-Transfer Process in Falling-Film Flow. In: *Ind. Eng. Chem. Res.* 45 (2006), Nr. 3, S. 1201–1210. – ISSN 0888-5885

i want morebooks!

Buy your books fast and straightforward online - at one of world's fastest growing online book stores! Environmentally sound due to Print-on-Demand technologies.

Buy your books online at
www.get-morebooks.com

Kaufen Sie Ihre Bücher schnell und unkompliziert online – auf einer der am schnellsten wachsenden Buchhandelsplattformen weltweit! Dank Print-On-Demand umwelt- und ressourcenschonend produziert.

Bücher schneller online kaufen
www.morebooks.de

VDM Verlagsservicegesellschaft mbH
Heinrich-Böcking-Str. 6-8   Telefon: +49 681 3720 174   info@vdm-vsg.de
D - 66121 Saarbrücken   Telefax: +49 681 3720 1749   www.vdm-vsg.de

Printed by Books on Demand GmbH, Norderstedt / Germany